物理入門コース／演習［新装版］

例解 量子力学演習

物理入門コース／演習［新装版］
An Introductory Course of Physics
Problems and Solutions

例解 量子力学演習

中嶋貞雄・吉岡大二郎 著

QUANTUM MECHANICS

岩波書店

物理を学ぶ人のために

この「物理入門コース／演習」シリーズは，演習によって基礎的計算力を養うとともに，それを通して，物理の基本概念を的確に把握し理解を深めることを主な目的としている．

各章は，各節ごとに次のように構成されている．

（i） 解説　各節で扱う内容を簡潔に要約する．法則，公式，重要な概念の導入や記号，単位などの説明をする．

（ii） 例題　解説に続き，原則として例題と問題がある．例題は，基礎的な事柄に対する理解を深めるための計算問題である．精選して詳しい解をつけてある．

（iii） 問題　これはあまり多くせず，難問や特殊な問題は避けて，基礎的，典型的なものに限られている．

（iv） 解答　各節の問題に対する解答は，巻末にまとめられている．解答はスマートさよりも，理解しやすさを第一としている．

（v） 肩をほぐすような話題を「コーヒーブレイク」に，解法のコツやヒントの一言を「ワンポイント」として加えてある．

各ページごとの読み切りにレイアウトして，勉強しやすいようにした．

本コースは「物理入門コース」(全 10 巻)の姉妹シリーズであり，これと共に用いるとよいが，本シリーズだけでも十分理解できるように配慮した．

物理学を学ぶには，物理的な考え方を感得することと，個々の問題を解く技術に習熟することが必要である．しかし，物理学はすわって考えていたり，ただ本を読むだけではわかるものではない．一般の原理はわかったつもりでも，いざ問題を解こうとするとなかなかむずかしく，手も足も出ないことがある．これは演習不足である．「理解するよりはまず慣れよ」ともいう．また「学問に王道はない」ともいわれる．理解することは慣れることであり，そのためにはコツコツと演習問題をアタックすることが必要である．

しかし，いたずらに多くの問題を解こうとしたり，程度の高すぎる問題に挑戦するのは無意味であり無駄である．そこでこのシリーズでは，内容をよりよく理解し，地道な実力をつけるのに役立つと思われる比較的容易な演習問題をそろえた．解答の部には，すべての問題のくわしい解答を載せたが，著しく困難な問題はないはずであるから，自力で解いたあとか，どうしても自力で解けないときにはじめて解答の部を見るようにしてほしい．

このシリーズが読者の勉学を助け，物理学をマスターするのに役立つことを念願してやまない．また，読者からの助言をいただいて，このシリーズにみがきをかけ，ますますよいものにすることができれば，それは著者と編者の大きな幸いである．

1990年8月3日

編者　戸田盛和
　　　中嶋貞雄

はじめに

量子力学の歴史は，高温の溶鉱炉から洩れる電磁放射の研究を通じて，1900年にプランクがプランク定数を発見したときに始まる．その後，事の本質はミクロな力学系が普遍的に示す粒子・波動の2重性にあり，プランク定数は，粒子としてのエネルギーと運動量を，波動としての周波数と波数にそれぞれ関係づける普遍的な比例定数であることが明らかになった．この粒子・波動の2重性を首尾一貫した立場で扱うことのできる理論体系が，量子力学である．

諸君がこれまで学習してきた力学や電磁気学は，人工衛星の運動やテレビ用電磁波の伝播のような，マクロな物理現象を支配している基本法則である．一方，分子内の原子の運動，原子内の電子の運動，原子核内の陽子や中性子の運動など，ミクロな運動を扱うためには量子力学が必要である．そればかりではない．テレビの受信機に使われている半導体素子や配線用金属も，実はミクロな原子や電子の集合体であり，その特性を理解するためには，やはり量子力学が必要である．さらに，リニア新幹線に使われる超伝導磁石の場合には，超伝導体中の磁束が量子化され，プランク定数を電子電荷の2倍で割った値に等しくなるよう，1本ずつに束ねられている．もっとスケールの大きい話として，宇宙自体が膨張を続ける溶鉱炉であり，プランク分布に従う電磁放射＝光子気体でみちている．この宇宙炉が現在絶対温度の3度にまで冷えこんでいることは，ご存じの読者も多かろう．

このように，量子力学の知識を多少とも必要とする現象にいたるところでぶつかるわけであるが，量子力学自体の学習は必ずしも容易とはいえない．主な理由は，私たちの常識や直観がマクロな世界での日常生活によって育成されたものであって，粒子・波動の2重性をもつミクロな世界には通用しにくいためであろうが，力学系の状態が波動関数であらわされ，物理量がこれに作用する演算子(作用素)であらわされるという数学的表示が抽象的でわかりにくいことも確かである．量子力学を学習する場合，「習うより慣れる」こと，つまり演習問題を解いてみることがほとんど不可欠といえる．

本書を執筆するにあたって，このシリーズの編集方針を尊重し，量子力学を「使ってみる」のに必要な基本法則と運用方法をなるべく理解しやすい形で説明するよう努力した．諸君の数学的負担を軽減するよう，特殊関数の使用を避けて単純な演算子代数で済ませたのもそのためである．相対論的な量子力学は本書のレベルから考えて除いたが，簡単な場の量子論はふくめてある．

注意はしたつもりであるが，おもわぬ誤りや不満足な点が残っているかもしれない．読者諸氏のご協力を得てより良いものにしてゆきたい．

出版にあたってお世話になった片山宏海氏はじめ岩波書店編集部の皆さんに厚くお礼申上げる次第である．

1991年1月8日

中嶋貞雄
吉岡大二郎

目次

コーヒーブレイク

ワンポイント

1

状態と物理量

電子のようなミクロな粒子は,一方で波動性を示す.量子力学はミクロな力学系の示すこの粒子・波動の2重性を矛盾なく記述するための理論形式であり,力学系の状態と物理量について,古典力学とは異なる新しい考え方と数学的な表示法を必要とする.これに習熟することがこの章の目的である.

1-1 量子力学的状態と波動関数

量子力学では，粒子の状態は**波動関数** Ψ で表わされると考える．ただし，c が 0 でない複素定数であるとき，$c\Psi$ は Ψ と同じ状態を表わすものとする．Ψ は各時刻 t に空間の各点 (x, y, z) で定義されている複素数値の関数であり，絶対値 $|\Psi|$，位相 θ，虚数単位 $i=\sqrt{-1}$ を使って次の形に書くこともできる．

$$\Psi = |\Psi| e^{i\theta} \tag{1.1}$$

絶対値も位相も x, y, z, t の関数である．以下，数式をなるべく簡潔にしたいので，Ψ が x と t の関数である場合を考える．

状態を表わす Ψ が決まっていても，物理量(粒子の位置や運動量)を測定したときに得られる測定値を予言することは一般には不可能である．量子力学が予言できるのは，さまざまな測定値の得られる確率の比(**相対確率**)だけで，これが Ψ で表わされる．

たとえば時刻 t に粒子の位置を測定したとき，x と $x+dx$ の間に粒子が見出される確率は

$$\Psi^*\Psi dx = |\Psi(x, t)|^2 dx \tag{1.2}$$

に比例する．$\Psi^*=|\Psi|e^{-i\theta}$ は Ψ の共役複素式で，Ψ の表式中の虚数単位 i を $-i$ に置きかえたものである．なお，c は 0 でない複素定数として，Ψ を $c\Psi$ に置きかえても，(1.2)は $|c|^2$ 倍されるだけであり，粒子が x 軸上のさまざまな位置に見出される相対確率は変わらないことに注意しておこう．Ψ と $c\Psi$ とは同じ状態を表わすのだから，当然である．

波動関数の**規格化条件**とよばれる

$$\int_{-\infty}^{\infty} |\Psi(x, t)|^2 dx = 1 \tag{1.3}$$

を満足するとき，Ψ は規格化されているという．このとき(1.2)は相対確率でなく確率そのものを与える．

例題 1.1　複素定数 $c=|c|e^{i\gamma}$ (実定数 γ は c の位相) を(1.1)式に掛けると，波動関数の絶対値と位相はそれぞれどのように変わるか．$c=-1$，$c=i$ のときはどうか．

［解］
$$c\Psi = |c|e^{i\gamma}\cdot|\Psi|e^{i\theta} = |c|\,|\Psi|e^{i(\theta+\gamma)}$$
つまり，絶対値は $|c|$ 倍され，位相には γ が加えられる．複素数指数関数の公式 $e^{i\gamma}=\cos\gamma+i\sin\gamma$ により，$-1=e^{i\pi}$，$i=e^{i\pi/2}$ と書くことができる．したがって，$-\Psi$ および $i\Psi$ の絶対値はともに Ψ の絶対値に等しく，位相はそれぞれ $\theta+\pi$ および $\theta+\pi/2$ となる．

なお，$|e^{i\gamma}|^2=e^{-i\gamma}e^{i\gamma}=1$，$|e^{i\gamma}|=1$ であるから，Ψ が規格化されているとき，これに位相因子 $e^{i\gamma}$ を掛けた $e^{i\gamma}\Psi$ も規格化されていることに注意．

例題 1.2　波動関数が規格化できるための条件は，(1.3)式の左辺の積分が収束して有限な値をもつことである．C, λ は正の定数として，$t=0$ の波動関数
$$\Psi(x,0) = Ce^{-(1/2)\lambda x^2}$$
は規格化できることを示せ．

［解］　(1.3)に $\Psi(x,0)$ を代入して
$$1 = C^2\int_{-\infty}^{\infty}e^{-\lambda x^2}dx$$
右辺の定積分の値は $(\pi/\lambda)^{1/2}$ であるから，したがって
$$C = \left(\frac{\lambda}{\pi}\right)^{1/4}$$
例題 1.1 で述べたとおり，γ を実定数として，この値に $e^{i\gamma}$ を掛けた複素数を C としても，規格化条件は満足されることがわかる．なお，確率(1.2)は，いわゆる正規分布となる．
$$|\Psi(x,0)|^2dx = \left(\frac{\lambda}{\pi}\right)^{1/2}e^{-\lambda x^2}dx$$

問 題 1-1

[1] (1.2)式にもとづいて，粒子が x 軸上の区間 $x_1 \leqq x \leqq x_1+dx$ に見出される確率と別の区間 $x_2 \leqq x \leqq x_2+dx$ の間に見出される確率の比を書け.

[2] x 軸上の区間 $0 \leqq x \leqq L$ を運動する粒子の状態を表わす波動関数

$$\Psi(x, t) = ae^{-i\omega t}\sin kx$$

について次の問いに答えよ．ただし，a, k, ω は定数.

(1) 区間の両端 $x=0$, $x=L$ で波動関数は 0 に等しいという境界条件を満足するように定数 k を定めよ.

(2) 区間外では Ψ は 0 であるとして，規格化条件(1.3)を満足するように定数 a を定めよ.

[3] 3次元空間を運動する粒子の場合，波動関数(1.1)の位相に対して $\theta(x, y, z, t)$ ＝定数という方程式を考える．時刻 t を固定すると，この方程式を満足する点 (x, y, z) はある空間曲面上にのっている．この曲面を波動関数の**波面**とよぶ．次の問いに答えよ.

(1) a, k, ω は正の定数として，波動関数

$$\Psi(x, y, z, t) = ae^{i(kx-\omega t)}$$

の波面は x 軸に垂直な平面であり，時間の経過とともに x 軸方向に速度 ω/k で動くことを示せ.

(2) このような平面波で表わされる状態にあるとき，粒子の位置は全く不確定であるといわれる．その意味を(1.2)にもとづいて説明せよ.

(3) 座標原点からの距離を $r=(x^2+y^2+z^2)^{1/2}$ として，波動関数

$$\Psi(x, y, z, t) = ar^{-1}\, e^{i(kr-\omega t)}$$

の波面の形と運動について述べよ．また，この波動関数で表わされる粒子が，原点を中心とする半径がそれぞれ r_1 および r_2 の球面内に見出される確率の比を求めよ.

(4) 前問(3)において粒子の運動は原点を中心とする半径 R の球面内に限られているとする．波動関数を規格化するには，正の定数 a をどう選べばよいか.

1-2　重ね合わせの原理

量子力学的状態を表わす波動関数は力学系に関する統計的情報の担い手であり，**確率振幅**とよばれることもある(1-1 節で述べたように，0 でない複素定数を Ψ に掛けても統計的情報は変わらないが，空気中の音波のような古典論の波動の場合には，振幅を 2 倍にすれば 4 倍のパワーの波動になる．このことからも波動関数が音波のような物理的波動そのものを表わす量でないことがわかる)．このような抽象的性格の量であるにもかかわらず，Ψ が「波動」関数とよばれるのは，波動の特徴とされる重ね合わせの原理が Ψ についても成立するからである．つまり，Ψ_1, Ψ_2 がそれぞれ状態を表わす波動関数であり，c_1, c_2 が複素定数であるとき，線形結合

$$\Psi(x, t) = c_1\Psi_1(x, t)+c_2\Psi_2(x, t) \tag{1.4}$$

も状態を表わす波動関数である．ただし，Ψ がいたるところ 0 になる場合を除く($\Psi \equiv 0$ に対応する状態は存在しない)．

重ね合わせの原理が成立する結果として，波動関数は(複素数を成分とする，しかも一般には無限に多くの成分をもつ)ベクトルと見なすことができる．数学から見たベクトルの特徴は，ベクトルの定数倍がベクトルになり，2 つのベクトルの和がやはりベクトルになることであり，波動関数もこの特徴をそなえているからである．波動関数のことを**状態ベクトル**とよぶこともある(詳細は次章参照)．ただし，波動関数に 0 でない定数を掛けても同じ状態を表わすのであるから，逆に，状態は状態ベクトルの「方向」で表わされると考えられる．

たとえば，Ψ_2 が Ψ_1 の定数倍であれば，線形結合(1.4)は同じ方向の 2 つのベクトルの和に相当し，この場合には重ね合わせによって新しい状態は得られない．Ψ_1 と Ψ_2 の一方が他方の定数倍として表わすことができないとき，2 つの波動関数は独立であるという．Ψ_1 と Ψ_2 とが独立であるための条件は，$c_1 = c_2 = 0$ であるとき，しかもそのときに限って(1.4)が空間のいたるところ 0 になることである．

例題 1.3　(1.4)式で Ψ_1, Ψ_2 の位相をそれぞれ θ_1, θ_2 とし，また c_1, c_2 の絶対値はともに1で，位相はそれぞれ γ_1, γ_2 とする．$|\Psi|^2$ を求めよ．

［解］

$$\Psi = |\Psi_1|e^{i(\theta_1+\gamma_1)}+|\Psi_2|e^{i(\theta_2+\gamma_2)}$$

$$\begin{aligned}\Psi^*\Psi &= \{|\Psi_1|e^{-i(\theta_1+\gamma_1)}+|\Psi_2|e^{-i(\theta_2+\gamma_2)}\}\times\{|\Psi_1|e^{i(\theta_1+\gamma_1)}+|\Psi_2|e^{i(\theta_2+\gamma_2)}\}\\ &= |\Psi_1|^2+|\Psi_2|^2+|\Psi_1||\Psi_2|\{e^{i(\theta_1-\theta_2+\gamma_1-\gamma_2)}+e^{-i(\theta_1-\theta_2+\gamma_1-\gamma_2)}\}\\ &= |\Psi_1|^2+|\Psi_2|^2+2|\Psi_1|\cdot|\Psi_2|\cos(\theta_1-\theta_2+\gamma_1-\gamma_2)\end{aligned}$$

最下式の第3項が2つの成分波動関数の位相差に依存し，音波や光波の場合の干渉に対応する効果を表わしている．ただし，干渉は粒子の存在確率についておこるのである．

問　題 1-2

[1]　重ね合わせ(1.4)において Ψ_1, Ψ_2 が次の平面波であるとする．

$$\Psi_1 = e^{i(kx-\omega t)}, \qquad \Psi_2 = e^{i(-kx-\omega t)}$$

定数 c_1, c_2 の選び方を以下4通りのように変えたとき，$|\Psi|^2$ がそれぞれどのように変わるかを調べよ．

(1)　$c_1=1,\ c_2=0$

(2)　$c_1=0,\ c_2=1$

(3)　$c_1=c_2=1$

(4)　$c_1=-i,\ c_2=i$

[2]　前問[1]において，重ね合わせ(1.4)が x の偶関数および奇関数となるのは，定数 c_1, c_2 の選び方(1)～(4)のうちのそれぞれどれか．また，$x=0$ で0という条件を満足するのはどれか．

[3]　n 個の波動関数 $\Psi_1, \Psi_2, \cdots, \Psi_n$ の線形結合

$$\Psi = c_1\Psi_1+c_2\Psi_2+\cdots+c_n\Psi_n$$

について，$\Psi\equiv 0$ となるのは定数 $c_1, c_2, \cdots, c_n$ がどれも0である場合に限るなら，これら n 個の波動関数はたがいに独立であるという．このとき，これら波動関数のどの1つも残りの $n-1$ 個の波動関数の線形結合として表わせないことを示せ(これは3次元空間で，同一平面上にない3つのベクトルがあるとき，どの1つのベクトルも残りの2つのベクトルの線形結合として表わせないことに対応している)．

［ヒント］　例えば Ψ_1 が残りの $\Psi_2, \Psi_3, \cdots, \Psi_n$ の線形結合の形に表わせたとしてみよ．

1-3 物理量と演算子

以下しばらく特定の時刻，たとえば $t=0$ に注目し，波動関数 $\Psi(x, 0)$ を $\psi(x)$ のように書く．

量子力学の物理量は，任意の波動関数 ψ に作用して(同時刻の，しかし一般には ψ とは別の)波動関数に変換する演算子で表わされる．演算子 A を ψ に作用させて得られる波動関数を $A\psi$ と書く．簡単な例は定数 c であって，これは ψ をその定数倍 $c\psi$ に変換する演算子と見なすことができる．また，A が粒子の位置を表わす演算子であれば，$A\psi$ は関数 $\psi(x)$ に座標 x を掛けて得られる関数 $x\psi(x)$ であり，A が粒子の運動量を表わす演算子なら，$A\psi$ は $(\hbar/i)(\partial\psi/\partial x)$ である．ただし，$\hbar=1.0546\times10^{-34}$ J·s はプランク定数を 2π で割ったもので，量子力学におけるもっとも基本的な定数である．

一般の物理量の場合には，古典力学におけるその物理量の表式を粒子の位置 x と運動量 p_x の関数として書いておき

$$x \to x\times, \qquad p_x \to \frac{\hbar}{i}\frac{\partial}{\partial x} \tag{1.5}$$

のように演算子で置きかえればよい．その際，演算子 A と B の和 $A+B$ を $(A+B)\psi=A\psi+B\psi$ で，また積 AB を $(AB)\psi=A(B\psi)$ で定義する．$A+B=B+A$ であるが，BA は必ずしも AB に等しくない(演算子の非可換性)．$AB=BA$ なら，A と B は**可換**であるという．定数を演算子と見なしたとき，これは他のあらゆる演算子と可換である．一般に

$$[A, B] = AB-BA \tag{1.6}$$

を A と B の**交換子**とよぶ．

物理量を表わす演算子 A はすべて線形である．その意味は(1.4)式の形の線形結合に演算子 A を作用させたとき

$$A(c_1\psi_1+c_2\psi_2) = c_1A\psi_1+c_2A\psi_2 \tag{1.7}$$

が成立するということである．

例題 1.4　位置を表わす演算子と運動量を表わす演算子の交換子を求めよ．

［解］　ψを任意の波動関数として

$$A = x\times, \qquad B = \frac{\hbar}{i}\frac{\partial}{\partial x}$$

とおくと

$$\begin{aligned}(AB-BA)\psi &= AB\psi - BA\psi \\ &= x\left(\frac{\hbar}{i}\frac{\partial\psi}{\partial x}\right) - \frac{\hbar}{i}\frac{\partial}{\partial x}(x\psi) \\ &= -i\hbar\left(x\frac{\partial\psi}{\partial x} - \psi - x\frac{\partial\psi}{\partial x}\right) \\ &= i\hbar\,\psi\end{aligned}$$

ψは任意であるから

$$\left[x,\ \frac{\hbar}{i}\frac{\partial}{\partial x}\right] = i\hbar$$

これを位置と運動量の**交換関係**とよぶ．

例題 1.5　x軸上を外力を受けずに運動する粒子(自由粒子)がある．そのハミルトニアン，つまりエネルギーを表わす演算子を書け．3次元空間の自由粒子の場合はどうか．

［解］　エネルギーとしては運動エネルギーを考えればよい．運動量で表わしたその古典力学的表式は，mを粒子の質量として$p_x{}^2/2m$である．p_xを対応する量子力学的演算子で置きかえると，求めるハミルトニアンは

$$H = \frac{1}{2m}\left(\frac{\hbar}{i}\frac{\partial}{\partial x}\right)\left(\frac{\hbar}{i}\frac{\partial}{\partial x}\right) = -\frac{\hbar^2}{2m}\frac{\partial^2}{\partial x^2}$$

同様にして，3次元空間を運動する自由粒子のハミルトニアンは

$$H = -\frac{\hbar^2}{2m}\left(\frac{\partial^2}{\partial x^2}+\frac{\partial^2}{\partial y^2}+\frac{\partial^2}{\partial z^2}\right) = -\frac{\hbar^2}{2m}\nabla^2$$

右辺の∇は微分演算子$\partial/\partial x, \partial/\partial y, \partial/\partial z$を成分とするベクトル(ナブラ)であり，$\nabla^2$はその2乗である．

問 題 1-3

[1] 質量 m, バネ定数 $m\omega^2$ の調和振動子(単振子)のハミルトニアンは

$$H = -\frac{\hbar^2}{2m}\frac{\partial^2}{\partial x^2}+\frac{1}{2}m\omega^2x^2$$

となることを示せ.

[2] 交換子について次の公式を証明せよ.

$$[B, A] = -[A, B]$$
$$[A, B+C] = [A, B]+[A, C]$$
$$[A, BC] = [A, B]C+B[A, C]$$

[3] Hを問[1]の調和振動子のハミルトニアンであるとして, 次の交換関係を証明せよ.

$$[x, H] = \frac{\hbar^2}{m}\frac{\partial}{\partial x}, \qquad \left[\frac{\hbar}{i}\frac{\partial}{\partial x}, H\right] = -i\hbar m\omega^2 x$$

[4] 3次元空間を運動する自由粒子について, 平面波

$$\psi(x, y, z) = e^{i\boldsymbol{k}\cdot\boldsymbol{r}}$$

は次の固有値方程式(1-4節の(1.8)式参照)を満足することを示せ. ただし, $\boldsymbol{r}=(x, y, z)$ は空間の点の位置ベクトル, $\boldsymbol{k}=(k_x, k_y, k_z)$ は**波動ベクトル**とよばれる定ベクトルである.

$$-\frac{\hbar^2}{2m}\nabla^2\psi = \frac{\hbar^2k^2}{2m}\psi$$

また, 波面はベクトル $\boldsymbol{k}$ に垂直な平面であることを示せ.

[5] 前問[4]の平面波の波長は $2\pi/k$ であることを示せ. ただし $k=(k_x{}^2+k_y{}^2+k_z{}^2)^{1/2}$ は波動ベクトルの大きさである.

One Point ——演算子に不慣れな諸君へ

演算子の掛け算の順序を変えると, $AB=BA+[A, B]$ とお釣りの項が加わることさえ忘れなければ, 普通の数と同様の気軽さで演算子を扱ってよい. なお, かりにプランク定数を0とおけば, この非可換性は消え, 量子力学は古典力学に帰着することに注意.

1-4 物理量の測定値と演算子の固有値

演算子 A で表わされる物理量を測定すると，測定値として A の**固有値**が得られる．固有値はとびとび(離散固有値)のこともあり，連続的(連続固有値)のこともある．A が離散固有値 $a_1, a_2, \cdots, a_n, \cdots$ をもつとする．**固有値方程式**

$$A\alpha_n(x) = a_n\alpha_n(x) \tag{1.8}$$

を満足する波動関数 $\alpha_n(x)$ が存在する．この波動関数およびそれの表わす状態をそれぞれ固有値 a_n に属する**固有関数**，**固有状態**とよぶ．A が線形であるから，c を 0 でない定数として $c\alpha_n$ も同じ固有値に属する固有関数であり，同じ固有状態を表わす．

演算子 A で表わされる物理量の測定が，

1° A の固有値 a_m に属する固有状態にある系で行なわれる場合には，測定値として確実に a_m が得られ，

2° 一般の波動関数 ψ で表わされる状態にある系で行なわれる場合には，測定値として固有値 a_n が確率

$$w_n = |\langle\alpha_n|\psi\rangle|^2 \tag{1.9}$$

で得られる．ただし，ψ も α_n も規格化されているとし，2つの波動関数 ϕ, ψ のスカラー積を次のように定義する．

$$\langle\phi|\psi\rangle = \int_{-\infty}^{\infty}\phi^*(x)\psi(x)dx = \langle\psi|\phi\rangle^* \tag{1.10}$$

$\langle\phi|\psi\rangle=0$ なら 2 つの波動関数は**直交**するという．ψ の規格化条件は $\langle\psi|\psi\rangle=1$ と書ける．たとえば，上記 1° と 2° が矛盾しないためには固有関数が次の条件を満足している必要がある．

$$\langle\alpha_n|\alpha_m\rangle = \delta_{mn} = \begin{cases} 1 & (m=n) \\ 0 & (m\neq n) \end{cases} \tag{1.11}$$

これを固有関数の**規格化直交条件**とよぶ．右辺の記号 δ_{mn} はクロネッカーのデルタとよばれる．

例題 1.6　(1. 11)式を導け.

［解］　(1. 9)式の ψ として A の固有値 a_m に属する規格化された固有関数 α_m を選ぶと

$$w_n = |\langle\alpha_n|\alpha_m\rangle|^2$$

他方，1° によれば，この場合測定値として a_m 以外の固有値が得られる確率は 0 であるから，$n \neq m$ のときに $w_n=0$ となる．つまり，$n \neq m$ のときの (1. 11)式が得られる．また，この場合，測定値として a_m の得られる確率は 1 に等しいから，$w_m=1$ となる．$\langle\alpha_m|\alpha_m\rangle$ は正の量であるから，$m=n$ の場合の (1. 11)式が得られる．

なお，3 次元空間の通常のベクトルとのアナロジーでいえば，規格化された波動関数は長さ 1 の単位ベクトルに相当し，直交する波動関数は直交するベクトルに相当する．(1. 11)式により，固有関数は直交座標軸方向に平行な単位ベクトルに対応することがわかる．

例題 1.7　x 軸上の区間 $-L/2 \leqq x \leqq L/2$ を運動する粒子の波動関数

$$\psi_k(x) = L^{-1/2}e^{ikx}, \qquad k = \frac{2\pi}{L}n \qquad (n=0,\ \pm1,\ \pm2,\ \cdots)$$

は周期的境界条件 $\psi_k(-L/2)=\psi_k(L/2)$ を満たし，運動量演算子の固有関数であり，規格化直交条件を満たすことを示せ．

［解］　$e^{2\pi ni}=1$ だから周期的境界条件 $\psi_k(x+L)=\psi_k(x)$ を満たすことは明らか．

$$\frac{\hbar}{i}\frac{\partial}{\partial x}e^{ikx} = \hbar k e^{ikx}$$

だから，ψ_k は運動量演算子の固有値 $\hbar k$ に属する固有関数である．$|\psi_k|^2=L^{-1}$ だから規格化されていることも明らか．$k \neq k'$ なら

$$\langle\psi_{k'}|\psi_k\rangle = L^{-1}\int_{-L/2}^{L/2} e^{i(k-k')x}dx$$

$$= \frac{1}{2\pi i(n-n')}[e^{\pi i(n-n')} - e^{-\pi i(n-n')}] = 0$$

となって，固有関数は直交する．

問 題 1-4

[1] ϕ, ψ, χ は波動関数，c は定数として，波動関数のスカラー積に関する次の公式を証明せよ．

$$\langle \psi | \psi \rangle \geqq 0, \qquad \langle \phi | \psi \rangle^* = \langle \psi | \phi \rangle$$
$$\langle \phi | c\psi \rangle = c\langle \phi | \psi \rangle, \qquad \langle \phi | \psi + \chi \rangle = \langle \phi | \psi \rangle + \langle \phi | \chi \rangle$$

[2] 例題 1.7 の運動量固有関数の重ね合わせ

$$\psi(x) = \frac{1}{\sqrt{2}}(\psi_k(x) + \psi_{-k}(x)) = \left(\frac{2}{L}\right)^{1/2} \cos kx$$

で表わされる状態にある粒子について，運動量を測定すればどんな結果が得られるか．

[3] 前問[2]を一般化して，運動量固有関数の重ね合わせ

$$\psi(x) = \sum_k c_k \psi_k(x)$$

を**波束**とよぶ．右辺の和は例題 1.7 の k のすべての値，つまり，そこの整数 n のすべての値についてとる．

(1) $c_k = \langle \psi_k | \psi \rangle$ を導け．

(2) $\langle \psi | \psi \rangle = \sum_k |c_k|^2$ であることを示せ．

(3) この波束状態で粒子の運動量を測定するとき，測定値として運動量固有値 $p_x = \hbar k$ が得られる確率は $|c_k|^2$ に比例することを示せ．

[4] 例題 1.7 で $L \to \infty$ の極限を考える．運動量固有値 $p_x = \hbar k$ は間隔 $2\pi\hbar/L$ で分布しているから，微小な幅 dp_x の中には $(L/2\pi\hbar)dp_x$ 個の固有値がふくまれている．このことに注意すると，前問[3]の波束は $L \to \infty$ の極限で次の積分形(フーリエ積分)に書けることを示せ．

$$\psi(x) = (2\pi\hbar)^{-1/2} \int_{-\infty}^{\infty} \phi(p_x) e^{(i/\hbar) p_x x} dp_x$$

ただし $\phi(p_x) = (L/2\pi\hbar)^{1/2} c_k$ である．したがって，この波束状態で粒子の運動量を測定するとき，測定値が p_x と $p_x + dp_x$ の間にある確率は $|\phi(p_x)|^2 dp_x$ に比例する．

[5] 前問[4]の $\phi(p_x)$ は運動量表示の波動関数とよばれることがある．これは位置表示の波動関数 $\psi(x)$ を使って次の形に書けることを示せ．

$$\phi(p_x) = (2\pi\hbar)^{-1/2} \int_{-\infty}^{\infty} \psi(x) e^{-(i/\hbar) p_x x} dx$$

数学では，これを ψ のフーリエ変換とよぶ．逆に ϕ のフーリエ変換が ψ である．

1-5　固有関数による波動関数の展開

3次元空間のベクトルが直交座標軸に平行な単位ベクトルの線形結合の形に表わされるのと同様に，任意の波動関数 ψ は，規格化直交性(1.11)をもつ固有関数の線形結合として，次の形に展開できる．

$$\psi(x) = \sum_{n=1}^{\infty} \langle\alpha_n|\psi\rangle\, \alpha_n(x) \tag{1.12}$$

任意の ψ がこの形に表わされることを，固有関数の**完全性**とよぶ．完全性は次の形に表わしてもよい．

$$\sum_{n=1}^{\infty} \alpha_n(x)\alpha_n{}^*(x') = \delta(x-x') \tag{1.13}$$

$\delta(x)$ は**デルタ関数**であり，次の性質をもつ．

$$\begin{aligned} &\delta(x) = 0 \qquad (x \neq 0) \\ &\delta(-x) = \delta(x) \\ &\int_{-\infty}^{\infty} \delta(x)dx = 1 \end{aligned} \tag{1.14}$$

ψ は規格化されているとして，確率(1.9)に a_n を掛けて n について和をとると，状態 ψ にある系で A で表わされる物理量を測定するときの測定値の平均値(**期待値**) $\langle A\rangle$ が得られる．(1.12)を使うと

$$\langle A\rangle = \langle\psi|A|\psi\rangle \tag{1.15}$$

ただし，波動関数 ϕ, ψ に関する演算子 A の行列要素を

$$\langle\phi|A|\psi\rangle = \int_{-\infty}^{\infty} \phi^* A\psi dx \tag{1.16}$$

で定義してある．この記法を使えばスカラー積 (1.10) は $\langle\phi|1|\psi\rangle$ と書け，(1.15)により，規格化条件は $\langle 1\rangle=1$ という当然の事実を表わすことになる．逆に，行列要素(1.16)は ϕ と $A\psi$ とのスカラー積であると見ることもできる．なお，行列要素については，次章で詳しく述べる．

例題 1.8　物理量の平均値に対する表式(1.15)を導け.

[解]　規格化されたψで表わされる状態で演算子Aで表わされる物理量を測定したとき，Aの固有値a_nが測定値として得られる確率は(1.9)であるから，これにa_nを掛けてnについて加え合わせたものが平均値である．$\langle\alpha_n|\psi\rangle^*=\langle\psi|\alpha_n\rangle$に注意して

$$\langle A\rangle = \sum_{n=1}^{\infty} w_n a_n = \sum_{n=1}^{\infty} \langle\psi|\alpha_n\rangle a_n \langle\alpha_n|\psi\rangle$$

他方，(1.12)に左からAを作用させ，(1.8)を使うと

$$A\psi = \sum_{n=1}^{\infty} \langle\alpha_n|\psi\rangle A\alpha_n(x) = \sum_{n=1}^{\infty} \langle\alpha_n|\psi\rangle a_n\alpha_n(x)$$

これに(1.12)の共役複素式を掛けてxについて積分し，規格化直交条件(1.11)を使うと

$$\begin{aligned}\langle\psi|A|\psi\rangle &= \sum_m \sum_n \langle\psi|\alpha_m\rangle a_n \langle\alpha_n|\psi\rangle \int_{-\infty}^{\infty} \alpha_m{}^*(x)\alpha_n(x)dx \\ &= \sum_m \sum_n \langle\psi|\alpha_m\rangle a_n \langle\alpha_n|\psi\rangle \delta_{mn} \\ &= \sum_n \langle\psi|\alpha_n\rangle a_n \langle\alpha_n|\psi\rangle\end{aligned}$$

例題 1.9　任意の波動関数ϕ, ψについて

$$\langle\phi|A|\psi\rangle^* = \langle\psi|A^\dagger|\phi\rangle \tag{1}$$

であるとき，演算子Aと$A^\dagger$とは互いに**エルミット共役**であるという．$A^\dagger=A$なら，Aは**エルミット演算子**であるという．物理量を表わす演算子はすべてエルミット演算子である．その固有値は実数であることを示せ.

[解]　(1.8)式のα_nは規格化されているとして，両辺に左から$\alpha_n{}^*$を掛けて積分すると

$$\langle\alpha_n|A|\alpha_n\rangle = a_n\langle\alpha_n|\alpha_n\rangle = a_n$$

この式の共役複素式を書き，(1)式でϕもψもα_nの場合を考えれば

$$\langle\alpha_n|A^\dagger|\alpha_n\rangle = a_n{}^*$$

$A=A^\dagger$なら$a_n=a_n{}^*$となる.

エルミット共役は数の場合の共役複素に対応する概念であり，エルミット演算子は実数に対応する概念である.

問 題 1-5

[1] B および C がそれぞれエルミット演算子であるとき，$A=B+iC$ と $A^{\dagger}=B-iC$ とは互いにエルミット共役であることを示せ.

[2] 位置演算子，運動量演算子はそれぞれエルミット演算子であることを確かめよ.

［ヒント］ 式(1.16)で A は運動量演算子とし，ϕ, ψ は $x\to\pm\infty$ で十分にはやく 0 に収束するものとして部分積分を行なえ.

[3] 完全性の式(1.13)から(1.12)式を導け.

［ヒント］ 両辺に $\psi(x')$ を掛けて x' について積分し，デルタ関数の性質(1.14)を利用せよ.

[4] 完全性の式(1.13)の $\alpha_n(x)$ の代わりに例題1.7の運動量固有関数 $\psi_k(x)$ を代入することによって，デルタ関数の平面波展開(フーリエ展開)を導け.

$$\delta(x-x') = L^{-1}\sum_{k} e^{ik(x-x')}$$

この表式で $L\to\infty$ の極限をとり，デルタ関数のフーリエ積分表示を導け(問題1-4 問[4]参照).

$$\delta(x-x') = \frac{1}{2\pi}\int_{-\infty}^{\infty} e^{ik(x-x')}dk$$

[5] ε は正の無限小定数として

$$\delta_{+}(x) = \frac{1}{2\pi}\int_{0}^{\infty} e^{ikx}\, e^{-\varepsilon k}dk$$

$$\delta_{-}(x) = \frac{1}{2\pi}\int_{-\infty}^{0} e^{ikx}\, e^{\varepsilon k}dk$$

とおく. $\delta_{+}(x)+\delta_{-}(x)$ は $\varepsilon\to+0$ でデルタ関数であることを示せ.

1-6 不確定性原理

物理量を表わす演算子 A と B とが可換であれば，a, b がそれぞれの演算子の固有値であるとき，$A\phi=a\phi$，$B\phi=b\phi$ が同時に成立するような共通の固有関数 ϕ が存在する．ϕ で表わされる共通の固有状態に系があるとき，A で表わされる物理量を測定すれば確実に測定値 a が得られ，B で表わされる物理量を測定すれば確実に測定値 b が得られる(1-4 節の 1° による)．つまり，この共通の固有状態では，2つの物理量は同時に確定した値をもつと考えることができる．

位置と運動量のように，可換でない演算子で表わされる2つの物理量の場合には，両者が同時に確定値をもつと考えてよいような共通の固有状態は，一般には存在しない．たとえば，運動量演算子の固有関数は平面波であるが(例題1.7)，運動量が確定しているこの平面波の状態で粒子の位置を測定すれば，粒子はいたるところ等しい確率で見出され，位置は完全に不確定であった(問題1-1 問[3])．

他方，位置演算子については，(1.14)式により

$$x\delta(x-a) = a\delta(x-a) \tag{1.17}$$

と書けるので，$\delta(x-a)$ は位置演算子の固有値 a に属する固有関数と見ることができる．このデルタ関数を運動量演算子の固有関数である平面波に展開すると(問題1-5 問[4])，

$$\delta(x-a) = L^{-1}\sum_k e^{-ika}\, e^{ikx} \tag{1.18}$$

この波動関数で表わされる状態で粒子の運動量を測定すると，測定値として固有値 $\hbar k$ が得られる確率は，展開係数の絶対値の2乗 $|e^{ika}|^2=1$ に比例するが((1.9)式)，これは k に無関係である．つまり，位置の確定した状態では，運動量は完全に不確定である．なお，(1.18)は規格化できないことに注意しておこう．

例題 1.10 規格化された波動関数

$$\psi(x) = C^{-1/2}\, e^{-(1/2)\lambda x^2}$$

について位置および運動量のゆらぎ(標準偏差)を求めよ．λ, C は正の定数とする．

［解］ $|\psi|^2=\psi^2$ の積分が1に等しいという規格化条件(1.3)から，

$$C = \int_{-\infty}^{\infty} e^{-\lambda x^2} dx = (\pi/\lambda)^{1/2} \tag{1}$$

位置のゆらぎ $\varDelta x\,(>0)$ の定義は

$$(\varDelta x)^2 = \langle (x-\langle x\rangle)^2\rangle = \langle x^2\rangle - \langle x\rangle^2$$

であるが，ψ^2 が偶関数だから，(1.15)式で $A=x\times$ とおけば $\langle x\rangle=0$ となり，

$$(\varDelta x)^2 = \int_{-\infty}^{\infty} x^2\psi^2 dx = C^{-1}\int_{-\infty}^{\infty} x^2 e^{-\lambda x^2} dx \tag{2}$$

(1)の積分を λ で微分すれば(2)の積分の -1 倍が得られることに注意して

$$(\varDelta x)^2 = -C^{-1}\frac{dC}{d\lambda} = \frac{1}{2}\lambda^{-1}$$

運動量については，(1.15)式で $A=(\hbar/i)(\partial/\partial x)$ とおくと，$\partial\psi/\partial x$ は奇関数，ψ は偶関数だから，$\langle A\rangle=0$ である．運動量のゆらぎを $\varDelta p_x$ と書くことにすると，$(\varDelta p_x)^2$ は $\langle A^2\rangle$ に等しいことになる．

$$\begin{aligned}(\varDelta p_x)^2 &= -\hbar^2\int_{-\infty}^{\infty}\psi\frac{\partial^2\psi}{\partial x^2}dx = \hbar^2\int_{-\infty}^{\infty}\left(\frac{\partial\psi}{\partial x}\right)^2 dx \\ &= \hbar^2\lambda^2 C^{-1}\int_{-\infty}^{\infty} x^2 e^{-\lambda x^2}dx \\ &= \frac{1}{2}\lambda\hbar^2\end{aligned}$$

よって次の不確定性関係が得られる．

$$\varDelta x\cdot\varDelta p_x = \frac{1}{2}\hbar$$

$\varDelta x, \varDelta p_x$ の一方が0(確定)になれば，他方は無限大(完全に不確定)になる．なお，もっと一般の規格化された波動関数の場合には，$\varDelta x\cdot\varDelta p_x$ は $\hbar/2$ より大きくなることが知られている．

問　題 1-6

[1]　演算子 A と B が可換で，ϕ が A の固有値 a に属する固有関数なら，$B\phi$ も A の固有値 a に属する固有関数であることを示せ．この場合，固有値 a に**縮退**がないなら，つまり，この固有値に属する固有関数は ϕ の定数倍に限られるなら，b を定数として $B\phi=b\phi$ となり，b は B の固有値，ϕ は A と B の共通の固有関数となる．

[2]　問題 1-3 問[1]の調和振動子のハミルトニアンの運動エネルギーを表わす部分およびポテンシャル・エネルギーを表わす部分の平均値を，例題 1.10 の規格化された波動関数を用いて計算すれば

$$\left\langle -\frac{\hbar^2}{2m}\frac{\partial^2}{\partial x^2}\right\rangle = \frac{\hbar^2}{4m}\lambda, \qquad \left\langle \frac{1}{2}m\omega^2x^2\right\rangle = \frac{m\omega^2}{4}\frac{1}{\lambda}$$

となることを示せ．

[3]　前問[2]の運動エネルギーの平均値およびポテンシャル・エネルギーの平均値の和は，$\lambda=m\omega/\hbar$ のとき極小値 $\hbar\omega/2$ に等しくなることを示せ．このとき，例題 1.10 の位置のゆらぎは $\Delta x=(\hbar/2m\omega)^{1/2}$ となることを示せ．

[4]　例題 1.10 の波動関数は，$\lambda=m\omega/\hbar$ のときに，調和振動子のハミルトニアン(問題 1-3 問[1])の固有値 $\hbar\omega/2$ に属する固有関数であることを示せ．

[5]　例題 1.10 の波動関数に対応する運動量表示の波動関数を問題 1-4 問[5]の公式によって求めよ(たとえば岩波全書『数学公式 I』233 ページ参照)．

One Point ——不確定性関係と零点振動

調和振動子の最低エネルギー(基底)状態は，古典力学では静止状態 $x=0, p_x=0$ だが，これは量子力学の不確定性関係 $\Delta x\cdot\Delta p_x\gtrsim\hbar$ と両立しない．量子力学では，基底状態でも零点振動が残っている．その振幅 Δx が小さいほど，ポテンシャル・エネルギーのゆらぎ $(m\omega^2(\Delta x)^2/2)$ は小さくなるが，運動量のゆらぎ $\Delta p_x\sim\hbar/\Delta x$ および運動エネルギーのゆらぎ $(\Delta p_x)^2/2m$ は大きくなってしまう．両者の折合いで，全エネルギーは $\Delta x\sim(\hbar/m\omega)^{1/2}$ のとき最小となるのである．

1-7 シュレーディンガー方程式

状態を表わす波動関数 $\Psi(x, t)$ は，時間 t の経過とともに，(時間をふくむ) **シュレーディンガー方程式**

$$i\hbar\frac{\partial\Psi}{\partial t} = H\Psi \tag{1.19}$$

にしたがって変化する．H は系のエネルギーを表わすエルミット演算子であり，**ハミルトニアン**とよばれる．

物理量を表わす演算子は波動関数を同時刻の波動関数に変換するので，t には依存しない．ただし，時間的に変動する外力(たとえばマクロな交流電磁場)が粒子にはたらくような場合には，外力を通じて H が t をふくむ．

H が t をふくまない場合には，(1.19)は時間について単一周波数 $E/\hbar$ で振動する特解をもつ．

$$\Psi(x, t) = \psi(x)e^{-(i/\hbar)Et} \tag{1.20}$$

この形の波動関数で表わされる状態を**定常状態**とよぶ．t をふくまない演算子 A で表わされる物理量の平均値 $\langle\Psi|A|\Psi\rangle = \langle\psi|A|\psi\rangle$ がこの場合 t に無関係になるからである．(1.20)を(1.19)に代入して

$$H\psi = E\psi \tag{1.21}$$

これは ψ がハミルトニアンの固有値 E に属する固有関数であることをしめし，**時間をふくまない**シュレーディンガー方程式とよばれる．この方程式を解いて決まる H の固有値 $E_1, E_2, \cdots, E_n, \cdots$ を系の**エネルギー準位**とよぶ．対応する規格化直交固有関数系を $\psi_1, \psi_2, \cdots, \psi_n, \cdots$ とすると，(1.19)の一般解は

$$\Psi(x, t) = \sum_{n=0}^{\infty}\psi_n(x)e^{-(i/\hbar)E_n t}c_n \tag{1.22}$$

と展開できる．$t=0$ とおき，(1.12)と比較して，展開係数は

$$c_n = \langle\psi_n|\Psi(x, 0)\rangle \tag{1.23}$$

例題 1.11　シュレーディンガー方程式(1.19)の一般解が(1.22)の形に表わされることを示せ.

[解]　$\Psi(x,t)$ を H の固有関数で展開すると，展開係数は t の関数となる.

$$\Psi(x,t) = \sum_n c_n(t)\psi_n(x)$$

これを(1.19)に代入して

$$\sum i\hbar\frac{dc_n(t)}{dt}\psi_n(x) = \sum_n c_n(t)H\psi_n(x)$$

$$= \sum_n c_n(t)E_n\psi_n(x)$$

左から $\psi_m{}^*$ を掛けて x について積分し，ψ_n の規格化直交性を使うと

$$i\hbar\frac{dc_m(t)}{dt} = E_m c_m(t)$$

解は $c_m(t)=c_m(0)e^{-(i/\hbar)E_m t}$ で，$c_m(0)=c_m$ と書けば(1.22)が得られる.

例題 1.12　波動関数(1.22)が $t=0$ で規格化されていれば，任意の t でも規格化されていることを示せ.

[解]

$$\int_{-\infty}^{\infty}\Psi^*(x,t)\Psi(x,t)dx = \sum_m\sum_n c_m{}^*c_n e^{(i/\hbar)(E_m-E_n)t}\langle\psi_m|\psi_n\rangle$$

$$= \sum_n |c_n|^2$$

$$= \int_{-\infty}^{\infty}\Psi^*(x,0)\Psi(x,0)dx$$

時間 t をパラメタと見なし，t の値によって x の関数である波動関数の関数形が $\Psi_0(x)=\Psi(x,0)$ から $\Psi_t(x)=\Psi(x,t)$ に変わると考えれば

$$\langle\Psi_t|\Psi_t\rangle = \langle\Psi_0|\Psi_0\rangle$$

となり，波動関数の規格化積分は時間に無関係である.

Ψ を状態ベクトルと見なすなら，$\langle\Psi|\Psi\rangle$ は3次元空間のベクトルの長さの2乗に対応する. 状態ベクトルはシュレーディンガー方程式にしたがって時間的に変化するのであるが，その長さは不変であり，方向だけが変化するわけである.

問　題 1-7

[1] 演算子 A で表わされる物理量の時刻 t での平均値

$$\langle A\rangle_t = \int_{-\infty}^{\infty} \Psi^*(x, t)A\Psi(x, t)dx$$

の運動方程式は次の形に書けることを示せ.

$$\frac{d}{dt}\langle A\rangle_t = \left\langle \frac{1}{i\hbar}[A, H]\right\rangle_t$$

[2] 前問[1]の H として調和振動子のハミルトニアン(問題 1-3 問[1])をえらび, A としてそれぞれ位置演算子および運動量演算子を代入したときの平均値の運動方程式を書け(問題 1-3 問[3]参照).

[3] 波動関数(1.22)で表わされる状態にある系のエネルギーを時刻 t に測定する. 測定値として H の固有値 E_n が得られる確率を求めよ. ただし, 波動関数は規格化されているものとする.

[4] 問[1]の A としてハミルトニアン H 自身をえらぶとどうなるか. ただし, H は t をふくまないものとする.

零点振動と量子流体

マクロな物体は低温で固体になるのが普通であるが，液体ヘリウムは常圧下でいくら冷しても固体にならない．このように絶対零度まで流体のままでいる文字通りの不凍物質は，物体を構成するミクロな粒子が量子力学に従うからこそ可能なのであって，これを強調するために**量子流体**(quantum fluid)とよばれている．金属や半導体の電気伝導を担う電子系も量子流体である．

実際，かりに構成粒子がニュートン力学に従うと仮定すると，あらゆる物質は絶対零度(およびそれに近い低温)で固体であるという結論になる．絶対零度は物体のエネルギー，つまり構成粒子の運動エネルギーと粒子間相互作用のポテンシャル・エネルギーの総和が極小になる温度だが，ニュートン力学では運動エネルギーとポテンシャル・エネルギーがそれぞれの極小値に等しくなることが可能であり，粒子はポテンシャル・エネルギーが極小となるような定位置に静止していることになる．温度の上昇とともに粒子は定位置を中心に振動をはじめ，この「熱振動」の振幅がある程度大きくなったときに，「古典」固体の融解がおこると考えられる．

現実の固体中の原子はもちろん量子力学に従うから，ハイゼンベルクの不確定性関係により，定位置に静止していることは許されない．絶対零度でも零点振動を行なっている．これを調和振動と見なしてよければ，振幅は原子質量と角周波数の積の平方根に逆比例し，さらに周波数はバネ定数と原子質量の比の平方根に等しい．いずれにしても，原子が軽く，原子間引力の弱いヘリウムの場合には，固体ヘリウム中の零点振動の振幅が相当に大きく，外圧を加えて押え込まないと，絶対零度でも固体の融解がおこってしまうのである．事実，絶対零度の固体 ^{4}He は約 25 気圧以上の外圧下でのみ存在し，軽い同位体である固体 ^{3}He は約 35 気圧以上の外圧下でのみ存在することが知られている．

2

物理量の行列表示

量子力学は波動関数を使うシュレーディンガーの方法とは独立に，ハイゼンベルクにより物理量を行列で表わす方法によって始められ，行列力学とよばれた．この章では，このハイゼンベルクの方法による計算法を学習する．

2-1　演算子の行列要素

任意の規格直交基準系ψ_nを使って，任意の波動関数ψを展開することができる．

$$\psi=\sum_n\langle\psi_n|\psi\rangle\psi_n \tag{2.1}$$

ここで展開係数$\langle\psi_n|\psi\rangle$は

$$\langle\psi_n|\psi\rangle=\int\psi_n^*(x)\psi(x)dx \tag{2.2}$$

で与えられる．この展開係数を成分とするベクトル，つまり第n成分が$\langle\psi_n|\psi\rangle$であるベクトルを考え，これを**ケット・ベクトル**とよび，$|\psi\rangle$と書く．一方，その複素共役$\langle\psi_n|\psi\rangle^*$を第$n$成分とするベクトルを考えて，**ブラ・ベクトル**とよび，$\langle\psi|$と書く．ブラ・ベクトル$\langle\ |$とケット・ベクトル$|\ \rangle$を合わせるとブラケット$\langle\ \ \rangle$が完成する．すなわち，$\langle\phi|$と$|\psi\rangle$のスカラー積を$\langle\phi|\psi\rangle$と書くと，これは前章の定義(1.10)と一致する．

$$\begin{aligned}\langle\phi|\psi\rangle&=\sum_n\langle\psi_n|\phi\rangle^*\langle\psi_n|\psi\rangle\\&=\int\phi^*(x)\psi(x)dx\end{aligned} \tag{2.3}$$

波動関数ψに演算子Aを作用させると，波動関数$A\psi$が得られる．mn成分が

$$A_{mn}=\langle\psi_m|A|\psi_n\rangle=\int\psi_m^*A\psi_n dx \tag{2.4}$$

で与えられる行列を考えよう．これはAの**表示行列**とよばれる．この行列を使うと，波動関数$A\psi$に対応するケット・ベクトル$|A\psi\rangle$は，行列Aと，ケット・ベクトル$|\psi\rangle$の積で与えられる．

例題 2.1　ケット・ベクトル $|A\psi\rangle$ は演算子 A の表示行列とケット・ベクトル $|\psi\rangle$ の積で与えられることを示せ.

［解］　ケット・ベクトル $|A\psi\rangle$ の第 n 成分は式(2.2)により,

$$\langle\psi_n|A\psi\rangle = \int\psi_n{}^*(x)A\psi(x)dx$$

で与えられる. ここで, $\psi(x)$ に $\psi_n(x)$ による展開式(2.1)を代入すると,

$$\begin{aligned}\langle\psi_n|A\psi\rangle &= \int\psi_n{}^*(x)A\sum_m\langle\psi_m|\psi\rangle\psi_m(x)dx \\ &= \sum_m\int\psi_n{}^*(x)A\psi_m(x)dx\langle\psi_m|\psi\rangle \\ &= \sum_m A_{nm}\langle\psi_m|\psi\rangle\end{aligned}$$

となる. 2行目から3行目に移るのに A_{nm} の定義式(2.4)を使った. $\langle\psi_m|\psi\rangle$ はケット・ベクトル $|\psi\rangle$ の第 m 成分であるから, 右辺は行列 A とケット・ベクトル $|\psi\rangle$ の積の第 n 成分に等しい. 行列とベクトルの積の形であらわに書くと次のようになる.

$$|A\psi\rangle = \begin{pmatrix}\langle\psi_1|A\psi\rangle \\ \langle\psi_2|A\psi\rangle \\ \vdots \\ \langle\psi_n|A\psi\rangle \\ \vdots\end{pmatrix} = \begin{pmatrix}A_{11} & A_{12} & \cdots \\ A_{21} & A_{22} & \cdots \\ \cdots\cdots & \cdots\cdots & \cdots \\ A_{n1} & A_{n2} & \cdots \\ \cdots\cdots & \cdots\cdots & \cdots\end{pmatrix}\begin{pmatrix}\langle\psi_1|\psi\rangle \\ \langle\psi_2|\psi\rangle \\ \vdots \\ \langle\psi_n|\psi\rangle \\ \vdots\end{pmatrix}$$

例題 2.2　演算子 A, B の積 $C=BA$ の表示行列に対して, 通常の行列の積の公式

$$C_{ln} = \sum_m B_{lm}A_{mn} \tag{1}$$

が成り立つことを証明せよ.

［解］　行列要素 C_{ln} は次式で与えられる.

$$\begin{aligned}C_{ln} &= \int\psi_l{}^*(x)C\psi_n(x)dx \\ &= \int\psi_l{}^*(x)BA\psi_n(x)dx \qquad (2)\end{aligned}$$

さて, $A\psi_n$ は波動関数であるから, ψ_n で展開することができる.

$$A\psi_n(x) = \sum_m \langle \psi_m | A\psi_n \rangle \psi_m(x) \tag{3}$$

この展開係数は，行列要素 A_{mn} に他ならない．したがって，

$$A\psi_n(x) = \sum_m A_{mn}\psi_m(x) \tag{4}$$

(4)式を(2)式に代入し，B の表示行列の行列要素の定義式を考慮すれば，

$$\begin{aligned} C_{ln} &= \int \psi_l^*(x) B \sum_m A_{mn}\psi_m(x)dx \\ &= \sum_m \int \psi_l^*(x) B\psi_m(x)dx A_{mn} \\ &= \sum_m B_{lm}A_{mn} \end{aligned}$$

したがって，表示行列に対して，通常の行列の積の公式が成り立つ．

問　題 2-1

[1]　ブラ・ベクトルとケット・ベクトルのスカラー積 $\langle \phi | \psi \rangle$ が，前章での波動関数のスカラー積の定義

$$\langle \phi | \psi \rangle = \int dx \phi^*(x)\psi(x)$$

と，一致することを示せ．

[2]　定数 c を演算子とみなして，その表示行列を求めよ．

[3]　電子の運動が x 軸上の長さ L の区間 $-L/2<x<L/2$ に限られていて，波動関数が周期境界条件をみたすとき，波動関数は，

$$\psi_n(x) = \frac{1}{L^{1/2}} e^{ik_n x}$$

$$k_n = \left(\frac{2\pi}{L}\right) n \qquad (n=0,\ \pm 1,\ \pm 2,\ \pm 3,\ \cdots)$$

で与えられる．運動量演算子 p の表示行列を求めよ．

[4]　前問と同じ波動関数について，位置演算子 x の表示行列を求めよ．

2-2 行列の対角化

演算子 A の表示行列は，基準系のえらび方によって異なる．2つの基準系 α_μ $(\mu=1,2,3,\cdots)$ と ψ_n $(n=1,2,3,\cdots)$ があるとき，基準系 α_μ による表示行列の $\mu\nu$ 行列要素 $A_{\mu\nu}{}^{(\alpha)}$ は，基準系 ψ_n による表示行列の nm 行列要素 $A_{nm}{}^{(\psi)}$ によりつぎのように表わされる．

$$A_{\mu\nu}{}^{(\alpha)} = \sum_m\sum_n \langle\alpha_\mu|\psi_m\rangle A_{mn}{}^{(\psi)} \langle\psi_n|\alpha_\nu\rangle \tag{2.5}$$

この式は行列の積の形に書ける．

$$\mathrm{A}^{(\alpha)} = \mathrm{U}\mathrm{A}^{(\psi)}\mathrm{U}^\dagger \tag{2.6}$$

ここで U は μm 成分が $\langle\alpha_\mu|\psi_m\rangle$ である行列，$\mathrm{U}^\dagger$ は $n\nu$ 成分が $\langle\psi_n|\alpha_\nu\rangle$ である行列である．

$$U_{\mu n} = \langle\alpha_\mu|\psi_m\rangle, \qquad (U^\dagger)_{n\nu} = \langle\psi_n|\alpha_\nu\rangle \tag{2.7}$$

(1.10)式により $\langle\psi_n|\alpha_\nu\rangle=\langle\alpha_\nu|\psi_n\rangle^*$ であるから，$(U^\dagger)_{n\nu}=(U_{\nu n})^*$ が成り立つ．行列 $\mathrm{U}^\dagger$ は，行列 U の**エルミット共役行列**とよばれる．U は基準系の変換(**ユニタリー変換**)を記述する行列であり，$\mathrm{U}^\dagger\mathrm{U}=\mathrm{U}\mathrm{U}^\dagger=1$(単位行列) を満たす．$\mathrm{U}^\dagger\mathrm{U}=\mathrm{U}\mathrm{U}^\dagger=1$ を満たす行列はユニタリー行列とよばれる．

基準系として A の固有状態 α_μ $(A\alpha_\mu=a_\mu\alpha_\mu)$ をえらぶと，$\mathrm{A}^{(\alpha)}$ は対角行列となる．すなわち，

$$A_{\mu\nu}{}^{(\alpha)} = a_\mu\delta_{\mu\nu} \tag{2.8}$$

ψ_n が A の固有状態でないときは，$\mathrm{A}^{(\psi)}$ は対角行列ではない．しかし，ユニタリー変換 $\mathrm{U}\mathrm{A}^{(\psi)}\mathrm{U}^\dagger$ によって対角行列にすることができる．このように，適当なユニタリー変換によって $\mathrm{U}\mathrm{A}\mathrm{U}^\dagger$ を対角行列にすることを**対角化**という．

例題 2.3　2つの基準系による A の表示行列の間の関係式

$$A_{\mu\nu}{}^{(\alpha)}=\sum_m\sum_n\langle\alpha_\mu|\psi_m\rangle A_{mn}{}^{(\psi)}\langle\psi_n|\alpha_\nu\rangle \tag{1}$$

が成り立つことを確かめよ.

[解]　$A_{\mu\nu}{}^{(\alpha)}$ は次式で与えられる.

$$A_{\mu\nu}{}^{(\alpha)}=\int\alpha_\mu{}^*(x)A\alpha_\nu(x)dx \tag{2}$$

ところで, $\alpha_\nu(x)$ は波動関数であるから, 基準系 ψ_n によって表わすことができる.

$$\alpha_\nu(x)=\sum_n\langle\psi_n|\alpha_\nu\rangle\psi_n(x) \tag{3}$$

同様にして

$$\begin{aligned}\alpha_\mu{}^*(x)&=\sum_m\langle\psi_m|\alpha_\mu\rangle^*\psi_m{}^*(x)\\&=\sum_m\langle\alpha_\mu|\psi_m\rangle\psi_m{}^*(x)\end{aligned} \tag{4}$$

(3), (4)式を(2)式に代入すると,

$$\begin{aligned}A_{\mu\nu}{}^{(\alpha)}&=\sum_m\sum_n\langle\alpha_\mu|\psi_m\rangle\int\psi_m{}^*(x)A\psi_n(x)dx\langle\psi_n|\alpha_\nu\rangle\\&=\sum_m\sum_n\langle\alpha_\mu|\psi_m\rangle A_{mn}{}^{(\psi)}\langle\psi_n|\alpha_\nu\rangle\end{aligned} \tag{5}$$

問　題 2-2

[1]　基準系が異なれば, ケット・ベクトルの表示も異なる. 基準系 α_μ によるケット・ベクトルは, 基準系 ψ_n によるケット・ベクトル $|\psi\rangle$ と, ユニタリー行列 U $(U_{\mu n}=\langle\alpha_\mu|\psi_n\rangle)$ の積 $\mathrm{U}|\psi\rangle$ で与えられることを示せ.

[2]　物理量 A と B が可換なとき, 適当な基準系により, A, B の表示行列は同時に対角化される. このことを交換子の行列要素を計算することによって示せ.

[ヒント]　まず A を対角化する基準系で交換子の行列要素を計算せよ.

[3]　エルミット演算子の表示行列は, そのエルミット共役が, 自分自身に等しいという性質をもつ. (これをエルミット行列という.) このことを証明せよ.

[ヒント]　まず表示行列が対角行列になる場合を考え, 次に一般の場合を考えよ.

2-3 調和振動子

調和振動子のハミルトニアンは

$$H = -\frac{\hbar^2}{2m}\frac{\partial^2}{\partial x^2} + \frac{1}{2}m\omega^2 x^2 \tag{2.9}$$

で与えられる(1-3節). このハミルトニアンは振幅演算子

$$b = \left[\frac{m\omega}{2\hbar}\right]^{1/2}\left(x + \frac{i}{m\omega}\frac{\hbar}{i}\frac{\partial}{\partial x}\right) \tag{2.10}$$

$$b^\dagger = \left[\frac{m\omega}{2\hbar}\right]^{1/2}\left(x - \frac{i}{m\omega}\frac{\hbar}{i}\frac{\partial}{\partial x}\right) \tag{2.11}$$

により

$$H = \hbar\omega b^\dagger b + \frac{1}{2}\hbar\omega \tag{2.12}$$

と書き換えられる. H の $n+1$ 番目の固有値は $\hbar\omega(n+1/2)$ であり, そのときの固有状態 $|n\rangle$ に対して

$$b^\dagger b|n\rangle = n|n\rangle \tag{2.13}$$

$$b^\dagger|n\rangle = \sqrt{n+1}\,|n+1\rangle \tag{2.14}$$

$$b|n\rangle = \sqrt{n}\,|n-1\rangle \tag{2.15}$$

が成り立つ.

$|n\rangle$ に対応する固有関数 $\psi_n(x)$ は

$$\psi_n(x) = \left[\frac{m\omega}{\pi\hbar}\right]^{1/4}\left(\frac{1}{n!}\right)^{1/2}\exp\left[-\frac{m\omega}{2\hbar}x^2\right]H_n\left(\sqrt{\frac{2m\omega}{\hbar}}x\right) \tag{2.16}$$

で与えられる. ここで

$$H_n(x) = (-1)^n \exp\left(\frac{x^2}{2}\right)\frac{d^n}{dx^n}\exp\left(-\frac{x^2}{2}\right) \tag{2.17}$$

はエルミット多項式である.

例題 2.4 調和振動子の基底状態に対する座標 x と，運動量 p の平均値を計算せよ．

［**解**］ x と p を振幅演算子 $b, b^\dagger$ で表わすと

$$x = \left[\frac{\hbar}{2m\omega}\right]^{1/2}(b^\dagger + b)$$

$$p = i\left[\frac{m\hbar\omega}{2}\right]^{1/2}(b^\dagger - b)$$

となる．基底状態 $|0\rangle$ に対して，$b^\dagger|0\rangle = |1\rangle$，$b|0\rangle = 0$ であるから，

$$\langle 0|x|0\rangle = \left[\frac{\hbar}{2m\omega}\right]^{1/2}\langle 0|b^\dagger + b|0\rangle$$

$$= \left[\frac{\hbar}{2m\omega}\right]^{1/2}\langle 0|1\rangle = 0$$

$$\langle 0|p|0\rangle = i\left[\frac{m\hbar\omega}{2}\right]^{1/2}\langle 0|b^\dagger - b|0\rangle$$

$$= 0$$

したがって x, p の平均値はともに 0 になる．

［**別解**］ 基底状態の波動関数

$$\psi_0(x) = \left[\frac{m\omega}{\pi\hbar}\right]^{1/4}\exp\left[-\frac{m\omega}{2\hbar}x^2\right]$$

を使うと，

$$\langle 0|x|0\rangle = \left[\frac{m\omega}{\pi\hbar}\right]^{1/2}\int_{-\infty}^{\infty} dx\, x \exp\left[-\frac{m\omega}{\hbar}x^2\right]$$

$$= 0$$

$$\langle 0|p|0\rangle = \left[\frac{m\omega}{\pi\hbar}\right]^{1/2}\int_{-\infty}^{\infty} dx \exp\left[-\frac{m\omega}{2\hbar}x^2\right]\frac{1}{i}\frac{\partial}{\partial x}\exp\left[-\frac{m\omega}{2\hbar}x^2\right]$$

$$= \left[\frac{m\omega}{\pi\hbar}\right]^{1/2}\frac{1}{i}\left(\frac{-m\omega}{\hbar}\right)\int_{-\infty}^{\infty} dx\, x \exp\left[-\frac{m\omega}{\hbar}x^2\right]$$

$$= 0$$

例題 2.5 調和振動子の固有関数 $\psi_n(x)$ は(2.16)式で与えられる．ここで現われるエルミット多項式 $H_n(x)$ は漸化式

$$\frac{d}{dx}H_n(x) = nH_{n-1}(x)$$

を満たす．このことを使って，$b\psi_n(x)=\sqrt{n}\,\psi_{n-1}(x)$ であることを示せ．

［解］ 振幅演算子 b は(2.10)式で与えられる．まず b にふくまれる微分の部分を計算しよう．

$$\begin{aligned}\frac{d}{dx}\psi_n(x) &= \left[\frac{m\omega}{\pi\hbar}\right]^{1/4}\left(\frac{1}{n!}\right)^{1/2}\frac{d}{dx}\left\{\exp\left[-\frac{m\omega}{2\hbar}x^2\right]H_n\left(\sqrt{\frac{2m\omega}{\hbar}}x\right)\right\}\\ &= \left[\frac{m\omega}{\pi\hbar}\right]^{1/4}\left(\frac{1}{n!}\right)^{1/2}\left\{-\frac{m\omega}{\hbar}x\exp\left[-\frac{m\omega}{2\hbar}x^2\right]H_n\left(\sqrt{\frac{2m\omega}{\hbar}}x\right)\right.\\ &\qquad \left.+n\left[\frac{2m\omega}{\hbar}\right]^{1/2}\exp\left[-\frac{m\omega}{2\hbar}x^2\right]H_{n-1}\left(\sqrt{\frac{2m\omega}{\hbar}}x\right)\right\}\\ &= -\frac{m\omega}{\hbar}x\psi_n(x)+\sqrt{n}\left[\frac{2m\omega}{\hbar}\right]^{1/2}\psi_{n-1}(x)\end{aligned}$$

最後の式の第2項で $\sqrt{n}$ が現われるのは，$\psi_n(x)$ の規格化定数にふくまれる $\sqrt{1/n!}$ が，$\psi_{n-1}(x)$ で $\sqrt{1/(n-1)!}$ になるためである．この式から

$$\left(x+\frac{\hbar}{m\omega}\frac{d}{dx}\right)\psi_n(x) = \sqrt{n}\left[\frac{2\hbar}{m\omega}\right]^{1/2}\psi_{n-1}(x)$$

したがって $b\psi_n(x)=\sqrt{n}\,\psi_{n-1}(x)$ が成り立つ．

ところで，

$$\left(x-\frac{\hbar}{m\omega}\frac{d}{dx}\right)\psi_n(x) = 2x\psi_n(x)-\sqrt{n}\left[\frac{2\hbar}{m\omega}\right]^{1/2}\psi_{n-1}(x)$$

であるが，$\psi_{n-1}(x)$ 中の H_{n-1} をエルミット多項式のもう1つの漸化式

$$H_{n+1}(x)-xH_n(x)+nH_{n-1}(x) = 0$$

を用いて消去すると，$b^\dagger\psi_n(x)=\sqrt{n+1}\,\psi_{n+1}(x)$ を示すことができる．

問　題 2-3

[1] 基底状態に対する x^2, p^2 の平均値を $b^\dagger$, b の行列要素を用いて計算せよ．

[2] 前問と同じ計算を波動関数を用いて行なえ．

[3] x と p の，調和振動子のハミルトニアンの固有関数による表示行列を求めよ．

[4] $[b, b^\dagger]=1$ の両辺の行列要素を計算することにより，この関係式を確かめよ．

2-4　時間推進演算子

演算子 A の指数関数は次式で定義される．

$$\exp(A) = \sum_n \frac{1}{n!}A^n \tag{2.18}$$

系のハミルトニアンを H として

$$U_t = \exp\left[-\frac{i}{\hbar}tH\right] \tag{2.19}$$

を**時間推進演算子**とよぶ．

この U_t を時刻 t_1 での波動関数 $\Psi(t_1)$ に作用させると，時刻 $t+t_1$ での波動関数が得られる．

$$\Psi(t_1+t) = U_t\Psi(t_1) \tag{2.20}$$

したがって U_t は波動関数の時間を t だけ進める演算子である．一方 t を $-t$ に置きかえた U_{-t} は時間を t だけ遅らせる．

$$\Psi(t_1) = U_{-t}U_t\Psi(t_1) = U_tU_{-t}\Psi(t_1) \tag{2.21}$$

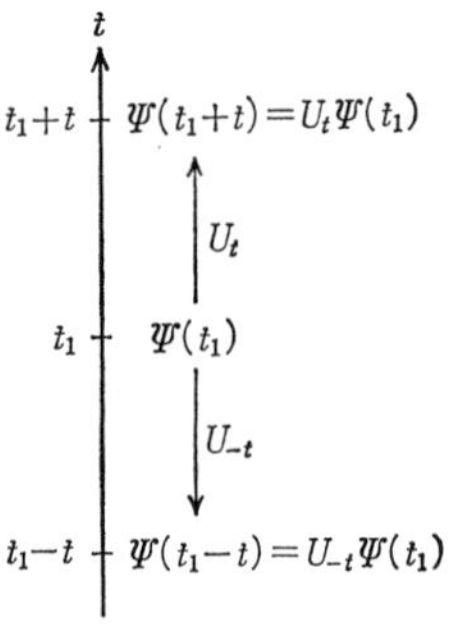

図 2-1　時間推進演算子 U_t の働き

したがって $U_{-t}U_t=U_tU_{-t}=1$，つまり，U_t の逆演算子は U_{-t} である．ところで，U_t のエルミット共役な演算子 $U_t^\dagger$ は(2.19)式で i を $-i$ に変えることによって得られ，U_{-t} に等しい．このようにエルミット共役な演算子が逆演算子に等しい演算子は**ユニタリー演算子**とよばれ，その表示行列は**ユニタリー行列**となる．

ユニタリー行列については 2-2 節でもふれたが，波動関数にユニタリー演算子を作用させて新しい波動関数に変換することを**ユニタリー変換**という．(2.20)式はその一例である．ユニタリー変換では波動関数のスカラー積は不変に保たれる．実際

$$\begin{aligned}\langle U\phi|U\phi\rangle &= \langle\phi|U^\dagger U\phi\rangle \\ &= \langle\phi|\phi\rangle\end{aligned} \tag{2.22}$$

である．

例題 2.6 ハミルトニアン H の固有状態 ψ_n を基準系として U_t の行列要素を求め，次に任意の波動関数に対して，(2.20)式が成り立つことを示せ.

[解] U_t の ψ_n に対する作用は次のようになる.

$$U_t\psi_n = \exp\left[-\frac{i}{\hbar}tH\right]\psi_n$$

$$= \sum_m \frac{1}{m!}\left(-\frac{i}{\hbar}tH\right)^m \psi_n \tag{1}$$

ここで，$H\psi_n = E_n\psi_n$，$H^2\psi_n = H(H\psi_n) = HE_n\psi_n = E_n{}^2\psi_n$ 等を使うと，

$$U_t\psi_n = \sum_m \frac{1}{m!}\left(-\frac{i}{\hbar}E_nt\right)^m \psi_n$$

$$= \exp\left[-\frac{i}{\hbar}E_nt\right]\psi_n \tag{2}$$

$\exp[-(i/\hbar)E_nt]$ は演算子でなくただの数であるから，行列要素は，

$$(U_t)_{mn} = \int \psi_m{}^* \exp\left[-\frac{i}{\hbar}E_nt\right]\psi_n dx = \exp\left[-\frac{i}{\hbar}E_nt\right]\delta_{nm} \tag{3}$$

となる.

次に任意の波動関数 $\Psi(t_1)$ は次のように書ける.

$$\Psi(t_1) = \sum_n c_n \exp\left[-\frac{i}{\hbar}E_nt_1\right]\psi_n \tag{4}$$

これに U_t を作用させると

$$U_t\Psi(t_1) = \sum_n c_n \exp\left[-\frac{i}{\hbar}E_nt_1\right]U_t\psi_n$$

$$= \sum_n c_n \exp\left[-\frac{i}{\hbar}E_n(t_1+t)\right]\psi_n$$

$$= \Psi(t_1+t)$$

One Point ——演算子の関数

$\exp(A)$, $\sin(A)$ などのように，演算子 A の関数 $f(A)$ を考えることができる．このとき，A の固有関数 $|a\rangle$ $(A|a\rangle = a|a\rangle)$ に対して，$f(A)|a\rangle = f(a)|a\rangle$ が成り立つ.

例題 2.7 演算子 $\exp(A)$ にエルミット共役な演算子は $\exp(A^\dagger)$ であることを示せ.

[解] $\exp(A)$ にエルミット共役な演算子 $[\exp(A)]^\dagger$ は次の式で定義される.

$$\langle\phi|\exp(A)\psi\rangle = \langle[\exp(A)]^\dagger\phi|\psi\rangle \tag{1}$$

ところで左辺の A の n 乗の項は次のように変形される.

$$\begin{aligned}\left\langle\phi\left|\frac{1}{n!}A^n\psi\right.\right\rangle &= \frac{1}{n!}\langle A^\dagger\phi|A^{n-1}\psi\rangle \\ &= \frac{1}{n!}\langle(A^\dagger)^2\phi|A^{n-2}\psi\rangle \\ &\cdots\cdots\cdots\cdots\cdots \\ &= \frac{1}{n!}\langle(A^\dagger)^n\phi|\psi\rangle \end{aligned}\tag{2}$$

したがって

$$\begin{aligned}\langle\phi|\exp(A)\psi\rangle &= \sum_n \frac{1}{n!}\langle\phi|A^n\psi\rangle \\ &= \sum_n \frac{1}{n!}\langle(A^\dagger)^n\phi|\psi\rangle \\ &= \langle\exp(A^\dagger)\phi|\psi\rangle\end{aligned}$$

これより $\exp(A)$ にエルミット共役な演算子は $\exp(A^\dagger)$ であることがわかる.

ここで, $\exp(A)$ と $\exp(A^\dagger)$ の表示行列をくらべてみよう. $\exp(A)$ の m 行 n 列成分は

$$\begin{aligned}[\exp(A)]_{mn} &= \sum_{k=1}^{\infty}\frac{1}{k!}\langle\psi_m|A^k|\psi_n\rangle \\ &= \sum_{k=1}^{\infty}\sum_{m_1}\sum_{m_2}\cdots\sum_{m_{k-1}}\frac{1}{k!}A_{mm_1}A_{m_1m_2}\cdots A_{m_{k-1}n}\end{aligned}$$

一方

$$\begin{aligned}[\exp(A^\dagger)]_{nm} &= \sum_{k=1}^{\infty}\frac{1}{k!}\langle\psi_n|(A^\dagger)^k|\psi_m\rangle \\ &= \sum_{k=1}^{\infty}\frac{1}{k!}\sum_{m_1}\cdots\sum_{m_{k-1}}(A^\dagger)_{nm_{k-1}}(A^\dagger)_{m_{k-1}m_{k-2}}\cdots(A^\dagger)_{m_1n}\end{aligned}$$

$(A^\dagger)_{mn}=(A)_{nm}{}^*$ であるから, 表示行列は互いにエルミット共役である.

問 題 2-4

[1] $\Psi(x, t_1+t)=U_t\Psi(x, t_1)$ で $t\to 0$ の極限を考えることにより，シュレーディンガーの方程式

$$i\hbar\frac{\partial}{\partial t}\Psi(x, t) = i\hbar\lim_{\Delta t\to 0}\frac{\Psi(x, t+\Delta t)-\Psi(x, t)}{\Delta t} = H\Psi(x, t)$$

を導け.

[2] シュレーディンガー方程式

$$i\hbar\frac{\partial}{\partial t}\Psi(x, t) = H\Psi(x, t)$$

と運動量演算子の式

$$\frac{\hbar}{i}\frac{\partial}{\partial x}\Psi(x, t) = p\Psi(x, t)$$

はよく似た形をしている. つまり $H\leftrightarrow p$, $t\leftrightarrow -x$ の置きかえで相互に入れかわる. $U_t=\exp[-(i/\hbar)tH]$ は時間を t だけ進める演算子であるから，上記の置きかえをした $\exp[(i/\hbar)ap]$ は座標を a だけ進める演算子だと推測される. 指数関数の展開式を使い

$$\exp[(i/\hbar)ap]\Psi(x, t) = \Psi(x+a, t)$$

であることを示せ.

[3] 指数関数に対しては，$e^ae^b=e^{a+b}$ が成り立つ. しかし，A, B が演算子の場合には必ずしも $e^Ae^B=e^{A+B}$ は成り立たない. $[A, B]=c$ で，c が定数の場合には，$e^Ae^B=e^{A+B}e^{c/2}$ となることを示せ.

［ヒント］ $f(t)=e^{At}e^{Bt}$ は演算子であるが，これを t の関数と考える. 求める量は $f(1)$ であり，一方 $f(0)=1$ である. $f'(t)=Ae^{At}e^{Bt}+e^{At}Be^{Bt}$ であるが，これを

$$(A+B)e^{At}e^{Bt}+\cdots = (A+B)f(t)+\cdots$$

の形に交換関係を使って書きなおす. この式は $f(t)$ に関する微分方程式だから初期条件 $f(0)=1$ の下で解けば，求める $f(1)$ が得られる.

One Point ——微分方程式の利用

問[3]は微分方程式を作ることによって簡単に解くことができた. この方法はおぼえておくとよい.

2-5　ハイゼンベルクの運動方程式

これまでは波動関数つまり状態ベクトルが時間変化し，演算子は時間変化しないとしてきた．これを**シュレーディンガー表示**という．波動関数の時間変化は

$$\Psi(x,t) = U_t\Psi(x,0) \tag{2.23}$$

で与えられる．

これに対し，状態ベクトルは時間変化せずに，演算子が時間変化をするという記述法も可能であり，これを**ハイゼンベルク表示**という．この表示では，演算子は

$$A(t) = U_t{}^\dagger A(0)U_t \tag{2.24}$$

に従って時間変化する．物理的に意味があるのは観測にかかる演算子の平均値であるが，演算子の行列要素はどちらの表示でも同じである．すなわち

$$\begin{aligned}\langle\Psi(t)|A|\Phi(t)\rangle &= \langle U_t\Psi(0)|A|U_t\Phi(0)\rangle \\ &= \langle\Psi(0)|U_t{}^\dagger AU_t|\Phi(0)\rangle \\ &= \langle\Psi(0)|A(t)|\Phi(0)\rangle \end{aligned}\tag{2.25}$$

したがって 2 つの表示は同等である．

$A(t)$ の行列要素は，(時間変化しない)基準系 ψ_n を使い

$$\begin{aligned}[A(t)]_{mn} &= \int\psi_m{}^*(x)U_t{}^\dagger AU_t\psi_n(x)dx \\ &= e^{(i/\hbar)(E_m-E_n)t}[A(0)]_{mn}\end{aligned}\tag{2.26}$$

で与えられる．

2 つの演算子の積については

$$\begin{aligned}C(t) = B(t)A(t) &= U_t{}^\dagger B(0)U_tU_t{}^\dagger A(0)U_t \\ &= U_t{}^\dagger B(0)A(0)U_t \\ &= U_t{}^\dagger C(0)U_t\end{aligned}\tag{2.27}$$

が成り立つ．

ハミルトニアン H は U_t と可換だから $H(t)=H(0)$ である．一般の演算子 $A(t)$ に関しては次の運動方程式が成り立つ．

$$\frac{d}{dt}A(t) = \frac{d}{dt}\left[\exp\left(\frac{i}{\hbar}tH\right)A\exp\left(-\frac{i}{\hbar}tH\right)\right]$$
$$= \frac{i}{\hbar}[H, A(t)]$$

例題 2.8 自由電子のハミルトニアンは，$H=-(\hbar^2/2m)\partial^2/\partial x^2$ である．この場合の運動量演算子 $p(t)$ と位置演算子 $x(t)$ のハイゼンベルク表示を求めよ．

［解］ まず運動量演算子を計算する．

$$p(t) = \exp\left[\frac{i}{\hbar}tH\right]p(0)\exp\left[-\frac{i}{\hbar}tH\right] \tag{1}$$

ところが $p(0)=(\hbar/i)\partial/\partial x$ は H と可換である．すなわち

$$[p(0), H] = 0$$

よって，$[p(0), H^n]=0$ であり，

$$\left[p(0), \exp\left[-\frac{i}{\hbar}tH\right]\right] = 0$$

したがって $p(t)=p(0)$．今の系は運動量を保存するからこれは当然である．

次に位置演算子を計算する．

$$x(t) = \exp\left[\frac{i}{\hbar}tH\right]x(0)\exp\left[-\frac{i}{\hbar}tH\right]$$
$$= \exp\left[\frac{i}{\hbar}t\frac{1}{2m}p(0)^2\right]x(0)\exp\left[-\frac{i}{\hbar}t\frac{1}{2m}p(0)^2\right] \tag{2}$$

ここで時間推進演算子を消すために $\exp[(i/\hbar)t(1/2m)p(0)^2]$ と $x(0)$ の交換子を計算する．それは

$$[p^{2n}, x] = p^{2n-1}[p, x]+p^{2n-2}[p, x]p+p^{2n-3}[p, x]p^2$$
$$+\cdots+p[p, x]p^{2n-2}+[p, x]p^{2n-1}$$
$$= 2n\frac{\hbar}{i}p^{2n-1} \tag{3}$$

を使って

$$\left[\exp\left\{\frac{i}{\hbar}t\frac{1}{2m}p(0)^2\right\}, x(0)\right] = \sum_{n=0}^{\infty}\frac{1}{n!}\left(\frac{i}{\hbar}t\frac{1}{2m}\right)^n[p(0)^{2n}, x(0)]$$

$$= 2\left(t\frac{1}{2m}\right)\sum_{n=1}^{\infty}\frac{1}{(n-1)!}\left(\frac{i}{\hbar}t\frac{1}{2m}\right)^{n-1}p(0)^{2n-1}$$

$$= \frac{p(0)}{m}t\exp\left[\frac{i}{\hbar}t\frac{1}{2m}p(0)^2\right] \tag{4}$$

(4)式と(2)式から

$$x(t) = x(0)+\frac{1}{m}p(0)t$$

これは古典力学の時と形式的に同じ形である.

例題 2.9 ポテンシャル $U(x)$ があるときのハミルトニアンは,

$$H = -\frac{\hbar^2}{2m}\frac{\partial^2}{\partial x^2}+U(x) \tag{1}$$

で与えられる. 位置演算子 $x(t)$, 運動量演算子 $p(x)$ に対する運動方程式を計算し, 古典力学との関係を調べよ.

[解] まず $x(t)$ の運動方程式を計算しよう.

$$\frac{d}{dt}x(t) = \frac{i}{\hbar}[H, x(t)] \tag{2}$$

H は時間に依存しないから

$$H = \frac{1}{2m}p(t)^2+U(x(t))$$

と書いてもよい. $x(t)$ と $U(x(t))$ は可換であるから

$$\frac{d}{dt}x(t) = \frac{i}{\hbar}\frac{1}{2m}[p(t)^2, x(t)]$$

$$= \frac{i}{\hbar}\frac{1}{2m}2p(t)[p(t), x(t)]$$

$$= \frac{1}{m}p(t) \tag{3}$$

次に $p(t)$ の運動方程式を計算する.

$$\frac{d}{dt}p(t) = \frac{i}{\hbar}[H, p(t)]$$

$$= \frac{i}{\hbar}[U(x(t)), p(t)]$$

$$= \left[U(x(t)), \frac{\partial}{\partial x(t)}\right]$$

$$= -\frac{\partial}{\partial x(t)}U(x(t)) \tag{4}$$

(3), (4)式は，古典力学での運動方程式と同じ形をしている．ただし，ここでは $x(t)$, $p(t)$ は演算子であり，$\partial U(x(t))/\partial x(t)$ は，x の関数である $U(x)$ の x 微分 $\partial U(x)/\partial x$ を行なったのちに，x を演算子 $x(t)$ で置きかえることを意味している．

問　題 2-5

[1]　調和振動子のハミルトニアンは

$$H = \hbar\omega b^\dagger b + \frac{1}{2}\hbar\omega$$

と書け，$b^\dagger, b$ は交換関係 $[b, b^\dagger]=1$ を満たす．$b, b^\dagger$ の運動方程式を求めよ．

[2]　調和振動子の位置演算子 x，運動量演算子 p は，上記の $b, b^\dagger$ により

$$x = \left[\frac{\hbar}{2m\omega}\right]^{1/2}(b^\dagger + b)$$

$$p = i\left[\frac{m\hbar\omega}{2}\right]^{1/2}(b^\dagger - b)$$

と書ける．問[1]の結果を用いて，x, p の運動方程式を求めよ．結果は例題2.9の答と一致することを示せ．

[3]　ハイゼンベルク表示では，交換関係も時間に依存する．しかし，$[p, x]=\hbar/i$, $[b, b^\dagger]=1$ のように交換子が演算子でない場合には，同時刻の演算子間の交換関係は時間変化しない．このことを示せ．次に，異なった時刻の演算子間の交換関係が同時刻のものと同じかどうか，問[1]の結果を用いて $[b(0), b^\dagger(t)]$ を計算することにより調べよ．

[4]　2つの調和振動子が弱い相互作用で結ばれた系のハミルトニアンが次式で与えられるとする．

$$H = \hbar\omega_0({b^\dagger}_1 b_1 + {b^\dagger}_2 b_2) + \hbar\omega_1({b^\dagger}_1 b_2 + {b^\dagger}_2 b_1) + \hbar\omega_0$$

ただし $[b_1, b_1{}^\dagger]=1$，$[b_2, b_2{}^\dagger]=1$，$[b_1, b_2]=[b_1, b_2{}^\dagger]=[b_1{}^\dagger, b_2]=[b_1{}^\dagger, b_2{}^\dagger]=0$ である．

(1)　b_1, b_2 に対する運動方程式を求めよ．

(2)　$b_1(t)=e^{-i\omega t}b_1(0)$，$b_2(t)=e^{-i\omega t}b_2(0)$ と仮定して，規準振動数 ω を求めよ．

(3)　$b_1(t)^\dagger$，$b_2(t)^\dagger$ は $b_1(t)$，$b_2(t)$ のエルミット共役演算子であるから，$b_1(t)^\dagger$，$b_2(t)^\dagger$ の運動方程式からも同じ結果が出るはずである．このことを確かめよ．

量子，光子，音子

量子力学で取り扱う粒子の名前には普通最後に「子」がついている．光子，電子，陽子，中性子などである．もちろん，量子もこの仲間にいれてよいだろう．この「子」というのは，昔の中国では孔子，老子のように先生という意味だったが，今の日本では女性の名前によく使われている．光子，陽子などはよくある名前で，量子ちゃんもテレビでみることができる．朝永振一郎は「光子の裁判――ある日の夢」という小説を書いて，波乃光子なる女性(？)を登場させ，光の2面性(波動性と粒子性)のすばらしい説明を行なっている．このように粒子の名前には女性の名前としてふさわしいものもあるのだが，中性子のようにちょっとまずいのもある．

ところで，英語では語尾にonを付けるのが習慣である．上にあげた粒子は(量子をのぞいて)皆onがついている．結晶中の励起状態を量子化したものも粒子とみなされており(準粒子という)，やはりonをつけている．フォノン，マグノン，プラズモン，さらに最近では，スピノン(spin＋on)，ホロン(hole＋on)，エニオン(any＋on)など，いろいろである．このような新しい準粒子には対応する日本語がないことが多い．フォノンは音波を量子化した準粒子だから，音子とするべきなのだが，これを，「おとこ」と読まれると奇妙なので，フォノンとしているのだろうか？

なお，英語ではonというのは学術用語以外には使わないようである．

3

軌道角運動量とスピン角運動量

古典力学では中心力の場では角運動量が保存することを学んだ．量子力学では角運動量はどのような演算子となるのだろうか．ここでは粒子の運動にともなう角運動量(軌道角運動量)と，電子・陽子などに固有の角運動量(スピン角運動量)に習熟することを目標とする．

3-1 角運動量演算子の交換関係

太陽のまわりの惑星の運動のように，中心力の場の中での質点の運動では，角運動量が保存される．このことは量子力学でも成り立つ．量子力学では角運動量も演算子となるが，これは，角運動量の古典力学での表式，$\boldsymbol{L}=\boldsymbol{r}\times\boldsymbol{p}$ の右辺で，$\boldsymbol{r}, \boldsymbol{p}$ をそれぞれ位置ベクトル演算子，運動量ベクトル演算子で置きかえることで得られる．したがって角運動量の各成分を表わす演算子は，

$$
\begin{aligned}
L_x &= \frac{\hbar}{i}\left(y\frac{\partial}{\partial z}-z\frac{\partial}{\partial y}\right) \\
L_y &= \frac{\hbar}{i}\left(z\frac{\partial}{\partial x}-x\frac{\partial}{\partial z}\right) \\
L_z &= \frac{\hbar}{i}\left(x\frac{\partial}{\partial y}-y\frac{\partial}{\partial x}\right)
\end{aligned}
\tag{3.1}
$$

で与えられる．

角運動量演算子の重要な特徴は，異なる成分同士は可換でないことである．角運動量と $\hbar$ の次元は同じだから，$\hbar$ を単位として角運動量演算子を $\boldsymbol{L}=\hbar\boldsymbol{M}$ と書くことができる．角運動量演算子の交換関係をこの $\boldsymbol{M}$ を使って書くと以下のようになる．

$$
[M_x, M_y] = iM_z, \qquad [M_y, M_z] = iM_x, \qquad [M_z, M_x] = iM_y \tag{3.2}
$$

古典的な角運動量はベクトルであるから，方向と大きさをもっている．角運動量の大きさの2乗に対応する量子力学での演算子はやはり x, y, z 成分の2乗の和で与えられる．

$$
\boldsymbol{L}^2 = \hbar^2\boldsymbol{M}^2 = \hbar^2[M_x{}^2+M_y{}^2+M_z{}^2] \tag{3.3}
$$

M_z は M_x, M_y と非可換であるが，$\boldsymbol{M}^2$ とは可換である．同様に，M_x と M_y も $\boldsymbol{M}^2$ と可換である．

$$
[\boldsymbol{M}^2, M_x] = [\boldsymbol{M}^2, M_y] = [\boldsymbol{M}^2, M_z] = 0 \tag{3.4}
$$

例題 3.1 角運動量は物理量であるから $\boldsymbol{L}, \boldsymbol{M}$ はエルミット演算子でなければならない．(3.1)式で与えられる L_x がエルミットであることを示せ．交換子$[M_x, M_y]$ はどうか．

[解] $\langle\phi|L_x|\psi\rangle^*=\langle\psi|L_x|\phi\rangle$ であることを示せばよい．

$$
\begin{aligned}
\langle\phi|L_x|\psi\rangle^* &= \left[\int dx\int dy\int dz\,\phi^*(x,y,z)\frac{\hbar}{i}\left(y\frac{\partial}{\partial z}-z\frac{\partial}{\partial y}\right)\psi(x,y,z)\right]^* \\
&= \int dx\int dy\int dz\,\phi(x,y,z)\frac{\hbar}{-i}\left(y\frac{\partial}{\partial z}-z\frac{\partial}{\partial y}\right)\psi^*(x,y,z) \\
&= -\frac{\hbar}{i}\int dx\int dy\int dz\left(y\frac{\partial}{\partial z}-z\frac{\partial}{\partial y}\right)[\phi(x,y,z)\psi^*(x,y,z)] \\
&\quad +\int dx\int dy\int dz\,\psi^*(x,y,z)\frac{\hbar}{i}\left(y\frac{\partial}{\partial z}-z\frac{\partial}{\partial y}\right)\phi(x,y,z) \\
&= \langle\psi|L_x|\phi\rangle
\end{aligned}
$$

したがって L_x はエルミットである．なお上式の 3 行目は z または y で積分できるが，このとき積分の上限下限で通常波動関数が 0 になるので，消えてしまう．

エルミット性を調べるには，エルミット共役 $(L_x)^\dagger$ が L_x に等しいことを示してもよい．公式 $(C_1C_2)^\dagger=C_2{}^\dagger C_1{}^\dagger$ を使うと，y, z, p_y, p_z はエルミットであるから

$$
(L_x)^\dagger = (yp_z-zp_y)^\dagger = p_z{}^\dagger y^\dagger - p_y{}^\dagger z^\dagger = yp_z-zp_y = L_x
$$

次に交換子 $[M_x, M_y]$ について調べよう．

$$
\begin{aligned}
[M_x, M_y]^\dagger &= (M_xM_y-M_yM_x)^\dagger \\
&= M_y{}^\dagger M_x{}^\dagger - M_x{}^\dagger M_y{}^\dagger \\
&= M_yM_x-M_xM_y = -[M_x, M_y]
\end{aligned}
$$

したがって $[M_x, M_y]$ はエルミットではない．

One Point ——**演算子への置きかえ**

角運動量演算子は古典力学の角運動量の表式で $\boldsymbol{r}$ と $\boldsymbol{p}$ をそれぞれ演算子で置きかえれば得られる．このとき $\boldsymbol{L}=\boldsymbol{r}\times\boldsymbol{p}$ で置きかえても，$\boldsymbol{L}=-\boldsymbol{p}\times\boldsymbol{r}$ で置きかえても同じである．一方，$\boldsymbol{p}\cdot\boldsymbol{r}$ と $\boldsymbol{r}\cdot\boldsymbol{p}$ は違う演算子になることに注意しよう．

例題 3.2 $M_\pm$ という演算子を $M_\pm = M_x \pm iM_y$ で定義する.

(1) $M_\pm$ は互いにエルミット共役であることを示せ.

(2) $M_\pm$ と M_x, M_y, M_z との交換関係を求めよ.

[解] (1)
$$(M_+)^\dagger = (M_x + iM_y)^\dagger = M_x^\dagger + M_y^\dagger i^* = M_x - iM_y$$

同様にして $(M_-)^\dagger = M_+$ となり, M_+ と M_- は互いにエルミット共役であることがわかる.

(2)
$$\begin{aligned}[M_\pm, M_x] &= [M_x \pm iM_y, M_x] \\ &= [M_x, M_x] \pm i[M_y, M_x] \\ &= \pm i(-iM_z) \\ &= \pm M_z \\ [M_\pm, M_y] &= [M_x \pm iM_y, M_y] \\ &= [M_x, M_y] \pm i[M_y, M_y] \\ &= iM_z \\ [M_\pm, M_z] &= [M_x \pm iM_y, M_z] \\ &= [M_x, M_z] \pm i[M_y, M_z] \\ &= -iM_y \pm iiM_x \\ &= \mp(M_x \pm iM_y) \\ &= \mp \mathrm{M}_\pm\end{aligned}$$

問 題 3-1

[1] (3.2)式 $[M_x, M_y] = iM_z$ が成り立つことを示せ.

[2] (3.4)式 $[\boldsymbol{M}^2, M_x] = [\boldsymbol{M}^2, M_y] = [\boldsymbol{M}^2, M_z] = 0$ が成り立つことを示せ.

[3] 例題 3.2 の $M_\pm$ について, $[M_+, M_-]$ を求めよ.

[4] M_x, M_y を $M_\pm$ を使って表わし, $\boldsymbol{M}^2$ が $M_\pm, M_z$ を用いて次のように表わされることを示せ.

$$\begin{aligned}\boldsymbol{M}^2 &= \frac{1}{2}(M_+M_- + M_-M_+) + M_z^2 \\ &= M_-M_+ + M_z + M_z^2 \\ &= M_+M_- - M_z + M_z^2\end{aligned}$$

[5] $[\boldsymbol{M}^2, M_\pm]$ を求めよ.

3-2　角運動量演算子の固有値

前節で調べた角運動量演算子の交換関係から，角運動量演算子の固有値の一般的な性質がわかる．

演算子 M_x, M_y, M_z は互いに非可換だから，これらに共通な固有関数は一般には存在しない．一方，$\boldsymbol{M}^2$ と M_z は可換だから，以下では $\boldsymbol{M}^2$ と M_z の共通の固有状態 $\psi_{\lambda m}$ を考えることにする．

$$\boldsymbol{M}^2\psi_{\lambda m} = \lambda\psi_{\lambda m}, \qquad M_z\psi_{\lambda m} = m\psi_{\lambda m} \tag{3.5}$$

$\psi_{\lambda m}$ は，一般には M_x, M_y の固有関数ではないが，前節で導入した $M_\pm = M_x \pm iM_y$ を $\psi_{\lambda m}$ に作用させてみると，$M_\pm$ と $\boldsymbol{M}^2, M_z$ の交換関係より

$$\boldsymbol{M}^2(M_\pm\psi_{\lambda m}) = \lambda(M_\pm\psi_{\lambda m}) \tag{3.6}$$

$$M_z(M_\pm\psi_{\lambda m}) = (m\pm 1)(M_\pm\psi_{\lambda m}) \tag{3.7}$$

となり，$M_\pm\psi_{\lambda m} \propto \psi_{\lambda, m\pm 1}$ であることがわかる．

与えられた λ のもとでは，m には上限，下限があるから(例題 3.3)，許される m の最大値を J とすると，$M_+\psi_{\lambda J}=0$ でなければならない．このとき，$\boldsymbol{M}^2 = M_-M_+ + M_z + M_z{}^2$ (問題 3-1 問[4])より，

$$\boldsymbol{M}^2\psi_{\lambda J} = (M_-M_+ + M_z + M_z{}^2)\psi_{\lambda J} = J(J+1)\psi_{\lambda J} \tag{3.8}$$

であり，$\lambda = J(J+1)$ であることがわかる．同様にして，m の最小値を J' とすると，$\lambda = J'(J'-1)$ が得られるから，$J(J+1) = J'(J'-1)$，したがって，$J' = -J$ である．以上から，与えられた $\lambda = J(J+1)$ の下での許される m の値は，

$$m = -J, -J+1, \cdots, J-1, J \tag{3.9}$$

の $2J+1$ 通りである．$2J+1$ は整数だから，J として可能なのは，$0, 1/2, 1, 3/2, \cdots$ というとびとびの値だけである．

例題 3.3　与えられた $\boldsymbol{M}^2$ の固有値 λ のもとで，M_z の固有値 m には上限と下限があることを示せ．

［解］　$\boldsymbol{M}^2$ と M_z はエルミット演算子だから，固有値 λ, m は当然実数である．さて，古典力学では $\hbar^2\boldsymbol{M}^2$ は角運動量ベクトルの大きさの 2 乗，$\hbar M_z$ は角運動量の z 成分だから，$\boldsymbol{M}$ が z 軸の正の方向を向いたときに $\hbar M_z$ は最大値 $\sqrt{\lambda}$ をとり，$\boldsymbol{M}$ が z 軸の負の方向を向いたときに最小値 $-\sqrt{\lambda}$ をとる．量子力学では，これは正しくないが，上限下限の存在は以下のようにして示せる．

$$\begin{aligned} m^2 &= \langle\psi_{\lambda m}|M_z{}^2|\psi_{\lambda m}\rangle \\ &= \langle\psi_{\lambda m}|\boldsymbol{M}^2-M_x{}^2-M_y{}^2|\psi_{\lambda m}\rangle \\ &= \lambda-\langle\psi_{\lambda m}|M_x{}^2|\psi_{\lambda m}\rangle-\langle\psi_{\lambda m}|M_y{}^2|\psi_{\lambda m}\rangle \end{aligned}$$

ここで M_x はエルミット演算子であるから，

$$\langle\psi_{\lambda m}|M_x{}^2|\psi_{\lambda m}\rangle = \langle(M_x\psi_{\lambda m})|(M_x\psi_{\lambda m})\rangle \geqq 0$$

同様に

$$\langle\psi_{\lambda m}|M_y{}^2|\psi_{\lambda m}\rangle \geqq 0$$

したがって，$m^2 \leqq \lambda$，すなわち，$-\sqrt{\lambda} \leqq m \leqq \sqrt{\lambda}$ となる．

なお，$m^2=\lambda$ となり得るのは，上式より，$M_x\psi_{\lambda m}=0$，$M_y\psi_{\lambda m}=0$ がともに成り立つ場合だけである．このときは，$M_\pm\psi_{\lambda m}$ も 0 となる．これは，この λ の下で，この m が許される最大値かつ最小値であること，つまり m としてただ 1 つの値だけが許されることを意味しており，その値は(3.9)式から 0 のはずだから，これは $J=\lambda=0$ の場合である．この状態では，$\boldsymbol{M}^2, M_x, M_y, M_z$ はすべて確定した値$(=0)$をもっている．

例題 3.4　規格化された $\psi_{\lambda m}$ を基準系として，$\boldsymbol{M}^2, M_z, M_\pm$ の行列要素を求めよ．

［解］　$\boldsymbol{M}^2\psi_{\lambda m}=\lambda\psi_{\lambda m}$ であるから，この式に $\psi^*_{\lambda' m'}$ を掛けて積分することにより，

$$\langle\psi_{\lambda' m'}|\boldsymbol{M}^2|\psi_{\lambda m}\rangle = \lambda\delta_{\lambda\lambda'}\delta_{mm'}$$

$M_\pm, M_z$ は $\boldsymbol{M}^2$ と可換であるから，λ の異なる状態間では行列要素を持たない．（例えば

$$\begin{aligned}\lambda\langle\psi_{\lambda' m'}|M_z|\psi_{\lambda m}\rangle &= \langle\psi_{\lambda' m'}|M_z\boldsymbol{M}^2|\psi_{\lambda m}\rangle = \langle\psi_{\lambda' m'}|\boldsymbol{M}^2 M_z|\psi_{\lambda m}\rangle \\ &= \lambda'\langle\psi_{\lambda' m'}|M_z|\psi_{\lambda m}\rangle\end{aligned}$$

であるから，$\lambda\neq\lambda'$ ならば $\langle\psi_{\lambda' m'}|M_z|\psi_{\lambda m}\rangle=0$ である．）同じ λ の場合，$M_z\psi_{\lambda m}=m\psi_{\lambda m}$ より，

$$\langle\psi_{\lambda m'}|M_z|\psi_{\lambda m}\rangle = m\delta_{mm'}$$

$M_+\psi_{\lambda m}\propto\psi_{\lambda, m+1}$ であるから，$M_+\psi_{\lambda m}=c_{\lambda m}\psi_{\lambda, m+1}$ とおくと

$$\langle\psi_{\lambda m'}|M_+|\psi_{\lambda m}\rangle = c_{\lambda m}\delta_{m', m+1}$$

である．ところで，

$$\begin{aligned}|c_{\lambda m}|^2\langle\psi_{\lambda, m+1}|\psi_{\lambda, m+1}\rangle &= \langle(M_+\psi_{\lambda m})|(M_+\psi_{\lambda m}\rangle \\ &= \langle\psi_{\lambda m}|M_-M_+|\psi_{\lambda m}\rangle \\ &= \langle\psi_{\lambda m}|\boldsymbol{M}^2-M_z-M_z^2|\psi_{\lambda m}\rangle \\ &= J(J+1)-m(m+1) \\ &= (J-m)(J+m+1)\end{aligned}$$

から，$c_{\lambda m}=\exp(i\gamma_{\lambda m})\sqrt{(J-m)(J+m+1)}$ となる．ただし，$\gamma_{\lambda m}$ は実数であるが，$\psi_{\lambda m}$ の具体的な表式が与えられないと，決めることはできない．

M_- については，$M_-=M_+^\dagger$ であるから，

$$\begin{aligned}\langle\psi_{\lambda m'}|M_-|\psi_{\lambda m}\rangle &= c^*_{\lambda, m-1}\delta_{m', m-1} \\ &= \exp(-i\gamma_{\lambda, m-1})\sqrt{(J+m)(J-m+1)}\,\delta_{m', m-1}\end{aligned}$$

である．

One Point ——基準関数系の位相

例題 3.4 で $\gamma_{\lambda m}$ を決めることはできなかった．これは $\psi_{\lambda m}$ を決めるのは(3.5)式の固有値方程式であり，この式は $\psi_{\lambda m}$ に任意の位相を掛けても満たされる，つまり固有関数には位相の不定性があるためである．通常は，$\gamma_{\lambda m}=0$ となるように，位相がえらばれる．

問 題 3-2

[1] M^2 と M_z の固有状態 $\psi_{\lambda m}$ での $M_x, M_y, M_x{}^2, M_y{}^2$ の平均値を計算せよ.

[2] $J=1/2$ のとき, $M_\pm, M_x, M_y, M_z$ を表わす行列を求めよ.

[3] $J=1$ のときには前問[2]の表示行列はどうなるか.

[4] 問[2], 問[3]で求めた表示行列により, 角運動量演算子の交換関係を確かめよ.

One Point ——昇降演算子

$M_\pm$ は角運動量の z 成分を増減する演算子である. これと似た働きをするものとしては, 2-3 節の調和振動子で現われた, エネルギー固有値を増減する振幅演算子 $b^\dagger, b$ がある. これらの演算子は一般に昇降演算子とよばれている. 当然のことながら, $M_\pm$ と M_z, $b^\dagger, b$ と H は同じ形の交換関係を持っている.

$$[M_\mp, M_z] = \pm M_z$$

$$[b, H] = b$$

$$[b^\dagger, H] = -b^\dagger$$

(ただし, M_+ と M_-, $b^\dagger$ と b の交換関係はちがっている.

$$[M_+, M_-] = 2M_z$$

$$[b, b^\dagger] = 1)$$

これまでみてきたように, これらの交換関係だけから固有値を決定することができる. また, ある固有値に対する固有関数が求められれば, その他の固有値に属する固有関数を次々に計算することができる. 3-5 節 水素原子で現われる $D_l{}^\pm$ も昇降演算子と見ることができる.

3-3　軌道角運動量と球関数

前節の一般論は角運動量演算子の交換関係だけから得られたものであり，L_x, L_y, L_z は必ずしも(3.1)式の形である必要はない．しかし固有関数を実際に求めるには L の表式が必要である．固有関数は直交座標で表わすより，z 軸を極軸とする極座標で表わした方がすっきり書ける．直交座標との変換式は

$$x = r\sin\theta\cos\phi, \qquad y = r\sin\theta\sin\phi, \qquad z = r\cos\theta \tag{3.10}$$

である．この極座標では，軌道角運動量演算子は

$$L_x = i\hbar\left(\sin\phi\frac{\partial}{\partial\theta} + \cot\theta\cos\phi\frac{\partial}{\partial\phi}\right) \tag{3.11}$$

$$L_y = i\hbar\left(-\cos\phi\frac{\partial}{\partial\theta} + \cot\theta\sin\phi\frac{\partial}{\partial\phi}\right) \tag{3.12}$$

$$L_z = \frac{\hbar}{i}\frac{\partial}{\partial\phi} \tag{3.13}$$

L_z は z 軸のまわりの微小回転によっておこる波動関数の値の変化を与える演算子である．

$$\psi(r,\theta,\phi+\delta\phi) - \psi(r,\theta,\phi) = \frac{i}{\hbar}\delta\phi L_z\,\psi(r,\theta,\phi) \tag{3.14}$$

$L_\pm, \boldsymbol{L}^2$ については，(3.11), (3.12), (3.13) より

$$L_\pm = \hbar e^{\pm i\phi}\left(\pm\frac{\partial}{\partial\theta} + i\cot\theta\frac{\partial}{\partial\phi}\right) \tag{3.15}$$

$$\boldsymbol{L}^2 = -\hbar^2\left[\frac{1}{\sin\theta}\frac{\partial}{\partial\theta}\left(\sin\theta\frac{\partial}{\partial\theta}\right) + \frac{1}{\sin^2\theta}\frac{\partial^2}{\partial\phi^2}\right] \tag{3.16}$$

球関数　前節の一般論より $\boldsymbol{L}^2$ と L_z の共通の固有関数 $\psi_{lm_l}(r,\theta,\phi)$ が存在するが，これは r に依存する部分 $R(r)$ と θ,ϕ に依存する部分 $Y_{lm_l}(\theta,\phi)$ の積の形で書ける．

$$\psi_{lm_l}(r,\theta,\phi) = R(r)Y_{lm_l}(\theta,\phi) \tag{3.17}$$

軌道角運動量演算子は r を含んでいないので，$Y_{lm_l}(\theta,\phi)$ の部分にのみ作用する．

したがって $R(r)$ は任意の関数でよい．$Y_{lm_l}(\theta,\phi)$ は次式を満たす．

$$\boldsymbol{L}^2 Y_{lm_l} = l(l+1)\hbar^2 Y_{lm_l}, \qquad L_z Y_{lm_l} = m_l\hbar Y_{lm_l} \tag{3.18}$$

Y_{lm_l} を球関数とよぶ．(3.18)の第2式から，

$$Y_{lm_l}(\theta,\phi) = P_{lm_l}(\cos\theta)\exp(im_l\phi) \tag{3.19}$$

と書けることがわかる．これが1価関数であるためには，$Y_{lm_l}(\theta,\phi)=Y_{lm_l}(\theta,\phi+2\pi)$ より

$$m_l = 0, \pm1, \pm2, \pm3, \cdots \tag{3.20}$$

でなければならない．したがって，軌道角運動量の場合には，l は，$l=0,1,2,3,\cdots$ という整数値に限られる．

$P_{lm_l}(\cos\theta)$ の具体的な形は以下のように決められる．まず，微分方程式

$$L_+ Y_{ll}(\theta,\phi) = 0 \tag{3.21}$$

より，

$$P_{ll}(\cos\theta) = C_l \sin^l\theta \tag{3.22}$$

C_l は規格化定数である．Y_{ll} が決まれば，L_- を次々に掛けることによって，$Y_{l,l-1}, Y_{l,l-2},\cdots$ が順に求められる．

なお，波動関数 $\psi_{lm_l}(r,\theta,\phi)$ の規格化が，極座標でのスカラー積

$$\langle\varphi|\psi\rangle = \int_0^\infty dr\, r^2 \int_0^{2\pi} d\phi \int_0^\pi d\theta \sin\theta\, \varphi^*(r,\theta,\phi)\psi(r,\theta,\phi) \tag{3.23}$$

で決められることに注意するならば，球面上の関数(θ,ϕ のみの関数) $f(\theta,\phi)$ と $g(\theta,\phi)$ のスカラー積は

$$\langle f(\theta,\phi)|g(\theta,\phi)\rangle = \int_0^{2\pi} d\phi \int_0^\pi d\theta \sin\theta\, f^*(\theta,\phi)g(\theta,\phi) \tag{3.24}$$

で与えられるべきであり，Y_{lm_l} の規格化条件は，このスカラー積で，

$$\langle Y_{lm_l}|Y_{lm_l}\rangle = 1$$

である．

例題 3.5 L_x, L_y, L_z の式((3.11)〜(3.13)式)より $L_\pm, \boldsymbol{L}^2$ の式((3.15), (3.16)式)を導き出せ.

［解］

$$\begin{aligned} L_\pm &= L_x \pm iL_y \\ &= i\hbar\left[(\sin\phi \mp i\cos\phi)\frac{\partial}{\partial\theta} + \cot\theta(\cos\phi \pm i\sin\phi)\frac{\partial}{\partial\phi}\right] \\ &= \hbar e^{\pm i\phi}\left(\pm\frac{\partial}{\partial\theta} + i\cot\theta\frac{\partial}{\partial\phi}\right) \end{aligned}$$

$$\boldsymbol{L}^2 = \frac{1}{2}(L_+L_- + L_-L_+) + L_z{}^2$$

ここで任意の関数 ψ に対して

$$\begin{aligned} L_+L_-\psi &= \hbar^2 e^{i\phi}\left(\frac{\partial}{\partial\theta} + i\cot\theta\frac{\partial}{\partial\phi}\right)e^{-i\phi}\left(-\frac{\partial}{\partial\theta} + i\cot\theta\frac{\partial}{\partial\phi}\right)\psi \\ &= \hbar^2\left(\frac{\partial}{\partial\theta} + i\cot\theta\frac{\partial}{\partial\phi} + \cot\theta\right)\left(-\frac{\partial}{\partial\theta} + i\cot\theta\frac{\partial}{\partial\phi}\right)\psi \\ &= \hbar^2\left(-\frac{\partial^2}{\partial\theta^2} + i\frac{\partial\cot\theta}{\partial\theta}\frac{\partial}{\partial\phi} - \cot^2\theta\frac{\partial^2}{\partial\phi^2} - \cot\theta\frac{\partial}{\partial\theta} + i\cot^2\theta\frac{\partial}{\partial\phi}\right)\psi \end{aligned}$$

同様にして

$$L_-L_+\psi = \hbar^2\left(-\frac{\partial^2}{\partial\theta^2} - i\frac{\partial\cot\theta}{\partial\theta}\frac{\partial}{\partial\phi} - \cot^2\theta\frac{\partial^2}{\partial\phi^2} - \cot\theta\frac{\partial}{\partial\theta} - i\cot^2\theta\frac{\partial}{\partial\phi}\right)\psi$$

したがって

$$\begin{aligned} \frac{1}{2}(L_+L_- + L_-L_+) &= -\hbar^2\left(\frac{\partial^2}{\partial\theta^2} + \cot^2\theta\frac{\partial^2}{\partial\phi^2} + \cot\theta\frac{\partial}{\partial\theta}\right) \\ &= -\hbar^2\left(\frac{1}{\sin\theta}\frac{\partial}{\partial\theta}\left(\sin\theta\frac{\partial}{\partial\theta}\right) + \cot^2\theta\frac{\partial^2}{\partial\phi^2}\right) \end{aligned}$$

一方

$$L_z{}^2 = -\hbar^2\frac{\partial^2}{\partial\phi^2}$$

$\cot^2\theta + 1 = 1/\sin^2\theta$ であるから

$$\boldsymbol{L}^2 = -\hbar^2\left[\frac{1}{\sin\theta}\frac{\partial}{\partial\theta}\left(\sin\theta\frac{\partial}{\partial\theta}\right) + \frac{1}{\sin^2\theta}\frac{\partial^2}{\partial\phi^2}\right]$$

例題 3.6　$l=2$ の場合の球関数 Y_{2m} を求めよ．

［解］　Y_{22} は(3.22)式により

$$Y_{22} = C_2 e^{2i\phi}\sin^2\theta$$

と与えられる．実際この式に(3.15)式の L_+ を作用させれば 0 になることは確かめられる．規格化定数は(3.24)式より

$$1 = |C_2|^2\int_0^{2\pi}d\phi\int_0^{\pi}d\theta\sin^5\theta = \frac{32\pi}{15}|C_2|^2$$

から $C_2=\sqrt{15/2\pi}/4$ とすればよい．

さて，前節の一般論より

$$L_-Y_{lm_l} = \hbar[(l+m_l)(l-m_l+1)]^{1/2}\exp(i\gamma_{lm_l})Y_{l,m_l-1}$$

だから，

$$L_-Y_{22} = 2\hbar\exp(i\gamma_{22})Y_{21}, \qquad L_-Y_{21} = \sqrt{6}\,\hbar\exp(i\gamma_{21})Y_{20}$$
$$L_-Y_{20} = \sqrt{6}\,\hbar\exp(i\gamma_{20})Y_{2-1}, \qquad L_-Y_{2-1} = 2\hbar\exp(i\gamma_{2-1})Y_{2-2}$$

であるが，一方，

$$L_- = \hbar\exp(-i\phi)\left(-\frac{\partial}{\partial\theta}+i\cot\theta\frac{\partial}{\partial\phi}\right)$$

である．したがって

$$\begin{aligned}
Y_{21} &= \frac{1}{2\hbar}\exp(-i\gamma_{22})L_-Y_{22} \\
&= \frac{1}{2}\exp(-i\gamma_{22}-i\phi)\left(-\frac{\partial}{\partial\theta}+i\cot\theta\frac{\partial}{\partial\phi}\right)\frac{\sqrt{15}}{4\sqrt{2\pi}}\sin^2\theta\exp(2i\phi) \\
&= -\frac{\sqrt{15}}{2\sqrt{2\pi}}\exp(-i\gamma_{22})\exp(i\phi)\sin\theta\cos\theta = -\frac{\sqrt{15}}{2\sqrt{2\pi}}\exp(i\phi)\sin\theta\cos\theta
\end{aligned}$$

ここで γ_{22} は任意の実数だから $\gamma_{22}=0$ とえらんだ．以下同様にして，

$$Y_{20} = \frac{\sqrt{5}}{4\sqrt{\pi}}(2\cos^2\theta-\sin^2\theta)$$

$$Y_{2-1} = \frac{\sqrt{15}}{2\sqrt{2\pi}}\exp(-i\phi)\sin\theta\cos\theta$$

$$Y_{2-2} = \frac{\sqrt{15}}{4\sqrt{2\pi}}\exp(-2i\phi)\sin^2\theta$$

が得られる．

問　題 3-3

[1]　(1)　直交座標での偏微分は極座標 $x=r\sin\theta\cos\phi$，$y=r\sin\theta\sin\phi$，$z=r\cos\theta$ により以下のように与えられることを示せ．

$$\frac{\partial}{\partial x}=\sin\theta\cos\phi\frac{\partial}{\partial r}+\frac{\cos\theta\cos\phi}{r}\frac{\partial}{\partial\theta}-\frac{\sin\phi}{r\sin\theta}\frac{\partial}{\partial\phi}$$

$$\frac{\partial}{\partial y}=\sin\theta\sin\phi\frac{\partial}{\partial r}+\frac{\cos\theta\sin\phi}{r}\frac{\partial}{\partial\theta}+\frac{\cos\phi}{r\sin\theta}\frac{\partial}{\partial\phi}$$

$$\frac{\partial}{\partial z}=\cos\theta\frac{\partial}{\partial r}-\frac{\sin\theta}{r}\frac{\partial}{\partial\theta}$$

［ヒント］　$r=\sqrt{x^2+y^2+z^2}$，$\tan\theta=\sqrt{x^2+y^2}/z$，$\tan\phi=y/x$ である．

(2)　直交座標による軌道角運動量の表式((3.1)式)より，極座標による表式(3.11)，(3.12)，(3.13)を導き出せ．

[2]　球面上の関数 f,g のスカラー積を(3.24)式で定義したが，これについて $\boldsymbol{L}^2$ がエルミット演算子であり，L_+ のエルミット共役演算子が L_- であること，すなわち

$$\langle g|\boldsymbol{L}^2f\rangle=\langle f|\boldsymbol{L}^2g\rangle^*$$

$$\langle g|L_+f\rangle=\langle f|L_-g\rangle^*$$

が成り立つことを示せ．ただし，f,g およびその微分は球面上で有界であるとする．

[3]　例題3.6で求めた Y_{2m_l} に対し $\boldsymbol{L}^2Y_{2m_l}$ を計算し，Y_{2m_l} が $\boldsymbol{L}^2$ の固有値 $6\hbar^2(=2\times3\hbar^2)$ の固有関数であることを確かめよ．

One Point ——ルジャンドルの陪関数

球関数の θ に依存する部分はルジャンドルの陪関数 $P_l^m(t)$ で表わすことができる．

$$Y_{lm}(\theta,\phi)=(-1)^{(m+|m|)/2}\left[\frac{2l+1}{2}\frac{(l-|m|)!}{(l+|m|)!}\right]^{1/2}P_l^{|m|}(\cos\theta)\frac{e^{im\phi}}{\sqrt{2\pi}}$$

ここで，

$$P_l^m(t)=(1-t^2)^{m/2}\frac{d^m}{dt^m}P_l(t),\qquad P_l(t)=\frac{1}{2^l l!}\frac{d^l}{dt^l}(t^2-1)^l$$

$P_l(t)$ はルジャンドルの多項式である．

3-4　中心力場中の粒子

質量 m の粒子が外力のポテンシャル $U(x, y, z)$ 中を運動するとき，粒子のハミルトニアンは

$$H = \frac{1}{2m}(p_x{}^2+p_y{}^2+p_z{}^2)+U(x, y, z)$$

$$= -\frac{\hbar^2}{2m}\nabla^2+U(x, y, z) \tag{3.25}$$

である．ここで $\nabla^2=\partial^2/\partial x^2+\partial^2/\partial y^2+\partial^2/\partial z^2$ はラプラス演算子であり，極座標では

$$\nabla^2 = \frac{1}{r^2}\frac{\partial}{\partial r}\left(r^2\frac{\partial}{\partial r}\right)-\frac{1}{\hbar^2 r^2}\boldsymbol{L}^2 \tag{3.26}$$

と書ける．ここで $\boldsymbol{L}^2$ は(3.16)式で与えられる．

$\boldsymbol{L}^2$ は θ と ϕ のみをふくみ，L_z は ϕ のみをふくむから，外力が中心力で，U が原点からの距離 r のみの関数であれば，$\boldsymbol{L}^2, L_z$ は H と可換であり，H の固有関数は，$\boldsymbol{L}^2, L_z$ の固有関数にとることができる．つまり，(3.17)式の形になる．

波動関数の動径部分 $R(r)$ を $R(r)=\chi(r)/r$ と書くと，$\chi(r)$ に対して次の方程式が得られる．

$$-\frac{\hbar^2}{2m}\frac{d^2\chi(r)}{dr^2}+V_l(r)\chi(r) = E\chi(r) \tag{3.27}$$

$$V_l(r) = U(r)+\frac{\hbar^2}{2mr^2}l(l+1) \tag{3.28}$$

ここで E は，もともとのシュレーディンガー方程式 $H\psi_{lm}=E\psi_{lm}$ の固有値である．(3.27)式は，質量 m の粒子が(3.28)式で表わされるポテンシャル中で半直線 $0<r<\infty$ 上を運動すると考えたときのシュレーディンガー方程式である．

負の固有値をもつ固有状態は束縛状態を表わす．この固有値に小さい方から番号 $n_r=1, 2, 3, \cdots$ をつける．状態はこの n_r と l で番号づけられるが，普通，n_r+l を n と書いて**主量子数**とよび，l を**方位量子数**とよぶ．$l=0, 1, 2, 3, \cdots$ の代わりに，記号 s, p, d, f, … を使うことも多い．

例題 3.7 一般のポテンシャル $U(x, y, z)$ 中を運動する粒子の，軌道角運動量演算子 L_z に対するハイゼンベルクの運動方程式を求めよ．

［解］ ハイゼンベルクの運動方程式は

$$\frac{d}{dt}L_z(t) = \frac{i}{\hbar}[H, L_z(t)]$$

である．右辺の H として(3.25)式，L_z として(3.1)式を代入すると，

$$\begin{aligned}\frac{d}{dt}L_z(t) &= \left[\frac{\hbar^2}{2m}\nabla^2 + U(x, y, z),\ x\frac{\partial}{\partial y} - y\frac{\partial}{\partial x}\right] \\ &= -x\frac{\partial U}{\partial y} + y\frac{\partial U}{\partial x} \\ &= xF_y - yF_x \\ &= (\boldsymbol{r}\times\boldsymbol{F})_z\end{aligned}$$

これは古典力学での角運動量の運動方程式と一致している．

$U(x, y, z)$ が中心力であり $U(r)$ と表わせるときは，

$$\frac{\partial U}{\partial y} = \frac{\partial r}{\partial y}\frac{dU}{dr} = \frac{y}{r}\frac{dU}{dr}$$

$$\frac{\partial U}{\partial x} = \frac{x}{r}\frac{dU}{dr}$$

であるから，当然

$$\frac{d}{dt}L_z(t) = 0$$

である．なお，中心力の場合 $L_z = (\hbar/i)\partial/\partial\phi$ を使えば，

$$\frac{d}{dt}L_z(t) = \left[U(r), \frac{\partial}{\partial\phi}\right] = -\frac{\partial U(r)}{\partial\phi} = 0$$

が得られる．

問　題 3-4

[1] (3. 27)式を導け.

[2] (3. 27)式の $\chi(r)$ の規格化条件は

$$\int_0^\infty |\chi(r)|^2 dr = 1$$

であること，また，$\chi(r)$ と $\xi(r)$ のスカラー積は

$$\langle \xi | \chi \rangle = \int_0^\infty \xi^*(r)\chi(r)dr$$

とすべきであることを示せ.

[3] 主量子数 n を与えたとき，角度部分についてはどのような l, m が可能か. なお，m は**磁気量子数**とよばれる.

[4] $U(r) = -e^2/4\pi\varepsilon_0 r$ のとき，(3. 28)式のポテンシャル $V_l(r)$ はどのようになるか. グラフで示せ.

One Point ——遠心力のポテンシャル

古典力学では中心力の場の中の運動は平面上に限られている. この平面上に極座標 (r, θ) をとると運動方程式は

$$mr^2\frac{d\theta}{dt} = L$$

$$m\frac{d^2r}{dt^2} = -\frac{dU_{\text{eff}}}{dr}, \qquad U_{\text{eff}} = U(r) - \frac{L^2}{2mr^2}$$

運動エネルギーは

$$\frac{1}{2}m\left(\frac{dr}{dt}\right)^2 + U_{\text{eff}} = E$$

であり，(3. 27), (3. 28)式と対応している. (3. 28)式の第2項は古典力学のときと同様に，遠心力のため粒子が中心に近づけないことを表わしている.

3-5 水素原子

水素原子では原子核のまわりに電子が束縛されている．電子にくらべて原子核は重いから，座標原点に静止していると考える．前節の式で m は電子質量 m_e であり，U はクーロン引力のポテンシャルである．

$$U(r) = -\frac{e^2}{4\pi\varepsilon_0 r} \tag{3.29}$$

式をみやすくするために，r, E のかわりに無次元量 ρ, ε を導入する．

$$r = a_0\rho, \qquad E = \frac{m_e e^4}{32\pi^2\varepsilon_0{}^2\hbar^2}\varepsilon \tag{3.30}$$

$a_0 = 4\pi\varepsilon_0\hbar^2/e^2m_e$ は**ボーア半径**，第2式の ε の係数はボーアのイオン化エネルギーに等しい．このとき(3.27)式は次のように書ける．

$$\left\{-\frac{d^2}{d\rho^2} - \frac{2}{\rho} + \frac{1}{\rho^2}l(l+1)\right\}\chi_{nl}(\rho) = \varepsilon_{nl}\chi_{nl}(\rho) \tag{3.31}$$

ここで n は主量子数，l は方位量子数である．演算子

$$D_l{}^+ = -\frac{d}{d\rho} + \frac{l}{\rho} - \frac{1}{l}, \qquad D_l{}^- = \frac{d}{d\rho} + \frac{l}{\rho} - \frac{1}{l} \tag{3.32}$$

を導入すると，$D_{l+1}{}^+\chi_{nl}, D_l{}^-\chi_{nl}$ は χ_{nl} と同じエネルギー固有値を持ち，角運動量がそれぞれ $l+1, l-1$ である状態であることがわかる(例題3.8)．同じエネルギー固有値をもつ状態のうちで，最大の角運動量 l をもつ状態に $D_{l+1}{}^+$ を作用させると，その状態は消滅するはずである．このことから，$l<n$ であり

$$\varepsilon_{nl} = -\frac{1}{n^2} \tag{3.33}$$

$$\chi_{n,n-1} = C_n\rho^n \exp\left(-\frac{1}{n}\rho\right) \tag{3.34}$$

が得られる．C_n は規格化定数である．(3.34)式に $D_l{}^-$ をくりかえし作用させることにより，$\chi_{nl}\,(l=n-2, n-3, \cdots, 0)$ を順に求めることができる．

例題 3.8 (3.31)式左辺の $\{\cdots\}$ を H_l と書こう．H_l を $D_l^+D_l^-$ および $D_{l+1}^-D_{l+1}^+$ であらわせ．これから $D_{l+1}^+\chi_{nl}$ がエネルギー固有値 ε_{nl} をもち，角運動量 $l+1$ に属する状態であること，$D_l^-\chi_{nl}$ がエネルギー固有値 ε_{nl} をもち，角運動量 $l-1$ に属する状態であることを示せ．

[解]

$$D_l^+D_l^- = \left(-\frac{d}{d\rho}+\frac{l}{\rho}-\frac{1}{l}\right)\left(\frac{d}{d\rho}+\frac{l}{\rho}-\frac{1}{l}\right)$$
$$= -\frac{d^2}{d\rho^2}-\frac{l}{\rho}\frac{d}{d\rho}+\frac{l}{\rho^2}+\frac{1}{l}\frac{d}{d\rho}+\frac{l}{\rho}\frac{d}{d\rho}+\frac{l^2}{\rho^2}-\frac{1}{\rho}$$
$$-\frac{1}{l}\frac{d}{d\rho}-\frac{1}{\rho}+\frac{1}{l^2}$$
$$= -\frac{d^2}{d\rho^2}-\frac{2}{\rho}+\frac{l(l+1)}{\rho^2}+\frac{1}{l^2} \tag{1}$$

したがって

$$H_l = D_l^+D_l^- - \frac{1}{l^2} \tag{2}$$

同様にして

$$H_l = D_{l+1}^-D_{l+1}^+ - \frac{1}{(l+1)^2} \tag{3}$$

これから

$$H_{l+1}D_{l+1}^+\chi_{nl} = \left[D_{l+1}^+D_{l+1}^- - \frac{1}{(l+1)^2}\right]D_{l+1}^+\chi_{nl}$$
$$= D_{l+1}^+\left[D_{l+1}^-D_{l+1}^+ - \frac{1}{(l+1)^2}\right]\chi_{nl}$$
$$= D_{l+1}^+H_l\chi_{nl} = \varepsilon_{nl}D_{l+1}^+\chi_{nl} \tag{4}$$

したがって $D_{l+1}^+\chi_{nl}$ は H_{l+1} の固有状態であり，固有値は ε_{nl} であることがわかる．同様にして

$$H_{l-1}D_l^-\chi_{nl} = \varepsilon_{nl}D_l^-\chi_{nl} \tag{5}$$

を示すことができる．$D_l^\pm$ は $l\geqq 1$ で定義されるが，(3)式により H_0 は $D_1^-D_1^+$ で表わすことができる．χ_{n0} も $D_1^-\chi_{n1}$ により計算できることに注意せよ．

例題 3.9 (3.34)式を確かめ，$n=1$, $n=2$ に属する状態の動径部分を求めよ．

［解］

$$D_n{}^+\chi_{n,n-1} = \left(-\frac{d}{d\rho}+\frac{n}{\rho}-\frac{1}{n}\right)C_n\rho^n e^{-(1/n)\rho}$$

$$= C_n\left(-n\rho^{n-1}e^{-(1/n)\rho}+\frac{1}{n}\rho^n e^{-(1/n)\rho}+n\rho^{n-1}e^{-(1/n)\rho}-\frac{1}{n}\rho^n e^{-(1/n)\rho}\right)$$

$$= 0$$

したがって $\chi_{n,n-1}$ は(3.34)式で与えられる．

$n=1$ の場合

$$\chi_{10} = C_1\rho e^{-\rho}$$

規格化定数 C_1 は，規格化条件より(問題 3–4 問[2])，

$$1 = \int_0^\infty dr|\chi_{10}|^2$$

$$= a_0|C_1|^2\int_0^\infty d\rho\, \rho^2 e^{-2\rho}$$

$$= \frac{a_0|C_1|^2}{4}$$

したがって

$$\chi_{10} = \frac{2}{\sqrt{a_0}}\rho e^{-\rho}, \qquad R_{10}(r) = \frac{2}{a_0{}^{3/2}}e^{-r/a_0}$$

$n=2$ の場合

$$\chi_{21} = \frac{1}{2\sqrt{6}}\frac{1}{\sqrt{a_0}}\rho^2 e^{-\rho/2}, \qquad R_{21}(r) = \frac{1}{2\sqrt{6}}\frac{r}{a_0{}^{5/2}}e^{-r/2a_0}$$

これは $l=1$ の状態である．$n=2$ にはほかに $l=0$ の状態が存在する．これは

$$\chi_{20} \propto D_1{}^-\chi_{21}$$

$$\propto \left[\frac{d}{d\rho}+\frac{1}{\rho}-1\right]\rho^2 e^{-\rho/2}$$

$$= 3\rho\left(1-\frac{1}{2}\rho\right)e^{-\rho/2}$$

規格化を行なうと，

$$\chi_{20} = \frac{1}{\sqrt{2}\sqrt{a_0}}\rho\left(1-\frac{1}{2}\rho\right)e^{-\rho/2}, \qquad R_{20} = \frac{1}{\sqrt{2}}\frac{1}{a_0{}^{3/2}}\left(1-\frac{r}{2a_0}\right)e^{-r/2a_0}$$

問　題 3-5

[1] シュレーディンガー方程式(3.31)式の固有値 ε_{nl} は(3.33)式で与えられることを示せ.

［ヒント］ 例題3.8の結果を利用せよ.

[2] $\chi_{10}, \chi_{20}, \chi_{21}$ について，次の値を求めよ.

(i) $|\chi|^2$ が最大となる ρ の値.

(ii) ρ の平均値 $\langle\rho\rangle$.

[3] (3.31)式を別の方法で解いてみよう.

(i) $\varepsilon_{nl}<0$ として，$\rho\to\infty$ で $\chi(\rho)\propto\exp(-\sqrt{|\varepsilon_{nl}|}\,\rho)$ であることを示せ.

(ii) $\chi(\rho)=\xi(\rho)\exp(-\sqrt{|\varepsilon_{nl}|}\,\rho)$ として，$\xi(\rho)$ の満たす方程式を求めよ.

(iii) $\rho\to0$ で $\chi(\rho)\propto\rho^{l+1}$ であることを示せ.

(iv) $\xi(\rho)$ は次のようなベキ級数であると仮定する.

$$\xi(\rho) = \sum_{j=l+1}^{\infty} a_j\rho^j$$

これを(ii)で求めた $\xi(\rho)$ の方程式に代入し，a_j の満たすべき漸化式を求めよ.

(v) j についての和が有限項できれるための条件からエネルギー固有値が求まり，さらに a_j も決定されることを示せ.

(vi) $n=2$ の場合の χ_{2l} を求めよ.

One Point ——偶然縮退

水素原子の場合，エネルギー固有値は(3.33)式で与えられ，n のみに依存して $l(<n)$ の値にはよらず，n 個の準位が縮退している．これはクーロン力の場に限られることであり，一般の中心力の場ではおこらない．このような縮退は偶然縮退とよばれる．一方，磁気量子数 m についての縮退はどのような中心力場の場合にもおこることである.

3-6 磁場中の電子

磁場中の電子に対するハミルトニアンは

$$H=\frac{1}{2m_{\mathrm{e}}}(\boldsymbol{p}+e\boldsymbol{A})^2+U \tag{3.35}$$

で与えられる．ここで U は外力のポテンシャル，$\boldsymbol{A}$ は磁場 $\boldsymbol{B}$ のベクトル・ポテンシャルであり $\boldsymbol{B}=\nabla\times\boldsymbol{A}$ を満たすように与えられる．たとえば，B は定数として

$$A_x=-\frac{1}{2}By, \qquad A_y=\frac{1}{2}Bx, \qquad A_z=0 \tag{3.36}$$

とおくと

$$B_x=B_y=0, \qquad B_z=\frac{\partial A_y}{\partial x}-\frac{\partial A_x}{\partial y}=B \tag{3.37}$$

となり，z 軸に平行で一様な磁場が得られる．

磁場が弱いと考えて，(3.36)式を(3.35)式に代入して展開すると

$$H=H_0+H' \tag{3.38}$$

H_0 は(3.35)式で $\boldsymbol{A}=0$（すなわち $\boldsymbol{B}=0$）としたもの，H' は磁場をふくむ項で

$$\begin{aligned} H' &= \frac{e\hbar}{2m_{\mathrm{e}}i}B\left(x\frac{\partial}{\partial y}-y\frac{\partial}{\partial x}\right)+\frac{e^2}{8m_{\mathrm{e}}}B^2(x^2+y^2) \\ &\cong \frac{e}{2m_{\mathrm{e}}}BL_z=\frac{e}{2m_{\mathrm{e}}}\boldsymbol{B}\cdot\boldsymbol{L} \end{aligned} \tag{3.39}$$

これを，電子が磁気モーメント $(e/2m_{\mathrm{e}})\boldsymbol{L}$ を持っていると解釈することができる．U が中心力の場合，H_0 の固有状態は同時に L_z の固有状態にとることができる．$\boldsymbol{B}=0$ のとき $2l+1$ 重に縮退していた状態は，H' のために，B の1次までの範囲で

$$E_{nlm_l}=E_{nl}+B\mu_{\mathrm{B}}m_l \tag{3.40}$$

と m_l に依存するようになる．ここで $\mu_{\mathrm{B}}=e\hbar/2m_{\mathrm{e}}$ は**ボーア・マグネトン**である．これを**正常ゼーマン効果**という．

例題 3.10 ハイゼンベルクの運動方程式により，一様な磁場中でのハイゼンベルク表示の位置演算子 $\boldsymbol{r}(t)=(x(t), y(t), z(t))$ の時間による 2 次微分 $d^2\boldsymbol{r}(t)/dt^2$ を計算し，これが古典力学での運動方程式と同型であることを示せ．

［解］ まず $x(t)$ について計算する．

$$\begin{aligned}
\frac{d}{dt}x(t) &= \frac{i}{\hbar}[H, x(t)] \\
&= \frac{i}{2m_{\mathrm{e}}\hbar}\{(p_x+eA_x)[p_x+eA_x, x(t)]+[p_x+eA_x, x(t)](p_x+eA_x)\} \\
&= \frac{1}{m_{\mathrm{e}}}(p_x+eA_x)
\end{aligned}$$

ここで，

$$[A^2, B] = A[A, B]+[A, B]A$$
$$[p_y, x] = [p_z, x] = [U, x] = 0$$

を使った．

$$\begin{aligned}
\frac{d^2}{dt^2}x &= \frac{i}{m_{\mathrm{e}}\hbar}[H, p_x+eA_x] \\
&= \frac{i}{m_{\mathrm{e}}\hbar}\left\{\frac{1}{2m_{\mathrm{e}}}(p_y+eA_y)[p_y+eA_y, p_x+eA_x]+\frac{1}{2m_{\mathrm{e}}}[p_y+eA_y, p_x+eA_x](p_y+eA_y)\right. \\
&\quad +\frac{1}{2m_{\mathrm{e}}}(p_z+eA_z)[p_z+eA_z, p_x+eA_x]+\frac{1}{2m_{\mathrm{e}}}[p_z+eA_z, p_x+eA_x](p_z+eA_z) \\
&\quad \left.+[U, p_x]\right\} \\
&= \frac{i}{m_{\mathrm{e}}\hbar}\left\{\frac{e\hbar}{m_{\mathrm{e}}i}(p_y+eA_y)\left(\frac{\partial A_x}{\partial y}-\frac{\partial A_y}{\partial x}\right)+\frac{e\hbar}{m_{\mathrm{e}}i}(p_z+eA_z)\left(\frac{\partial A_x}{\partial z}-\frac{\partial A_z}{\partial x}\right)\right. \\
&\quad \left.-\frac{\hbar}{i}\frac{\partial U}{\partial x}\right\} \\
&= \frac{1}{m_{\mathrm{e}}}\left\{-e\frac{dy}{dt}B_z+e\frac{dz}{dt}B_y-\frac{\partial U}{\partial x}\right\}
\end{aligned}$$

これは，ポテンシャル U で表わされる外力と，磁場によるローレンツ力を受けて運動する場合のニュートンの運動方程式と同型である．$y(t)$, $z(t)$ についても同様である．ただしここで $\boldsymbol{B}$ は一様であり（場所によらない），運動量演算子と可換であることを使っていることに注意．

問 題 3-6

[1] 水素原子の 2p 軌道 ($n=2, l=1$) について,

(i) $\boldsymbol{B}=0$ のときのエネルギー,

(ii) $|\boldsymbol{B}|=0.1\,\mathrm{T}$ の下でのエネルギー準位の分裂の大きさ

を, eV を単位として計算せよ.

[2] (3.39)式を導くにあたって第1行目の第2項は磁場が小さいと考えて無視した. この項と第1項との比較をしよう.

(i) 水素原子の 2p 軌道の波動関数

$$\psi_{21m_l}=\frac{\chi_{21}}{r}Y_{1m_l}$$

の具体的な形を求め規格化せよ.

(ii) ψ_{21m_l} での第2項の平均値を計算せよ.

(iii) $m_l=1$ の状態で, 第1項と第2項の大きさが等しくなる磁場の表式を求め, 実際の数値を計算せよ.

[3] 電磁気学で学んだように, 磁場 $\boldsymbol{B}$ に対してベクトル・ポテンシャル $\boldsymbol{A}$ は一意的には定まらない. すなわち $\chi(\boldsymbol{r})$ を任意の関数として, $\boldsymbol{A}$ と $\boldsymbol{A}+\nabla\chi(\boldsymbol{r})$ は同じ磁場 $\boldsymbol{B}=\nabla\times\boldsymbol{A}$ を与える. $\boldsymbol{A}$ と $\boldsymbol{A}+\nabla\chi(\boldsymbol{r})$ ではハミルトニアン(3.35)式は異なる. ベクトル・ポテンシャルが $\boldsymbol{A}$ のときの(3.35)式の固有関数を $\psi(\boldsymbol{r})$ とすると, $\boldsymbol{A}+\nabla\chi(\boldsymbol{r})$ のときの固有関数は $\exp\left(-i\frac{e}{\hbar}\chi(\boldsymbol{r})\right)\psi(\boldsymbol{r})$ で与えられることを示せ.

One Point ——磁場中の速度演算子

例題3.10で見たように, 位置演算子の時間微分 $dx(t)/dt$ は $(p_x+eA_x)/m_\mathrm{e}$ であり, p_x/m_e ではない. d^2x/dt^2 の表式が古典力学の式と一致するためにも速度演算子は $(p_x+eA_x)/m_\mathrm{e}$ でなければならない. これに対応して, 電流演算子は $j_x=e(p_x+eA_x)/m_\mathrm{e}$ で与えられることになる. ep_x/m_e の部分を常磁性電流, e^2A_x/m_e の部分を反磁性電流とよぶことがある.

3-7　電子のスピン

電子は軌道角運動量 $\boldsymbol{L}$ のほかに，スピン角運動量 $\boldsymbol{S}$ を持つ．S_z の固有値は $\pm\hbar/2$ に限られる．スピン角運動量にともなって，電子はスピン磁気モーメント $-g(e/2m_e)\boldsymbol{S}$ を持つ．$g=2.0023$ である．

スピンの自由度を正しく考慮すると，電子の波動関数 φ は空間座標 x, y, z のほかに，スピン座標 σ にも依存すると考えなければならない．ただし，σ は値 $\pm 1/2$ をとる変数であって，

$$|\varphi(x, y, z, \sigma)|^2\, dxdydz \tag{3.41}$$

は，体積素片 $dxdydz$ の中に，S_z の固有値が $\sigma\hbar$ である電子が見出される確率に比例する．

ハミルトニアンにスピン角運動量演算子 $\boldsymbol{S}$ がふくまれていない場合などでは，波動関数を

$$\varphi(x, y, z, \sigma) = \psi(x, y, z)\gamma(\sigma) \tag{3.42}$$

のように，空間座標のみの関数と，スピン座標のみの関数の積で書くことができる．これまで取り扱ってきたのは，このような場合である．$\gamma(\sigma)$ は規格化直交系 $\alpha(\sigma)$ と $\beta(\sigma)$

$$\alpha(\sigma) = \begin{cases} 1 & (\sigma=1/2) \\ 0 & (\sigma=-1/2) \end{cases}, \qquad \beta(\sigma) = \begin{cases} 0 & (\sigma=1/2) \\ 1 & (\sigma=-1/2) \end{cases} \tag{3.43}$$

の重ね合わせであらわすことができる．S_z の固有値を $m_s\hbar$ と書くと，$\alpha(\sigma)$ は $m_s=1/2$ に属する固有状態，$\beta(\sigma)$ は $m_s=-1/2$ に属する固有状態である．m_s を**スピン量子数**とよぶ．また，スピン座標の関数 $f(\sigma), g(\sigma)$ のスカラー積は次の式で定義される．

$$\langle f|g\rangle = f^*\left(\frac{1}{2}\right)g\left(\frac{1}{2}\right)+f^*\left(-\frac{1}{2}\right)g\left(-\frac{1}{2}\right) \tag{3.44}$$

α, β を基準系にえらんだ場合の S_x, S_y, S_z の表示行列は 3-2 節の一般論で与えられる（問題 3-2 問[2]）．

例題 3.11 S_x, S_y の固有状態を，α と β の重ね合わせで表わせ.

［解］ α, β を基準系にえらんだ場合の S_x, S_y の表示行列は，

$$S_x = \begin{pmatrix} 0 & (1/2)\hbar \\ (1/2)\hbar & 0 \end{pmatrix}, \qquad S_y = \begin{pmatrix} 0 & -(i/2)\hbar \\ (i/2)\hbar & 0 \end{pmatrix} \tag{1}$$

と表わされる. S_x の場合

$$S_x\begin{pmatrix} 1 \\ \pm 1 \end{pmatrix} = \pm\frac{1}{2}\hbar\begin{pmatrix} 1 \\ \pm 1 \end{pmatrix} \qquad (\text{複号同順}) \tag{2}$$

であるから，固有値は $\pm(1/2)\hbar$, 規格化された固有状態は，

$$\frac{1}{\sqrt{2}}\alpha \pm \frac{1}{\sqrt{2}}\beta \tag{3}$$

である.

S_y の場合は，

$$S_y\begin{pmatrix} 1 \\ \pm i \end{pmatrix} = \pm\frac{1}{2}\hbar\begin{pmatrix} 1 \\ \pm i \end{pmatrix} \qquad (\text{複号同順}) \tag{4}$$

で，固有値はやはり $\pm(1/2)\hbar$, 規格化された固有状態は，

$$\frac{1}{\sqrt{2}}\alpha \pm i\frac{1}{\sqrt{2}}\beta \tag{5}$$

である.

なお，z 軸を極軸にした極座標では，x 軸の正の方向は，$\theta=\pi/2$, $\phi=0$, y 軸の正の方向は，$\theta=\pi/2$, $\phi=\pi/2$ である.

$$\gamma = e^{-i\phi/2}\left(\cos\frac{\theta}{2}\right)\alpha + e^{i\phi/2}\left(\sin\frac{\theta}{2}\right)\beta \tag{6}$$

は，(θ, ϕ) 方向のスピン角運動量演算子の固有値 $(1/2)\hbar$ に属する固有状態であることが知られている. x, y, z 軸正負方向について，(6)式が(位相因子をのぞいて)正しい結果を与えることを確かめてみよ.

One Point ——スピンと空間の回転

球関数は m が整数なので，$Y_{lm}(\theta, \phi) = Y_{lm}(\theta, \phi+2\pi)$ であるが，(6)式でわかるように，スピンの波動関数は空間の1回転，$\phi\to\phi+2\pi$ で符号が反転する.

問 題 3-7

[1] α, β を基準系にとったときの $S_x^2, S_y^2, S_z^2, \boldsymbol{S}^2$ の表示行列を計算せよ.

[2] 2行2列の行列 $\mathbf{1}, \sigma_x, \sigma_y, \sigma_z$ を

$$\mathbf{1} = \begin{pmatrix} 1 & 0 \\ 0 & 1 \end{pmatrix}, \quad \sigma_x = \begin{pmatrix} 0 & 1 \\ 1 & 0 \end{pmatrix}, \quad \sigma_y = \begin{pmatrix} 0 & -i \\ i & 0 \end{pmatrix}, \quad \sigma_z = \begin{pmatrix} 1 & 0 \\ 0 & -1 \end{pmatrix}$$

と定義する. これらを**パウリ行列**とよぶ. スピン角運動量演算子の表示行列は, $S_x = (\hbar/2)\sigma_x$, $S_y = (\hbar/2)\sigma_y$, $S_z = (\hbar/2)\sigma_z$ と書ける. 任意の2行2列のエルミット行列は, これらパウリ行列の1次式で表わされることを示せ.

[3]

$$\exp(iaS_x) = \cos\frac{\hbar a}{2} + i\frac{2}{\hbar}\left(\sin\frac{\hbar a}{2}\right)S_x$$

となることを示せ.

One Point ――パウリ行列の関数

問[2]で見たように, スピン角運動量演算子はパウリ行列で書くことができる. ところで, 2つのパウリ行列の積はパウリ行列になるので($\sigma_x^2 = 1, \sigma_x\sigma_y = i\sigma_z$ など), パウリ行列の関数は必ずパウリ行列の1次式で書くことができる. つまり,

$$f(\sigma_x, \sigma_y, \sigma_z) = a + b\sigma_x + c\sigma_y + d\sigma_z$$

問[3]はこの原則の1例である.

摂動論

ミクロな系は量子力学で取り扱わなければならない．しかし，問題が数学的な意味できちんと解けるのはごく限られた場合だけであり，一般には近似解法が必要である．ここでは主に摂動論について勉強する．

4-1 定常状態の摂動論 I ――縮退のない場合

力学系のハミルトニアンが

$$H = H_0 + \lambda V \tag{4.1}$$

と表わされ，H_0 の固有状態が求められている場合を考える．この節では H_0 の固有状態に縮退がない場合を考えよう．H_0 の n 番目の固有値を E_n，規格化された固有関数を ψ_n，すなわち

$$H_0\psi_n = E_n\psi_n \tag{4.2}$$

$$\langle\psi_n|\psi_m\rangle = \delta_{nm} \tag{4.3}$$

とする．

H の固有値 W_n，固有関数 ϕ_n

$$H\phi_n = W_n\phi_n \tag{4.4}$$

は λ が 0 のときは，E_n, ψ_n で与えられる．そこで λ が有限のときは λ のベキ級数の形

$$W_n = E_n + \lambda W_n{}^{(1)} + \lambda^2 W_n{}^{(2)} + \cdots \tag{4.5}$$

$$\phi_n = \psi_n + \lambda\phi_n{}^{(1)} + \lambda^2\phi_n{}^{(2)} + \cdots \tag{4.6}$$

で与えられるとすると，(4.1), (4.5), (4.6) を (4.4) に代入し，λ のベキの等しい項をくらべることにより，$W_n{}^{(1)}, W_n{}^{(2)}, \phi_n{}^{(1)}, \phi_n{}^{(2)}$ 等を下記のように次つぎに決めることができる．

$$W_n{}^{(1)} = V_{nn} \tag{4.7}$$

$$W_n{}^{(2)} = \sum_{k\neq n} \frac{V_{nk}V_{kn}}{E_n - E_k} \tag{4.8}$$

$$\phi_n{}^{(1)} = \sum_{k\neq n} c_{nk}{}^{(1)}\psi_k = \sum_{k\neq n} \frac{V_{kn}}{E_n - E_k}\psi_k \tag{4.9}$$

ここで

$$V_{nk} = \langle\psi_n|V|\psi_k\rangle$$

である．

例題 4.1 2次摂動での波動関数の補正 $\phi_n^{(2)}$ は，シュレーディンガー方程式の λ^2 のオーダーの項から得られる．$\phi_n^{(2)}$ は

$$\phi_n^{(2)} = \sum_k c_{nk}^{(2)}\psi_k \tag{1}$$

と ψ_k の重ね合わせの形で書けるが，このときの係数 $c_{nk}^{(2)}$ を求めよ．

［解］ シュレーディンガー方程式の λ^2 に比例する項は次の式で与えられる．

$$H_0\phi_n^{(2)} + V\phi_n^{(1)} = E_n\phi_n^{(2)} + W_n^{(1)}\phi_n^{(1)} + W_n^{(2)}\psi_n \tag{2}$$

$\phi_n^{(1)}$ と $\phi_n^{(2)}$ に対して $\phi_n^{(1)} = \sum_k c_{nk}^{(1)}\psi_k$ と(1)式を代入する．両辺に ψ_m^* を掛けて座標で積分すると次の式が得られる．

$$E_m c_{nm}^{(2)} + \sum_k V_{mk}c_{nk}^{(1)} = E_n c_{nm}^{(2)} + W_n^{(1)}c_{nm}^{(1)} + W_n^{(2)}\delta_{mn} \tag{3}$$

まず $m \neq n$ とする．このとき上式を $c_{nm}^{(2)}$ について解くと

$$c_{nm}^{(2)} = \frac{W_n^{(1)}}{E_m - E_n}c_{nm}^{(1)} - \sum_k \frac{V_{mk}}{E_m - E_n}c_{nk}^{(1)}$$

ここに $W_n^{(1)}, c_{nm}^{(1)}, c_{nk}^{(1)}$ の表式((4.7)式，(4.9)式)を代入すると，

$$c_{nm}^{(2)} = -\frac{V_{nn}V_{mn}}{(E_n - E_m)^2} - \sum_{k \neq n}\frac{V_{mk}V_{kn}}{(E_m - E_n)(E_n - E_k)} \tag{4}$$

が得られる．一方(3)式で $m = n$ とすると $c_{nn}^{(2)}$ をふくむ項は消えてしまうので，この式からは $c_{nn}^{(2)}$ は決められない．$c_{nn}^{(2)}$ を決めるため

$$\phi_n = \psi_n + \lambda\phi_n^{(1)} + \lambda^2\phi_n^{(2)}$$

が λ^2 のオーダーまで規格化されているという条件を課すことにする．

$$\begin{aligned}\langle\phi_n|\phi_n\rangle &= \langle\psi_n|\psi_n\rangle + \lambda\{\langle\psi_n|\phi_n^{(1)}\rangle + \langle\phi_n^{(1)}|\psi_n\rangle\} \\ &\quad + \lambda^2\{\langle\psi_n|\phi_n^{(2)}\rangle + \langle\phi_n^{(1)}|\phi_n^{(1)}\rangle + \langle\phi_n^{(2)}|\psi_n\rangle\} \\ &= 1 + \lambda^2\{c_{nn}^{(2)} + \sum_k |c_{nk}^{(1)}|^2 + c_{nn}^{(2)*}\}\end{aligned} \tag{5}$$

したがって $c_{nn}^{(2)}$ を実数にとり

$$\begin{aligned}c_{nn}^{(2)} = c_{nn}^{(2)*} &= -\frac{1}{2}\sum_{k \neq n}|c_{nk}^{(1)}|^2 \\ &= -\frac{1}{2}\sum_{k \neq n}\frac{|V_{kn}|^2}{(E_n - E_k)^2}\end{aligned} \tag{6}$$

ととればよい．

例題 4.2 調和振動子のハミルトニアン

$$H = -\frac{\hbar^2}{2m}\frac{\partial^2}{\partial x^2}+\frac{1}{2}m\omega^2 x^2$$

にさらに x^2 に比例する振動 $\frac{1}{2}\lambda x^2$ が加わったときのエネルギー固有値を，摂動の公式を使って λ^2 の項まで求めよ．

［解］ 調和振動子のハミルトニアンの n 番目の固有値は $\left(n+\frac{1}{2}\right)\hbar\omega$ で，固有関数は演算子

$$b=\left[\frac{m\omega}{2\hbar}\right]^{1/2}\left(x+\frac{i}{m\omega}\frac{\hbar}{i}\frac{\partial}{\partial x}\right),\qquad b^\dagger=\left[\frac{m\omega}{2\hbar}\right]^{1/2}\left(x-\frac{i}{m\omega}\frac{\hbar}{i}\frac{\partial}{\partial x}\right)$$

を使って $(1/\sqrt{n!})b^{\dagger n}\psi_0$ と書ける．ここで ψ_0 は基底状態の固有関数である．一方 x は，$b^\dagger, b$ により $x=\varDelta x(b+b^\dagger)$ と表わせる．ただし，$\varDelta x=(\hbar/2m\omega)^{1/2}$ は零点振幅である．このことから摂動 $\frac{1}{2}\lambda x^2$ を ψ_n に作用させた結果は次のようになる．

$$\begin{aligned}\frac{1}{2}\lambda x^2\psi_n &= \frac{1}{2}\lambda\,\varDelta x^2(b+b^\dagger)(b+b^\dagger)\psi_n\\ &= \frac{1}{2}\lambda\,\varDelta x^2(b+b^\dagger)(\sqrt{n}\,\psi_{n-1}+\sqrt{n+1}\,\psi_{n+1})\\ &= \frac{1}{2}\lambda\,\varDelta x^2[\sqrt{n(n-1)}\,\psi_{n-2}+(2n+1)\psi_n+\sqrt{(n+1)(n+2)}\,\psi_{n+2}]\end{aligned}$$

この結果から，$\frac{1}{2}\lambda x^2$ の 0 でない行列要素は

$$V_{n-2,n}=\frac{1}{2}\lambda\varDelta x^2\sqrt{n(n-1)}$$

$$V_{nn}=\frac{1}{2}\lambda\varDelta x^2(2n+1)$$

$$V_{n,n-2}=\frac{1}{2}\lambda\varDelta x^2\sqrt{(n+1)(n+2)}$$

と求められる．$E_n-E_{n\pm2}=\mp2\hbar\omega$ に注意すると，公式より

$$\begin{aligned}E_n &= \left(n+\frac{1}{2}\right)\hbar\omega+\left(n+\frac{1}{2}\right)\lambda\varDelta x^2+\frac{1}{4}\lambda^2\varDelta x^4\frac{n(n-1)-(n+1)(n+2)}{2\hbar\omega}\\ &= \left(n+\frac{1}{2}\right)\hbar\omega\left\{1+\frac{1}{2}\frac{\lambda}{m\omega^2}-\frac{1}{8}\left(\frac{\lambda}{m\omega^2}\right)^2\right\}\end{aligned}$$

となる．なお，この問題では，摂動があるときの系は振動数

$$\omega' = \omega\left(1+\frac{\lambda}{m\omega^2}\right)^{1/2}$$

の調和振動子であり，n 番目の固有値は $\left(n+\dfrac{1}{2}\right)\hbar\omega'$ で与えられる．上の式は，この式を λ でテイラー展開した時の形と一致している．

問題 4-1

[1] 調和振動子に x に比例する摂動 λx が加わったときのエネルギー固有値を，2 次摂動の範囲で求めよ．

[2] 調和振動子に x^3 に比例する摂動 λx^3 が加わったときのエネルギー固有値を，2 次摂動の範囲で求めよ．

[3] 電子の運動が x 軸上の長さ L の区間 $0<x<L$ に限られていて，波動関数が境界条件 $\psi(0)=\psi(L)=0$ を満たすとき，波動関数は

$$\psi_n(x) = \sqrt{\frac{2}{L}}\sin(k_n x), \qquad k_n = \frac{\pi}{L}n \qquad (n=1,2,\cdots)$$

エネルギー固有値は

$$E_n = \frac{\hbar^2}{2m}k_n^{\ 2}$$

で与えられる．摂動 $\lambda V(x)$

$$V(x) = \begin{cases} V_0 & (0\leqq x<L/2) \\ 0 & (L/2\leqq x\leqq L) \end{cases}$$

が加わったときの基底状態の波動関数が λ の 1 次までで

$$\phi_1(x) = \sqrt{\frac{2}{L}}\left\{\sin k_1 x+\lambda\frac{2mV_0L^2}{\pi^3\hbar^2}\sum_{p=1}^{\infty}(-1)^p\frac{4p}{(4p^2-1)^2}\sin k_{2p}x\right\}$$

で与えられることを示し，エネルギー固有値を λ の 2 次までの範囲で求めよ．

One Point ――2 次摂動のエネルギー

2 次摂動によるエネルギーの変化は(4.8)式で与えられる．基底状態に対しては，$E_1<E_k\ (k>1)$ であるから，分母は常に負である．一方，分子は $|V_{1k}|^2$ であるから常に正．したがって，$W_1^{(2)}<0$ である．つまり，2 次摂動では基底状態のエネルギーは常に下がる．もちろん 2 次摂動までおこなったときのエネルギーが始めの値より下がるかどうかは 1 次摂動 V_{11} の大きさによる．

4-2 定常状態の摂動論 II——縮退のある場合

無摂動ハミルトニアン H_0 の固有値に縮退がある場合，前節の公式は一般には適用できない．この場合には 0 次近似の固有関数をとり直す必要がある．2 つの準位 E_1 と E_2 が縮退している場合を考える．

$$H_0\psi_1 = E_1\psi_1, \qquad H_0\psi_2 = E_2\psi_2, \qquad E_1 = E_2 = E$$

新しい 0 次近似の固有関数 $\phi^{(0)}$ は ψ_1 と ψ_2 の重ね合わせ

$$\phi^{(0)} = c_1\psi_1 + c_2\psi_2 \tag{4.10}$$

で与えられる．ここで c_1, c_2 は

$$\lambda V_{11}c_1 + \lambda V_{12}c_2 = \varepsilon c_1, \qquad \lambda V_{21}c_1 + \lambda V_{22}c_2 = \varepsilon c_2 \tag{4.11}$$

の解である．$E+\varepsilon$ は新しい固有値で，(4.11)が解を持つように

$$\varepsilon = \frac{1}{2}\lambda\{V_{11} + V_{22} \pm [(V_{11} - V_{22})^2 + 4|V_{12}|^2]^{1/2}\} \tag{4.12}$$

と与えられる．ε の 2 つの値に対応して 2 組の c_1, c_2 が求まり，2 つの固有関数 $\phi_1{}^{(0)}, \phi_2{}^{(0)}$ が得られる．基準系 $\psi_1, \psi_2, \psi_3, \cdots$ から基準系 $\phi_1{}^{(0)}, \phi_2{}^{(0)}, \psi_3, \cdots$ への変換はユニタリー変換である．新しい基準系では前節の公式が使える．

3 つ以上のエネルギー準位が縮退しているとき($E_1 = E_2 = \cdots = E_n = E$)は，新しい固有関数 $\phi^{(0)}$ を重ね合わせ $\phi^{(0)} = \sum_{k=1}^{n} c_k\psi_k$ とし，c_k を n 個の連立方程式

$$\lambda\sum_{m=1}^{n} V_{km}c_m = \varepsilon c_k \qquad (k=1, 2, \cdots, n) \tag{4.13}$$

を満たすように決めればよい．

縮退はしていないが，エネルギー準位の差が小さい場合にも，前節の公式を使うのは適当でない．この場合にも 0 次近似の固有関数をとり直す必要がある．例として 2 つの準位 E_1 と E_2 が接近している場合には，やはり $\phi^{(0)} = c_1\psi_1 + c_2\psi_2$ ととり，c_1, c_2 とエネルギー準位 ε は次の式によって決定すればよい．

$$\begin{aligned} (E_1 + \lambda V_{11})c_1 + \lambda V_{12}c_2 &= \varepsilon c_1 \\ \lambda V_{21}c_1 + (E_2 + \lambda V_{22})c_2 &= \varepsilon c_2 \end{aligned} \tag{4.14}$$

例題 4.3 2つのエネルギー準位 E_1, E_2 がほぼ等しい場合，λ の1次までのエネルギーは(4.14)式を解くことで与えられる．ϕ_1 に対する λ の1次までの固有関数の補正 $\phi_1{}^{(1)}$ と λ の2次までのエネルギーの補正 $W_1{}^{(2)}$ を求めよ．

［解］ 無摂動のハミルトニアン H_0 の固有関数 ψ_n により，摂動のあるときの固有関数は次のように書ける．

$$\phi_1 = c_1\psi_1 + c_2\psi_2 + \lambda\phi_1{}^{(1)} + \lambda^2\phi_2{}^{(2)} + \cdots \tag{1}$$

$$\phi_1{}^{(1)} = \sum_{k=3}^{\infty} c_k{}^{(1)}\psi_k \tag{2}$$

一方，ε_1 には λ の1次の補正はとり込まれているので，エネルギーは

$$W_1 = \varepsilon_1 + \lambda^2 W_1{}^{(2)} + \cdots \tag{3}$$

と書ける．シュレーディンガー方程式にこれらを代入すると，λ の0次および1次の項は

$$(H_0 + \lambda V)(c_1\psi_1 + c_2\psi_2) + \lambda H_0\phi_1{}^{(1)} = \varepsilon_1(c_1\psi_1 + c_2\psi_2) + \lambda\varepsilon_1\phi_1{}^{(1)} \tag{4}$$

となる．両辺に $\psi_1{}^*$ または $\psi_2{}^*$ を掛けて x について積分すれば(4.14)式が得られる．両辺に $\psi_n{}^*$ $(n\geqq 3)$ を掛けて積分すると，

$$\lambda\langle\psi_n|V|c_1\psi_1 + c_2\psi_2\rangle + \lambda E_n c_n{}^{(1)} = \lambda\varepsilon_1 c_n{}^{(1)} \tag{5}$$

が得られる．$c_1\psi_1 + c_2\psi_2 = \phi_1{}^{(0)}$ であるから

$$c_n{}^{(1)} = \frac{\langle\psi_n|V|\phi_1{}^{(0)}\rangle}{\varepsilon_1 - E_n} \qquad (n\geqq 3) \tag{6}$$

となって，$\phi_1{}^{(1)}$ が求められた．$\phi_1{}^{(0)}$ は規格化されているから，λ の1次まで，ϕ_1 は規格化されている．

$$\begin{aligned}\langle\phi_1|\phi_1\rangle &= \langle\phi_1{}^{(0)}|\phi_1{}^{(0)}\rangle + \lambda\langle\phi_1{}^{(0)}|\phi_1{}^{(1)}\rangle + \lambda\langle\phi_1{}^{(1)}|\phi_1{}^{(0)}\rangle + O(\lambda^2) \\ &= 1 + O(\lambda^2)\end{aligned}$$

シュレーディンガー方程式の λ^2 に比例する項は，

$$V\phi_1{}^{(1)} + (H_0 + \lambda V)\phi_1{}^{(2)} = W_1{}^{(2)}\phi_1{}^{(0)} + \varepsilon_1\phi_1{}^{(2)} \tag{7}$$

である．ただし左辺で λ^3 の項からの寄与も一部取りこんである．両辺に $\phi_1{}^{(0)*}$ を掛けて x で積分すると，左辺で

$$\begin{aligned}\langle\phi_1{}^{(0)}|(H_0 + \lambda V)\phi_1{}^{(2)}\rangle &= \langle(H_0 + \lambda V)\phi_1{}^{(0)}|\phi_1{}^{(2)}\rangle \\ &= \varepsilon_1\langle\phi_1{}^{(0)}|\phi_1{}^{(2)}\rangle + O(\lambda)\end{aligned} \tag{8}$$

となることに注意すると(最後の等式は(4)式による)

$$W_1{}^{(2)} = \langle\phi_1{}^{(0)}|V\phi_1{}^{(1)}\rangle = \sum_{n\geqq 3}\frac{\langle\phi_1{}^{(0)}|V|\psi_n\rangle\langle\psi_n|V|\phi_1{}^{(0)}\rangle}{\varepsilon_1 - E_n} \tag{9}$$

となる．

例題 4.4 無摂動のハミルトニアンが n 重に縮退しているとき $(E_1=E_2=\cdots=E_n=E)$, $\psi_k\,(1\leqq k\leqq n)$ から $\phi_m{}^{(0)}\,(1\leqq m\leqq n)$ への変換

$$\phi_m{}^{(0)} = \sum_{k=1}^{n} c_{mk}\psi_k \tag{1}$$

が必要であった. このとき c_{mk} は

$$\lambda\sum_{l=1}^{n} V_{kl}c_{ml} = \varepsilon_m c_{mk} \tag{2}$$

で与えられる. ε_m には縮退がない場合, $\phi_m{}^{(0)}$ が規格化されるように c_{mk} をえらぶと, この変換はユニタリー変換, すなわち $\sum_m c_{km}{}^* c_{lm} = \sum_m c_{mk}{}^* c_{ml} = \delta_{kl}$ が成り立ち, $\phi_m{}^{(0)}$ は互いに直交することを示せ.

［解］ (2)式に $c_{jk}{}^*$ を掛けて k で和をとる.

$$\lambda\sum_{k=1}^{n}\sum_{l=1}^{n} c_{jk}{}^* V_{kl}c_{ml} = \varepsilon_m \sum_k c_{jk}{}^* c_{mk}$$

左辺で, $V_{kl}=V_{lk}{}^*$ を使うと, k についての和は

$$\lambda\sum_{k=1}^{n} c_{jk}{}^* V_{kl} = \lambda\sum_{k=1}^{n} c_{jk}{}^* V_{lk}{}^* = \lambda\left(\sum_{k=1}^{\infty} c_{jk}V_{lk}\right)^* = (\varepsilon_j c_{jl})^*$$

これを左辺に代入すると左辺は

$$\lambda\sum_{k=1}^{n}\sum_{l=1}^{n} c_{jk}{}^* V_{kl}c_{ml} = \varepsilon_j\sum_{l=1}^{n} c_{jl}{}^* c_{ml} = \varepsilon_j\sum_{k=1}^{n} c_{jk}{}^* c_{mk}$$

右辺と比べると, $j\neq m$ であれば $\varepsilon_m\neq\varepsilon_j$ であるから, $\sum_k c_{jk}{}^* c_{mk}=0$ となる. 一方 $\langle\phi_m{}^{(0)}|\phi_m{}^{(0)}\rangle=1$ であるから, $\sum_k c_{mk}{}^* c_{mk}=1$. したがって $\sum_k c_{jk}{}^* c_{mk}=\delta_{jm}$ が成り立つ. この式は c_{mk} を成分とする行列 C について $C^\dagger C=1$ であることを示している. $CC^\dagger=1$ を式にすると $\sum_m c_{mk}{}^* c_{ml}=\delta_{kl}$ となる.

次に固有関数の直交性を考える.

$$\langle\phi_m{}^{(0)}|\phi_l{}^{(0)}\rangle = \sum_{k=1}^{n}\sum_{j=1}^{n} c_{mk}{}^* c_{lj}\langle\psi_k|\psi_j\rangle = \sum_{k=1}^{n} c_{mk}{}^* c_{lk} = \delta_{ml}$$

したがって $\phi_m{}^{(0)}$ は互いに直交する.

問　題 4-2

[1]　2次元の調和振動子のハミルトニアンは

$$H = -\frac{\hbar^2}{2m}\left(\frac{\partial^2}{\partial x^2}+\frac{\partial^2}{\partial y^2}\right)+\frac{1}{2}m\omega^2(x^2+y^2)$$
$$= \hbar\omega(b^\dagger{}_x b_x + b^\dagger{}_y b_y + 1)$$

と書ける．ただし，

$$b_x = \left[\frac{m\omega}{2\hbar}\right]^{1/2}\left(x+\frac{i}{m\omega}\frac{\hbar}{i}\frac{\partial}{\partial x}\right)$$

であり，b_y は x を y で置きかえたものである．この系の基底状態 $|0\rangle$ は $E_0=\hbar\omega$ で与えられ縮退していないが，次の状態 $b_x{}^\dagger|0\rangle$，$b_y{}^\dagger|0\rangle$ はエネルギー $E_1=2\hbar\omega$ を持ち縮退している．摂動 $\lambda V=m\omega'^2xy$ が加わったとき，0次の固有状態として，この2つの状態のどのような線形結合をとればよいかを調べよ．

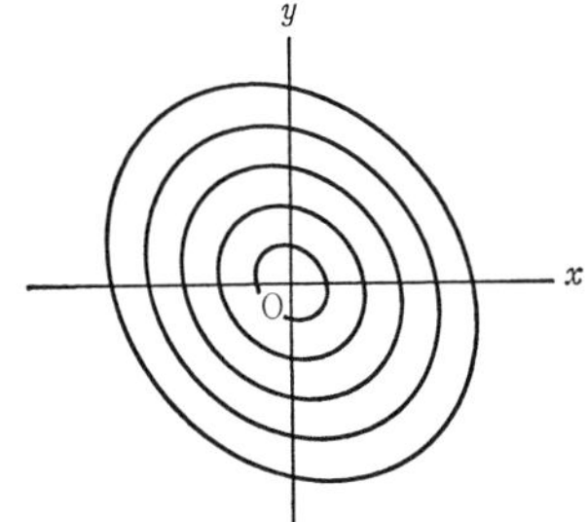

問[1]　ポテンシャル等高線

[2]　問[1]の2重縮退した準位について，エネルギーの補正を λ の2次まで計算せよ．

[3]　問[1]の無摂動ハミルトニアンで，次のエネルギー準位は $E_2=3\hbar\omega$ であるが，この準位には3つの状態 $(1/\sqrt{2})b_x{}^{\dagger 2}|0\rangle, b_x{}^\dagger b_y{}^\dagger|0\rangle, (1/\sqrt{2})b_y{}^{\dagger 2}|0\rangle$ がふくまれ，3重に縮退している．摂動 $\lambda V=m\omega'^2xy$ が加わったときに0次の固有状態としてどのようなものをとればよいか調べよ．

[4]　2重縮退した準位に対して，第1次近似のエネルギー準位は(4.12)式で与えられるが，このときの c_1 および c_2 を求めよ．

4-3　変分原理

任意の規格化された波動関数 ϕ によるハミルトニアン H の平均値

$$f[\phi] = \langle\phi|H|\phi\rangle = \int_{-\infty}^{\infty}\phi^*(x)H\phi(x)dx \tag{4.15}$$

を考える．$f[\phi]$ は関数 ϕ を与えると値が決まるので，関数 ϕ の関数と考えることができ，汎関数とよばれる．ϕ として H の基底状態波動関数をえらべば，$f[\phi]$ は基底状態エネルギー W_0 に等しいが，それ以外の関数に対しては，$f[\phi]$ は常に W_0 より大きい．

ϕ を規格化条件を守りながらわずかに変化させ

$$\phi \to [1-|\varepsilon|^2]^{1/2}\phi+\varepsilon\phi' \qquad (|\varepsilon|\ll 1) \tag{4.16}$$

$$\langle\phi'|\phi\rangle = 0$$

とするとき，$f[\phi]$ の値はわずかに変化する．この場合 $f[\phi]$ の変化分(**変分**という)は，ϕ が H の固有関数の場合，ε の1次の項をふくまない(**変分原理**)．

$f[\phi]$ は基底状態エネルギーの上限を与えている．したがって，ϕ がいくつかのパラメタをふくむ場合，$f[\phi]$ をそれらのパラメタに対して極小化することによって，基底状態エネルギーの近似値を得ることができる．これを**変分法**という．一般的に，パラメタの数が多いほど，よい近似値が得られる．

任意の関数 ϕ は，任意の完全規格直交系 $\psi_1, \psi_2, \cdots$ の重ね合わせとして

$$\phi = \sum_n \xi_n\psi_n \tag{4.17}$$

と表わせる．係数 ξ_n を変分のパラメタとすると，ξ_n が連立方程式

$$\sum_{m=1}^{\infty}\langle\psi_m|H|\psi_n\rangle\xi_n = W\xi_n \tag{4.18}$$

を満たすとき ϕ は H の固有関数となり，W は固有値となる．(4.17)式で n の和を有限個(N 個)に限れば，(4.18)式より H の固有値の近似解が得られる．

例題 4.5 水素原子のハミルトニアンは

$$H = -\frac{\hbar^2}{2m}\frac{1}{r^2}\frac{\partial}{\partial r}\left(r^2\frac{\partial}{\partial r}\right) - \frac{e^2}{4\pi\varepsilon_0 r} + \frac{1}{2mr^2}L^2$$

で与えられる．正のパラメタ a をふくむ指数関数

$$\phi(\boldsymbol{r}) = \left(\frac{a^3}{\pi}\right)^{1/2} e^{-a|\boldsymbol{r}|}$$

について H の平均値の表式を求め，これを最小にする a の値と，基底状態エネルギーの近似値を求めよ．

［解］ $|\phi(r)|^2$ を全空間で積分すると

$$\frac{a^3}{\pi}\int_0^\infty dr\int_0^\pi d\theta\int_0^{2\pi} d\varphi\, r^2 \sin\theta\, e^{-2ar} = 1$$

であるから，$\phi(r)$ は規格化されている．次に H の平均値を計算する．$\phi(r)$ は $|\boldsymbol{r}|$ のみに依存しているから角運動量の2乗の平均値は0であり，運動エネルギーの平均値は H の第1項で与えられる．まずこの項を計算しよう．

$$\begin{aligned} -\frac{\hbar^2}{2m}\frac{1}{r^2}\frac{\partial}{\partial r}\left[r^2\frac{\partial}{\partial r}\phi(r)\right] &= -\frac{\hbar^2}{2m}\frac{1}{r^2}\frac{d}{dr}\left[-\left(\frac{a^3}{\pi}\right)^{1/2} ar^2 e^{-ar}\right] \\ &= \frac{\hbar^2}{2m}\left(\frac{a^3}{\pi}\right)^{1/2}\frac{a}{r^2}(2r - ar^2)e^{-ar} \end{aligned}$$

したがって

$$\langle\phi| -\frac{\hbar^2}{2m}\frac{1}{r^2}\frac{\partial}{\partial r}\left(r^2\frac{\partial}{\partial r}\right)|\phi\rangle = \frac{\hbar^2 a^2}{2m}$$

次にポテンシャル・エネルギーの平均値を計算する．

$$\langle\phi| -\frac{e^2}{4\pi\varepsilon_0}\frac{1}{r}|\phi\rangle = -\frac{e^2}{4\pi\varepsilon_0}a$$

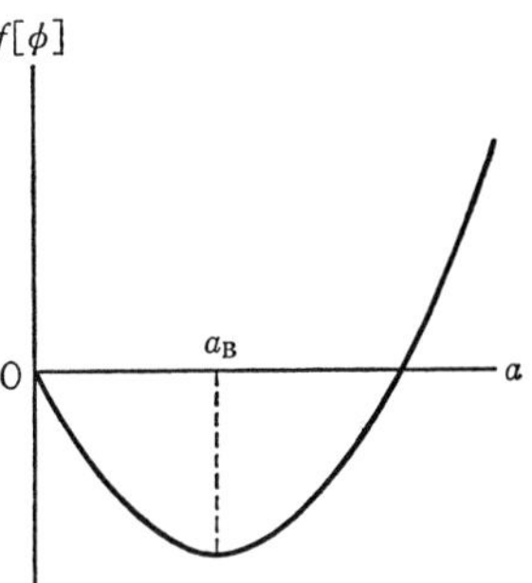

$f[\phi] = \langle\phi|H|\phi\rangle$ は，以上2つの項の和だから，これを最小にする a の値は

$$a = \frac{me^2}{4\pi\varepsilon_0\hbar^2} = \frac{1}{a_B}$$

となる．このとき $\phi(\boldsymbol{r})$ は水素原子の基底状態の波動関数に一致している．またこのときの $f[\phi]$ の値は，当然基底状態エネルギーに一致する．a_B はボーア半径．

例題 4.6　調和振動子のハミルトニアン

$$H_0 = -\frac{\hbar^2}{2m}\frac{\partial^2}{\partial x^2}+\frac{1}{2}m\omega^2x^2 = \hbar\omega\left(b^\dagger b+\frac{1}{2}\right)$$

に非調和項 $(1/4!)gx^4$ が加わった系を考える．この系の近似的な波動関数として，H_0 の固有状態

$$\psi_n = \left(\frac{1}{n!}\right)^{1/2} b^{\dagger n}\psi_0 \qquad (\psi_0 \text{ は } H_0 \text{ の基底状態})$$

のうち，ψ_0, ψ_1, ψ_2 の 3 つの状態の重ね合わせで表わされるものを考え，基底エネルギーの近似値を求めよ．

［解］　近似的な波動関数 ϕ は

$$\phi = \sum_{n=0}^{2}\xi_n\psi_n$$

と表わせる．基底エネルギーの近似値は連立方程式(4.18)が解をもつような W の値として得られる．x は零点振幅 $\varDelta x=[\hbar/2m\omega]^{1/2}$ と $b, b^\dagger$ により

$$x = \varDelta x(b+b^\dagger)$$

と表わされるから

$$(b+b^\dagger)\psi_n = \sqrt{n}\,\psi_{n-1}+\sqrt{n+1}\,\psi_{n+1}$$

$$(b+b^\dagger)^2\psi_n = \sqrt{n(n-1)}\,\psi_{n-2}+(2n+1)\psi_n+\sqrt{(n+1)(n+2)}\,\psi_{n+2}$$

等を使って，(4.18)式は次のように書ける．

$$\left(\frac{1}{2}\hbar\omega+\frac{1}{8}g\varDelta x^4\right)\xi_0 + \frac{1}{2\sqrt{2}}g\varDelta x^4\xi_2 = W\xi_0$$

$$\left(\frac{3}{2}\hbar\omega+\frac{5}{8}g\varDelta x^4\right)\xi_1 = W\xi_1$$

$$\frac{1}{2\sqrt{2}}g\varDelta x^4\xi_0 + \left(\frac{5}{2}\hbar\omega+\frac{13}{8}g\varDelta x^4\right)\xi_2 = W\xi_2$$

この連立方程式が意味のある解をもつためには，

$$W = \frac{3}{2}\hbar\omega+\frac{5}{8}g\varDelta x^4 \qquad (\xi_1=1,\ \xi_0=\xi_2=0 \text{ の場合})$$

または

$$\left(W-\frac{1}{2}\hbar\omega-\frac{1}{8}g\varDelta x^4\right)\left(W-\frac{5}{2}\hbar\omega-\frac{13}{8}g\varDelta x^4\right) = \frac{1}{8}g^2\varDelta x^8 \qquad (\xi_0\neq 0, \xi_2\neq 0)$$

が必要であり，後者より，基底エネルギーの近似値は次式で与えられる．

$$W = \frac{3}{2}\hbar\omega+\frac{7}{8}g\varDelta x^4-\sqrt{\left(\hbar\omega+\frac{3}{4}g\varDelta x^4\right)^2+\frac{1}{8}g^2\varDelta x^4}$$

問題 4-3

[1] 調和振動子のハミルトニアンに摂動 λx が加わった系を考える．無摂動系の固有状態 $|0\rangle, |1\rangle$ の線形結合

$$\phi = \xi_0|0\rangle + \xi_1|1\rangle$$

によるハミルトニアンの平均値 $f[\phi]=\langle\phi|H|\phi\rangle$ を計算し，$|\xi_0|^2+|\xi_1|^2=1$ の下で $f[\phi]$ を最小化して，基底状態エネルギーの近似値を求めよ．

［ヒント］ 拘束条件 $|\xi_0|^2+|\xi_1|^2=1$ はラグランジュの未定係数法で取り扱う．

[2] ポテンシャル・エネルギーが x^4 に比例する系を考える．ハミルトニアンは

$$H = -\frac{\hbar^2}{2m}\frac{\partial^2}{\partial x^2} + \frac{1}{4!}gx^4$$

で与えられる．基底状態の近似的な波動関数としてガウス関数

$$\phi(x) = \left[\frac{a}{\pi}\right]^{1/4}\exp\left(-\frac{1}{2}ax^2\right)$$

をとり，基底状態エネルギーの近似値を求めよ．

[3] 半導体と絶縁体の境界面では，境界面に垂直方向の運動は次のハミルトニアンで記述される．

$$H = -\frac{\hbar^2}{2m}\frac{\partial^2}{\partial x^2} + V(x)$$

$$V(x) = \begin{cases} \infty & (x<0) \\ -V_0+ax & (x\geqq 0) \end{cases}$$

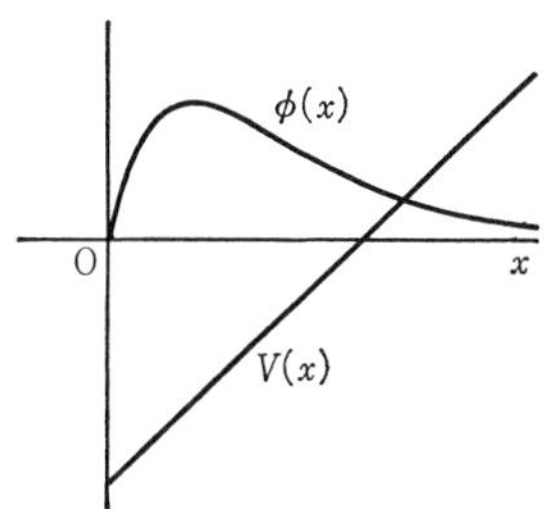

波動関数として

$$\phi(x) = 2b^{3/2}xe^{-bx}$$

をとり，H の平均値を最小にする b の値と最小値を求めよ．

[4] 前問と同じ系を考える．波動関数として，

$$\phi(x) = 2\left(\frac{b^3}{\pi}\right)^{1/4} x\exp\left(-\frac{1}{2}bx^2\right)$$

を考え，H の平均値の最小値を求め，前問の結果と比較せよ．

4-4　非定常状態の摂動論

時間変化する摂動がある場合には，時間に依存したシュレーディンガー方程式

$$i\hbar\frac{\partial}{\partial t}\Psi = [H_0+\lambda(t)V]\Psi \tag{4.19}$$

を解かなければならない．(4.19)の解を H_0 の固有関数 ψ_n で展開すると

$$\Psi(x,t) = \sum_{s=1}^{\infty} a_s(t)\exp\left(-\frac{i}{\hbar}E_s t\right)\psi_s(x) \tag{4.20}$$

と書ける．(4.19)に代入すると，$a_s(t)$ に対する方程式

$$\frac{d}{dt}a_s(t) = -\frac{i}{\hbar}\sum_m \mathcal{K}_{sm}(t)a_m(t) \tag{4.21}$$

が得られる．ここで，

$$\mathcal{K}_{sm}(t) = \lambda(t)V_{sm}\exp\left[\frac{i}{\hbar}(E_s-E_m)t\right] \tag{4.22}$$

$$V_{sm} = \langle\psi_s|V|\psi_m\rangle \tag{4.23}$$

である．この方程式は逐次近似法で解くことができる．具体的には，$t=0$ で系が H_0 の固有状態 ψ_n にあったとすると，λ の 0 次では，$a_m(t)=\delta_{mn}$ である．λ の 1 次までの解は，(4.21)の右辺に λ の 0 次の値を代入して t で積分し，

$$a_m(t) = \delta_{mn}-\frac{i}{\hbar}\int_0^t \mathcal{K}_{mn}(t')dt' \tag{4.24}$$

と与えられる．$|a_m(t)|^2$ は時刻 t に系が ψ_m で表わされる状態にいる確率を与える．

λ が時間によらない場合には，$m\neq n$ の場合，$\omega_{mn}=(E_m-E_n)/\hbar$ として，

$$|a_m(t)|^2 = \frac{\lambda^2}{\hbar^2}t|V_{mn}|^2\Delta_t(\omega_{mn}) \tag{4.25}$$

$$\Delta_t(\omega) = \frac{4}{\omega^2 t}\sin^2\frac{\omega t}{2} \tag{4.26}$$

となる．$\Delta_t(\omega)$ は $\omega=0$ にピークをもつ関数であり，$t\to\infty$ で $2\pi\delta(\omega)$ に漸近する．

終状態E_mがほぼ連続的に分布しているときには，終状態mについての和をとった遷移確率が問題になる．その場合には

$$\sum_m |a_m(t)|^2 = \sum_m w_{mn}t \tag{4.27}$$

$$w_{mn} = \frac{2\pi}{\hbar}|\lambda V_{mn}|^2\delta(E_m - E_n) \tag{4.28}$$

と書ける．w_{mn}は状態ψ_nからψ_mへの単位時間当りの遷移確率であり，(4.28)式は**黄金則**(golden rule)とよばれる．

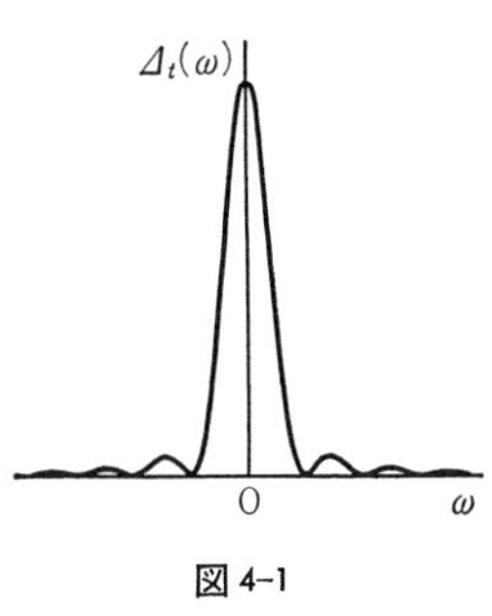

図 4-1

ここまでは，λの1次までの近似について調べた．λの高次の近似を系統的に調べるには，**S行列**という量を導入すると便利である．S行列は時刻tと時刻t'での確率振幅を結びつけるもので，

$$a_m(t) = \sum_n S_{mn}(t, t')a_n(t') \tag{4.29}$$

で定義される．定義式から，同時刻では

$$S_{mn}(t, t) = \delta_{mn}$$

である．(4.21)式の両辺に(4.29)式を代入すると，S行列に対する方程式

$$\frac{d}{dt}S_{mn}(t, t') = -\frac{i}{\hbar}\sum_l \mathcal{H}_{ml}(t)S_{ln}(t, t') \tag{4.30}$$

が得られる．(4.30)式を形式的にtで積分すると，

$$S_{mn}(t, t') = \delta_{mn} - \frac{i}{\hbar}\int_{t'}^{t} dt_1 \sum_l \mathcal{H}_{ml}(t_1)S_{ln}(t_1, t') \tag{4.31}$$

という積分方程式が得られる．この方程式を逐次近似で解くことにより，S行列の摂動展開が得られる．

$$S_{mn}(t, t') = \delta_{mn} - \frac{i}{\hbar}\int_{t'}^{t} dt_1 \mathcal{H}_{mn}(t_1)$$
$$+\left(-\frac{i}{\hbar}\right)^2 \int_{t'}^{t} dt_1 \int_{t'}^{t_1} dt_2 \sum_l \mathcal{H}_{ml}(t_1)\mathcal{H}_{ln}(t_2) + \cdots \tag{4.32}$$

例題 4.7　$\lambda(t)=\lambda e^{\varepsilon t}$ とし，ε は無限小の正の量だとすると，

$$H = H_0 + \lambda(t)V$$

は，$t=-\infty$ で摂動がなかった系に，ゆっくりと摂動が加わり，$t\cong 0$ で，摂動 λV が加わっている系のハミルトニアンを表わす．$t=-\infty$ で系が H_0 の固有状態 ψ_n にあるとき，$t\cong 0$ ではどのような状態にあるか，λ の 1 次までの範囲で調べよ．

[解]　初期条件は $t=-\infty$ で $a_n(-\infty)=1$，$a_m(-\infty)=0$ $(m\neq n)$ である．(4.24)式で積分の下限を $-\infty$ とするか，または，(4.29)式と(4.32)式を使うことによって

$$\begin{aligned} a_m(t) &= \delta_{mn} - \frac{i}{\hbar}\int_{-\infty}^{t} \mathcal{H}_{mn}(t')dt' \\ &= \delta_{mn} - \frac{i}{\hbar}\lambda V_{mn}\int_{-\infty}^{t} dt' \exp\left[\frac{i}{\hbar}(E_m - E_n)t + \varepsilon t\right] \\ &= \delta_{mn} - \lambda V_{mn}\frac{\exp[(i/\hbar)(E_m - E_n)t + \varepsilon t]}{E_m - E_n - i\hbar\varepsilon} \end{aligned}$$

が得られる．ここで n と異なる m については $\varepsilon=0$ としてよい．$a_n(t)$ に対しては $\varepsilon\to 0$ の極限をとると発散してしまうが，もともとの(4.21)式は λ の 1 次で

$$\frac{d}{dt}a_n(t) = -\frac{i}{\hbar}\lambda e^{\varepsilon t} V_{nn} a_n(t)$$

であるから，

$$a_n(t) \cong \exp\left[-\frac{i}{\hbar}\lambda V_{nn} t\right]$$

とみることができる．以上から，$t\cong 0$ では

$$\begin{aligned} \Psi(x,t) &= \sum_{s=1}^{\infty} a_s(t) \exp\left[-\frac{i}{\hbar}E_s t\right]\psi_s(x) \\ &= e^{-(i/\hbar)(E_n+\lambda V_{nn})t}\,\psi_n(x) + \sum_{m\neq n}\lambda V_{mn}\frac{e^{-(i/\hbar)E_n t}}{E_n - E_m}\psi_m(x) \\ &\cong e^{-(i/\hbar)(E_n+\lambda V_{nn})t}\left[\psi_n(x) + \sum_{m\neq n}\lambda V_{mn}\frac{1}{E_n - E_m}\psi_m(x)\right] \end{aligned}$$

となる．$\Psi(x,t)$ の時間変化の様子は，この波動関数のエネルギーが $E_n+\lambda V_{nn}$ であることを示しており，定常状態の摂動論での結果と一致している．空間変化についても，[　] 内の式はまさに定常状態での摂動論での，λ の 1 次までの結果に一致している．

問　題 4-4

[1] $t=0$ で系は

$$\phi(x) = \sum_m c_m \psi_m(x)$$

で表わされる状態にある．ここで $\psi_m(x)$ は，H_0 の固有状態である．摂動 $\lambda(t)V$ があるとき，時刻 t での系の波動関数 $\Psi(x,t)$ を λ の 1 次の範囲で求めよ．

[2] $t=0$ で系は H_0 の固有状態 ψ_n にある $(a_m(0)=\delta_{mn})$．$a_m(t)$ を λ の 2 次までの範囲で求めよ．

[3] 電子が x 軸上長さ L の区間を周期的境界条件に従って運動している．弱いポテンシャル $V(x)$ があるとき，運動量 p で x 軸の正の方向に運動している状態から，x 軸の負の方向へ進む状態への遷移が可能となる．

(1) 運動量 $-p'$ の状態への単位時間当りの遷移確率の表式(黄金則)を記せ．

(2) 終状態についての和をとろう．L が十分に長いとして，運動量についての和を運動量についての積分に直し，積分を行なえ．(関数 $f(p)$ について $f(p_0)=0$ とすると $\delta(f(p))=\delta(p-p_0)/|f'(p_0)|$ が成り立つ．)

(3) $V(x)=V_0\exp(-ax^2)$ のときの単位時間当りの遷移確率を求めよ．

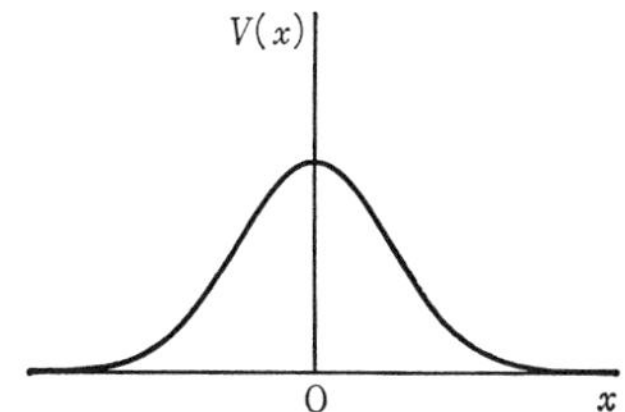

[4] 周期的な摂動 $\lambda(t)V=\lambda V\cos\omega t$ がはたらいている場合を考える．$t=0$ で系は H_0 の固有状態 ψ_n にあるとして，$\psi_m\,(E_m>E_n)$ への遷移確率を考える．

(1) $a_m(t)$ の表式の時間積分を実行せよ．

(2) $E_m \cong E_n+\hbar\omega$ のとき，近似的に

$$|a_m(t)|^2 = \frac{\lambda^2}{4\hbar^2}t|V_{mn}|^2\Delta_t(\omega_{mn}-\omega)$$

となることを示せ．

ベリーの位相

ハミルトニアンが時間変化するとき，変化が十分ゆっくりおこなわれるならば，はじめ基底状態にあった電子は瞬間ごとのハミルトニアンの基底状態にとどまることを示すことができる(断熱定理).

たとえば，中心が R にある調和振動子をゆっくり動かして，中心を R' に移すとき，始め電子が基底状態にあれば，移動後は R' を中心とする調和振動子の基底状態にある．そこで，中心をゆっくりと円周 C に沿って動かしてもとの中心 R に戻せば，電子の状態は動かす前とまったく同じ波動関数で与えられるはずである.

ところが，このとき波動関数の位相がずれてしまうことがある．つまり，はじめの波動関数が $\phi(r-R)\exp(-iEt/\hbar)$ のとき，1周後の波動関数が $\phi(r-R)\exp(-iEt/\hbar+i\gamma)$ となるのである．このときに現われる余分な位相 γ を**ベリーの位相**とよぶ.

例えば，円周 C を貫く磁束 Φ のソレノイドがあるとしよう．このとき，調和振動子のところでは磁場はゼロだから，振動子には何の影響も与えない．しかし，ベクトル・ポテンシャルはゼロではないので，1周後にはベリーの位相 $\gamma=e\Phi/h$ が現われる.

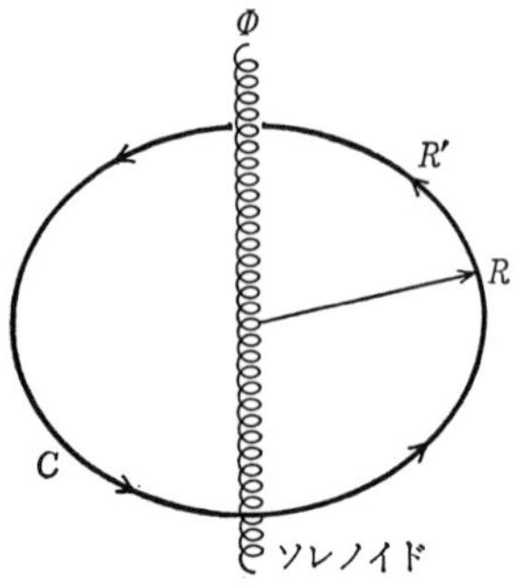

このように，磁場はゼロでも，ベクトル・ポテンシャルのために波動関数が影響を受けることはアハラノフ-ボーム効果としても知られているが，ベリーの位相という見方はもっと一般的な概念で，いろいろな場面に登場することが知られている．実は地球の自転のために振り子の振動面が回転すること(フーコー振り子)も，ベリーの位相の一つの現われと見ることができるのである.

多電子原子

多電子原子を例にとって，多粒子系の量子力学的な扱い方を学習する．重要なポイントは2つある．第1に，多電子系のような同種粒子系の状態を表わす波動関数は粒子の交換に対して不変(ボーズ粒子系)であるか符号を変える(フェルミ粒子系)かのいずれかであるという事実がある．第2に，古典力学でもそうであるが，多粒子問題を厳密に解くことはむずかしい．物理的本質を逃がさず，数学的にはなるべく簡潔な近似法を工夫する必要がある．よく行なわれるのは多粒子問題を1粒子問題に帰着させて解く1粒子近似(独立粒子モデル)で，この方法によって元素の周期表をみごとに説明することができる．

5-1　多粒子系の波動関数と演算子

簡単な場合として，x 軸上を運動する 2 個の粒子を考え，電子のようにスピンをもつ粒子でも，さしあたりスピンは無視する．系の量子力学的状態は 2 つの空間座標 x_1, x_2 と時間 t の関数である波動関数 $\Psi(x_1, x_2, t)$ で表わされ，時刻 t に 1 番目の粒子の位置が x_1 と x_1+dx_1 の間に見出され，2 番目の粒子の位置が x_2 と x_2+dx_2 の間に見出される確率は

$$|\Psi(x_1, x_2, t)|^2 dx_1 dx_2 \tag{5.1}$$

に比例する．Ψ が規格化条件

$$1 = \langle\Psi|\Psi\rangle = \iint|\Psi|^2 dx_1 dx_2 \tag{5.2}$$

を満足していれば，(5.1)は確率そのものである．

$$\langle\phi|\psi\rangle = \iint\phi^*(x_1, x_2)\psi(x_1, x_2)dx_1 dx_2 \tag{5.3}$$

でスカラー積を定義すれば，スカラー積で書いた第 1 章の基本法則はそのまま通用するのである．

物理量が波動関数に作用するエルミット型線形演算子で表わされることも 1 粒子系と同様である．とくに 1 番目の粒子および 2 番目の粒子の位置，運動量は，波動関数 Ψ をそれぞれ

$$x_1\Psi,\quad \frac{\hbar}{i}\frac{\partial\Psi}{\partial x_1};\qquad x_2\Psi,\quad \frac{\hbar}{i}\frac{\partial\Psi}{\partial x_2} \tag{5.4}$$

に変換する演算子で表わされる．これらの演算子の加え算，掛け算によって一般の物理量を表わす演算子が得られることも 1 粒子系と同様である．たとえば，いま考えている 2 粒子系の全運動量を表わす演算子は

$$P_x = \frac{\hbar}{i}\frac{\partial}{\partial x_1}+\frac{\hbar}{i}\frac{\partial}{\partial x_2} \tag{5.5}$$

また質量がそれぞれ m_1, m_2 の粒子の間に相対位置 x_1-x_2 のみによるポテンシャル U の力がはたらいているときのハミルトニアンは

$$H = -\frac{\hbar^2}{2m_1}\frac{\partial^2}{\partial x_1{}^2} - \frac{\hbar^2}{2m_2}\frac{\partial^2}{\partial x_2{}^2} + U(x_1 - x_2) \tag{5.6}$$

で与えられる．

例題 5.1　(5.5)のように，x_1 だけふくむ演算子 $A(x_1)$ と，x_2 だけふくむ演算子 $B(x_2)$ の和として表わされる演算子

$$A(x_1) + B(x_2) \tag{1}$$

がある．演算子 $A(x_1)$ の固有値 a とこれに属する固有関数 $\phi_a(x_1)$ および演算子 $B(x_2)$ の固有値 b とこれに属する固有関数 $\psi_b(x_2)$ が知られているとして，演算子(1)の固有値と固有関数を求めよ．また，この結果を運動量演算子(5.5)に応用してみよ．

［解］　a, b の定義により

$$A(x_1)\phi_a(x_1) = a\phi_a(x_1)$$
$$B(x_2)\psi_b(x_2) = b\psi_b(x_2)$$

この 2 式を使って，固有関数の積

$$\Phi_{ab}(x_1, x_2) = \phi_a(x_1)\psi_b(x_2) \tag{2}$$

が演算子(1)の固有値 $a+b$ に属する固有関数であることを，以下のように示すことができる．

$$\begin{aligned} &\{A(x_1)+B(x_2)\}\Phi_{ab}(x_1, x_2) \\ &\quad = A(x_1)\phi_a(x_1)\cdot\psi_b(x_2) + \phi_a(x_1)\cdot B(x_2)\psi_b(x_2) \\ &\quad = a\phi_a(x_1)\psi_b(x_2) + \phi_a(x_1)b\psi_b(x_2) \\ &\quad = (a+b)\Phi_{ab}(x_1, x_2) \end{aligned} \tag{3}$$

運動量演算子(5.5)の場合には，p, q をそれぞれの粒子の運動量固有値として

$$\frac{\hbar}{i}\frac{\partial}{\partial x_1}\exp\left(\frac{i}{\hbar}px_1\right) = p\exp\left(\frac{i}{\hbar}px_1\right)$$
$$\frac{\hbar}{i}\frac{\partial}{\partial x_2}\exp\left(\frac{i}{\hbar}qx_2\right) = q\exp\left(\frac{i}{\hbar}qx_2\right)$$

したがって，(2)により，平面波の積

$$\exp\left(\frac{i}{\hbar}px_1\right)\exp\left(\frac{i}{\hbar}qx_2\right) = \exp\left[\frac{i}{\hbar}(px_1 + qx_2)\right] \tag{4}$$

が全運動量演算子(5.5)の固有値 $p+q$ に属する固有関数である．

例題 5.2 同じ質量 m とバネ定数 $m\omega^2$ の調和振動子2個がある．両者の相互作用を無視すると，ハミルトニアンは次の形になる．そのエネルギー固有値を求めよ．

$$H = -\frac{\hbar^2}{2m}\left(\frac{\partial^2}{\partial x_1{}^2}+\frac{\partial^2}{\partial x_2{}^2}\right)+\frac{1}{2}m\omega^2(x_1{}^2+x_2{}^2)$$

［解］ 振幅演算子

$$b_j = \left[\frac{m\omega}{2\hbar}\right]^{1/2}\left(x_j+\frac{\hbar}{m\omega}\frac{\partial}{\partial x_j}\right), \qquad (j=1,2)$$

およびエルミット共役演算子 $b_j{}^\dagger$ を使うと，このハミルトニアンは次の形に書ける．

$$H = \hbar\omega(b_1{}^\dagger b_1+b_2{}^\dagger b_2+1) \tag{1}$$

エルミット演算子 $b_j{}^\dagger b_j$ の固有値は整数 $\nu=0, 1, 2, \cdots$ であり，規格化直交固有関数は

$$\phi_\nu(x_j) = \nu^{-1/2}\,b_j{}^\dagger\phi_{\nu-1}(x_j)$$

$$\phi_0(x_j) = \left[\frac{m\omega}{\pi\hbar}\right]^{-1/4}\exp\left(-\frac{m\omega}{2\hbar}x_j{}^2\right)$$

で与えられることが1個の調和振動子の量子力学でわかっている．したがって，例題5.1により，

$$\Phi_{\mu\nu}(x_1, x_2) = \phi_\mu(x_1)\phi_\nu(x_2) \tag{2}$$

$$(\mu=0, 1, 2, 3, \cdots; \quad \nu=0, 1, 2, 3, \cdots)$$

は(1)式の固有値

$$E_{\mu\nu} = (\mu+\nu+1)\hbar\omega \tag{3}$$

に属する固有関数である．なお(2)式は規格化直交系であることを確かめておこう．

$$\iint\Phi_{\mu\nu}{}^*\Phi_{\mu'\nu'}dx_1dx_2 = \int\phi_\mu{}^*(x_1)\phi_{\mu'}(x_1)dx_1\int\phi_\nu{}^*(x_2)\phi_{\nu'}(x_2)dx_2$$

$$= \delta_{\mu\mu'}\delta_{\nu\nu'} \tag{4}$$

したがって任意の波動関数 $\Psi(x_1, x_2)$ について

$$\Psi(x_1, x_2) = \sum_\mu\sum_\nu\langle\Phi_{\mu\nu}|\Psi\rangle\Phi_{\mu\nu}(x_1, x_2)$$

と固有関数による展開が可能である．両辺に $\Phi_{\mu\nu}{}^*$ を掛け，x_1, x_2 について積分し，(4)を使えば，展開係数が次のように求まる．

$$\langle\Phi_{\mu\nu}|\Psi\rangle = \iint\Phi_{\mu\nu}{}^*\Psi\,dx_1dx_2$$

問 題 5-1

[1] ハミルトニアン(5.6)で$U=0$とおいたときの固有値および固有関数を求めよ.

[2] xy平面上を運動する1個の自由粒子のハミルトニアン

$$H = -\frac{\hbar^2}{2m}\left(\frac{\partial^2}{\partial x^2}+\frac{\partial^2}{\partial y^2}\right)$$

の固有値および固有関数を求めよ. 3次元空間を運動する自由粒子の場合はどうか.

[3] 座標原点からの距離$r=[x^2+y^2]^{1/2}$に比例し, かつ原点にむかう引力を受けてxy平面上を運動する粒子がある. そのエネルギー準位を求めよ.

One Point ――2電子系のスピン関数

2個の電子のスピン座標をσ_1, σ_2と書く. スピン座標のとり得る値は$\pm\hbar/2$に限られているので, スピン関数$\phi(\sigma_1), \psi(\sigma_1)$のスカラー積も

$$\langle\phi|\psi\rangle = \phi^*\left(\frac{1}{2}\hbar\right)\psi\left(\frac{1}{2}\hbar\right)+\phi^*\left(-\frac{1}{2}\hbar\right)\psi\left(-\frac{1}{2}\hbar\right)$$

で定義する. σ_2の関数についても同様であり, 2電子のスピン関数についても

$$\langle\Phi|\Psi\rangle = \sum_{\sigma_1=\pm\frac{1}{2}\hbar}\sum_{\sigma_2=\pm\frac{1}{2}\hbar}\Phi^*(\sigma_1, \sigma_2)\Psi(\sigma_1, \sigma_2)$$

電子のスピン角運動量のz成分を表わす演算子をS_{1z}, S_{2z}と書く. S_{1z}の固有値は$\pm\hbar/2$であり, これに属する規格化直交固有関数を$\alpha(\sigma_1), \beta(\sigma_1)$と書く. S_{2z}の固有値も$\pm\hbar/2$であり, その規格化直交固有関数は$\alpha(\sigma_2), \beta(\sigma_2)$で与えられる.

2電子系の全スピン角運動量のz成分を表わす演算子$S_{1z}+S_{2z}$は例題5.1の(1)の形であるから, 固有値は$\hbar/2+\hbar/2=\hbar$, $\hbar/2-\hbar/2=0$, $-\hbar/2+\hbar/2=0$, $-\hbar/2+(-\hbar/2)=-\hbar$で与えられ, 対応する規格化直交固有関数は

$$\alpha(\sigma_1)\alpha(\sigma_2),\quad \alpha(\sigma_1)\beta(\sigma_2),\quad \beta(\sigma_1)\alpha(\sigma_2),\quad \beta(\sigma_1)\beta(\sigma_2)$$

で与えられることになる. 2電子系の任意のスピン関数$\Psi(\sigma_1, \sigma_2)$は, これら4個の固有関数の線形結合として表わされる.

5-2 重心運動の分離

N 粒子系の波動関数 $\Phi(x_1, x_2, \cdots, x_N)$ は，すべての粒子座標に微小平行移動 $x_j \to x_j + a$ を与えたとき，a について1次のオーダーで次の量だけ変化する．

$$\delta\Phi = \frac{i}{\hbar} a P_x \Phi, \qquad P_x = \frac{\hbar}{i}\left(\frac{\partial}{\partial x_1} + \frac{\partial}{\partial x_2} + \cdots + \frac{\partial}{\partial x_N}\right) \tag{5.7}$$

P_x は全運動量演算子であり，$(i/\hbar)P_x$ を**変位演算子**とよぶ．この系のハミルトニアン H が平行移動によって形を変えなければ，H は変位演算子と可換であり，したがって H の**並進対称性**を次のように表わせる．

$$P_x H = H P_x \tag{5.8}$$

この場合，P_x の固有値 $\hbar K$ と，H の固有値 E に属する共通の固有関数 Ψ が存在することになる．

$$P_x \Psi = \hbar K \Psi, \qquad H\Psi = E\Psi \tag{5.9}$$

2粒子系ハミルトニアン(5.6)は平行移動にたいし不変である．

$$MX = m_1 x_1 + m_2 x_2, \qquad x = x_1 - x_2 \tag{5.10}$$

で重心座標 X，相対座標 x を導入すると，(5.5), (5.6)は次の形になる．

$$P_x = \frac{\hbar}{i}\frac{\partial}{\partial X} \tag{5.11}$$

$$H = -\frac{\hbar^2}{2M}\frac{\partial^2}{\partial X^2} - \frac{\hbar^2}{2m}\frac{\partial^2}{\partial x^2} + U(x) \tag{5.12}$$

ただし $M = m_1 + m_2$ は全質量，$m^{-1} = m_1{}^{-1} + m_2{}^{-1}$ で定義される m は換算質量とよばれる．(5.11)と(5.12)は明らかに可換である．この場合，(5.9)の E および Ψ は次の形である．

$$E = \frac{\hbar^2}{2M}K^2 + \varepsilon, \qquad \Psi(X, x) = e^{iKX}\psi(x) \tag{5.13}$$

ε, ψ は相対運動のハミルトニアン(1粒子問題)の固有値，固有関数である．

$$\left(-\frac{\hbar^2}{2m}\frac{\partial^2}{\partial x^2} + U(x)\right)\psi(x) = \varepsilon\psi(x) \tag{5.14}$$

例題 5.3 ハミルトニアンの並進対称性が(5.8)で表わされることを示せ．

［解］ a を無限小の定数として，粒子座標に共通の平行移動 $x_j \to x_j + a$ を与えるとき，a について1次のオーダーでの波動関数の変化は

$$\begin{aligned}\delta\Phi &= \Phi(x_1+a, x_2+a, \cdots, x_N+a) - \Phi(x_1, x_2, \cdots, x_N) \\ &\cong a\left(\frac{\partial\Phi}{\partial x_1} + \frac{\partial\Phi}{\partial x_2} + \cdots + \frac{\partial\Phi}{\partial x_N}\right) \\ &= \frac{i}{\hbar} a P_x \Phi\end{aligned}$$

系のハミルトニアン H が並進対称，つまり x_j を x_j+a と置きかえても形が変わらないとしよう．たとえば2粒子系ハミルトニアン(5.6)がそうである．ポテンシャル U は差 $x_1 - x_2$ のみによるとするから $x_1 \to x_1 + a$，$x_2 \to x_2 + a$ と置きかえても不変だし，a が定数だから $d(x_j+a) = dx_j$ で微分演算子 $(\partial/\partial x_j)$ はもちろん不変である．このように平行移動にたいして不変な H の場合には，Φ に H を作用させて得られる $H\Phi$ の平行移動による変化 $\delta(H\Phi)$ は，変化するのは実は Φ だけだから，$H\delta\Phi$ に等しい．変位演算子で表わせば

$$\frac{i}{\hbar} a P_x (H\Phi) = H\left(\frac{i}{\hbar} a P_x \Phi\right)$$

a, Φ は任意であるから，(5.8)が成立する．

なお，3次元空間を運動する N 個の粒子の系へ一般化することも容易である．波動関数は N 個の位置ベクトル $\boldsymbol{r}_1, \boldsymbol{r}_2, \cdots, \boldsymbol{r}_N$ の関数であり，$\boldsymbol{a}$ を無限小の定ベクトルとして，すべての位置ベクトルに共通の平行移動 $\boldsymbol{r}_j \to \boldsymbol{r}_j + \boldsymbol{a}$ を与える．波動関数の1次の変化は，全運動量を表わすベクトル演算子 $\boldsymbol{P}$ を使って次のように表わせる．

$$\delta\Phi = \frac{i}{\hbar} \boldsymbol{a} \cdot \boldsymbol{P} \Phi$$

$$\boldsymbol{P} = \frac{\hbar}{i}(\nabla_1 + \nabla_2 + \cdots + \nabla_N)$$

同様に，定ベクトル $\boldsymbol{\omega}$ に平行な軸のまわりに，大きさ ω に等しい角度の回転を与えると，位置ベクトルは $\boldsymbol{r}_j \to \boldsymbol{r}_j + \boldsymbol{\omega} \times \boldsymbol{r}_j$ と回転する．ω が無限小のとき，波動関数の変化は

$$\delta\Psi = \sum_j (\boldsymbol{\omega} \times \boldsymbol{r}_j) \cdot \nabla_j \Psi = \frac{i}{\hbar} \boldsymbol{\omega} \cdot \boldsymbol{L} \Psi$$

$\boldsymbol{L}$ は系の全軌道角運動量である．

問 題 5-2

[1] 2粒子系の全運動量(5.5)およびハミルトニアン(5.6)が，重心座標と相対座標を(5.10)で導入することにより，それぞれ(5.11)，(5.12)のように書けることを示せ．

[2] 前問[1]の計算を3次元空間を運動する2個の粒子の場合に拡張せよ．このとき，(5.13)，(5.14)に対応する表式はどうなるか．

[3] 水素原子中の電子のエネルギー準位を求める場合，水素原子が電子と陽子の2粒子系と考えるのと，かりに陽子の質量が無限大として電子の運動のみあからさまに考えるのとでは，イオン化エネルギーにどれだけの差を生ずるか．

[4] 例題5.2の2個の調和振動子の間に，$f(>0)$をバネ定数として，ポテンシャル

$$U(x_1-x_2) = \frac{1}{2}f(x_1-x_2)^2$$

で表わされる相互作用を導入するとき，エネルギー準位はどうなるか．

[5] aを有限な正の定数として，x軸上を運動する粒子の波動関数$\psi(x)$に作用する演算子

$$T_a = \exp\left(a\frac{\partial}{\partial x}\right)$$

について次のことを示せ．

(1) 並進$x \to x+a$を表わす演算子である．

$$T_a\psi(x) = \psi(x+a)$$

(2) ハミルトニアンHがこの並進にたいし不変なら，HとT_aの共通の固有関数が存在し

$$\psi(x) = e^{ikx}u(x)$$

の形である(ブロッホの定理)．ただし，kは実定数，$u(x)$は周期aの周期関数である．

[注意] 結晶中の電子を問題にするとき，ハミルトニアンはこの種の周期性をもつ．kを与えた上では，1周期内の$u(x)$のふるまいを知ればよいわけで，ブロッホの定理は固体電子論で重要である．

5-3 平均場近似と原子軌道関数

いちばん簡単な多電子原子として，He, Li^+, Be^{2+} 等を考える．原子核は電荷 Ze の固定した点電荷と見なすと，そのまわりを電荷 $-e$ の電子が2個，核からのクーロン引力と電子間のクーロン反発力を受けて運動している．そのハミルトニアンは，核から各電子に引いた位置ベクトルを $\boldsymbol{r}_1, \boldsymbol{r}_2$ として，次の形になる．

$$H = H_1+H_2+H_{12} \tag{5.15}$$

$$H_j = -\frac{\hbar^2}{2m_e}\nabla_j{}^2+U_0(\boldsymbol{r}_j), \qquad U_0(\boldsymbol{r}) = -\frac{Ze^2}{4\pi\varepsilon_0 r} \tag{5.16}$$

$$H_{12} = V(\boldsymbol{r}_1-\boldsymbol{r}_2), \qquad V(\boldsymbol{r}) = \frac{e^2}{4\pi\varepsilon_0 r} \tag{5.17}$$

かりに電子間相互作用 H_{12} を無視すれば，固有関数は

$$\Psi(\boldsymbol{r}_1, \boldsymbol{r}_2) = \psi_1(\boldsymbol{r}_1)\psi_2(\boldsymbol{r}_2) \tag{5.18}$$

の形になり，電子は互いに独立に原子軌道関数 ψ_1, ψ_2 で表わされる軌道運動を行なっていることになる．H_{12} を考えに入れた場合にも，固有関数は近似的に(5.18)の形をもつと仮定し，規格化条件 $\langle\Psi|\Psi\rangle=1$ を満たしつつ，全ハミルトニアン H の平均値 $\langle\Psi|H|\Psi\rangle$ を極小にする(**変分原理**)．原子軌道関数を決める固有値方程式は次の形になる．

$$\left(-\frac{\hbar^2}{2m_e}\nabla_1{}^2+U_1(\boldsymbol{r}_1)\right)\psi_1(\boldsymbol{r}_1) = \varepsilon_1\psi_1(\boldsymbol{r}_1) \tag{5.19}$$

$$U_1(\boldsymbol{r}_1) = U_0(\boldsymbol{r}_1)+\int V(\boldsymbol{r}_1-\boldsymbol{r}_2)|\psi_2(\boldsymbol{r}_2)|^2 d\boldsymbol{r}_2 \tag{5.20}$$

ψ_2 についても同様である．電子1が電子2から受けるクーロン反発のポテンシャルの代わりに，これを電子の存在確率 $|\psi_2|^2$ について平均したもので置きかえるわけで，この種の近似を一般に**平均場近似**ともよぶ．実際には適当な U_1, U_2 を仮定して ψ_1, ψ_2 を求め，得られた解について計算した平均場がはじめに仮定した平均場と一致する(self-consistent になる)まで反復計算する．

例題 5.4　ハミルトニアン(5.15)の近似固有関数として(5.18)の形を仮定し，変分原理を適用して平均場近似の固有値方程式(5.19)を導け．

［解］　$\Psi=\psi_1\psi_2$ の形の固有関数のうちで最良のものをえらぶには，規格化条件 $\langle\Psi|\Psi\rangle=1$ を保ちつつ，$\langle\Psi|H|\Psi\rangle$ を極小にすればよい，というのが変分原理である．そのためには，Ψ^* に微小変分 $\delta\Psi^*$ を与えたときの汎関数 $F=\langle\Psi|H|\Psi\rangle-E\langle\Psi|\Psi\rangle$ の 1 次変分 δF が 0 になる必要がある．E はラグランジュ未定係数である．$\delta\Psi^*=\psi_2{}^*\delta\psi_1{}^*$ とえらぶと，ψ_1, ψ_2 はそれぞれ規格化されているとして

$$
\begin{aligned}
\delta F &= \int d\boldsymbol{r}_1\delta\psi_1{}^*(\boldsymbol{r}_1)\int d\boldsymbol{r}_2\psi_2{}^*(\boldsymbol{r}_2)\{H_1+H_2+H_{12}-E\} \\
&\qquad\qquad\times\psi_1(\boldsymbol{r}_1)\psi_2(\boldsymbol{r}_2) \\
&= \int d\boldsymbol{r}_1\delta\psi_1{}^*(r_1)\{H_1+\langle H_{12}\rangle_2-\varepsilon_1\}\psi_1(r_1) \qquad (1)
\end{aligned}
$$

ただし $\langle H_{12}\rangle_2$ は ψ_2 についての H_{12} の平均値

$$\langle H_{12}\rangle_2 = \int d\boldsymbol{r}_2\psi_2{}^*(\boldsymbol{r}_2)H_{12}\psi_2(\boldsymbol{r}_2) \qquad (2)$$

であって，これは平均場(5.20)を与える．また

$$\varepsilon_1 = E-\int d\boldsymbol{r}_2\psi_2{}^*(\boldsymbol{r}_2)H_2\psi_2(\boldsymbol{r}_2) \qquad (3)$$

である．(1)が任意の $\delta\psi_1{}^*$ に対し 0 であるためには

$$(H_1+\langle H_{12}\rangle_2)\psi_1(\boldsymbol{r}_1) = \varepsilon_1\psi_1(\boldsymbol{r}_1) \qquad (4)$$

これが固有値方程式(5.19)にほかならない．添字 1 と 2 を交換すれば，ψ_2 を決めるための固有値方程式

$$(H_2+\langle H_{12}\rangle_1)\psi_2(\boldsymbol{r}_2) = \varepsilon_2\psi_2(\boldsymbol{r}_2) \qquad (5)$$

が得られる．$\langle H_{12}\rangle_1$ は ψ_1 についての H_{12} の平均値であり，(2)で添字 1 と 2 を交換した式で定義される．

$$\langle H_{12}\rangle_1 = \int d\boldsymbol{r}_1\psi_1{}^*(\boldsymbol{r}_1)H_{12}\psi_1(\boldsymbol{r}_1) \qquad (6)$$

平均場(2)は $\boldsymbol{r}_1$ の関数であり，平均場(6)は $\boldsymbol{r}_2$ の関数であることに注意しておこう．

例題 5.5　例題 5.4 の固有値方程式(4), (5)の固有値 $\varepsilon_1, \varepsilon_2$ の和は，ハミルトニアン(5.15)の平均値に等しくないことを示せ．

［解］　例題 5.4 の ψ_1 を決める固有値方程式(4)に左から $\psi_1{}^*$ を掛けて $\boldsymbol{r}_1$ について積分すると，ψ_1 は規格化されているとして

$$\varepsilon_1 = \int d\boldsymbol{r}_1 \psi_1{}^*(\boldsymbol{r}_1)(H_1 + \langle H_{12}\rangle_2)\psi_1(\boldsymbol{r}_1)$$

$$= \int d\boldsymbol{r}_1 \psi_1{}^*(\boldsymbol{r}_1) H_1 \psi_1(\boldsymbol{r}_1) + \iint d\boldsymbol{r}_1 d\boldsymbol{r}_2 \psi_1{}^*(\boldsymbol{r}_1)\psi_2{}^*(\boldsymbol{r}_2) H_{12} \psi_1(\boldsymbol{r}_1)\psi_2(\boldsymbol{r}_2)$$

右辺第 2 項は 2 電子波動関数(5.18)に関する H_{12} の平均値であって，この種の平均値は記号 $\langle\cdots\rangle$ で示すことにしよう．右辺第 1 項は，H_1 が電子 1 にのみ関係する演算子であるから，$\boldsymbol{r}_2$ には無関係であり，$|\psi_2|^2$ を掛けて $\boldsymbol{r}_2$ で積分しても，ψ_2 が規格化されていれば値は変わらない．結局

$$\varepsilon_1 = \langle H_1\rangle + \langle H_{12}\rangle = \langle H_1 + H_{12}\rangle$$

と書くことができる．同様に，例題 5.4 の固有値方程式(5)に左から $\psi_2{}^*$ を掛けて $\boldsymbol{r}_2$ について積分することにより

$$\varepsilon_2 = \langle H_2\rangle + \langle H_{12}\rangle = \langle H_2 + H_{12}\rangle$$

以上 2 式を加えあわせると

$$\varepsilon_1 + \varepsilon_2 = \langle H_1 + H_2 + 2H_{12}\rangle$$

つまり，電子間相互作用 H_{12} の効果は，平均場を通して ε_1 でも ε_2 でも考慮されているため，和 $\varepsilon_1 + \varepsilon_2$ では二重に数えられてしまうのである．ハミルトニアン(5.15)の平均値を求めるには，$\varepsilon_1 + \varepsilon_2$ から $\langle H_{12}\rangle$ を引き去る必要がある．このことは，原子軌道関数の場合に限らず，平均場近似ではいつも留意する必要がある．

［注意］　平均場近似とは，ハミルトニアン $H = H_1 + H_2 + H_{12}$ を近似的に

$$H_{\mathrm{MFA}} = H_1 + \langle H_{12}\rangle_2 + H_2 + \langle H_{12}\rangle_1 - \langle H_{12}\rangle$$

で置きかえることだと考えてもよい．右辺の最後の項は上述の数え過ぎを防ぐための定数である．左辺の MFA は mean field approximation の略．

問 題 5-3

[1] 2電子系の状態が(5.18)の形の波動関数で表わされるとき，2個の電子のふるまいは確率論の意味でたがいに独立であることを示せ．

[2] 例題5.4の(3)，(4)式から次の表式を導け．

$$E = \langle H_1 + H_2 + H_{12} \rangle$$

[3] 平均場(5.20)の U_0, V に(5.16)，(5.17)で与えられる具体的な表式を代入した結果は

$$U_1(\boldsymbol{r}_1) = -\frac{e}{4\pi\varepsilon_0}\int\frac{\rho(\boldsymbol{r}_2)}{|\boldsymbol{r}_1-\boldsymbol{r}_2|}d\boldsymbol{r}_2$$

の形に書けることを示し，電荷密度 ρ の表式を求めよ．また，原子核からの距離 r_1 が大きい場合と小さい場合のそれぞれについて，電子1にどんな力がはたらくかを，定性的に説明せよ．

[4] 平均場(5.20)が原子核からの距離 r_1 のみの関数である(中心力場)と仮定すれば，水素原子の場合と同様に，極座標 r_1, θ_1, ϕ_1 で書いた(5.19)の固有解は球関数 $Y_{lm_l}(\theta_1, \phi_1)$ と r_1 のみに依存する動径部分 $r_1^{-1}\chi_{nl}(r_1)$ の積になる．水素原子の場合のエネルギー固有値は主量子数 $n(=1, 2, 3, \cdots)$ にのみ依存し，方位量子数 $l(=0, 1, 2, \cdots, n-1)$，磁気量子数 $m_l(=l, l-1, l-2, \cdots, -l)$ に無関係であった．(5.19)の場合はどうか．

[5] 非調和振動子のハミルトニアン

$$H = -\frac{\hbar^2}{2m}\frac{\partial^2}{\partial x^2}+\frac{1}{2!}fx^2+\frac{1}{4!}gx^4$$

の基底状態のエネルギーを求めるための近似法として，右辺第3項(非調和項)を平均値 $\langle x^2 \rangle$ と x^2 の積で置きかえ，$\langle x^2 \rangle$ をセルフコンシステントに決める式を求めよ．

5-4　ボーズ粒子とフェルミ粒子

量子力学では同種粒子を識別することが不可能で，2個の同種粒子を交換しても状態は変わらない．実際，2個の同種粒子のスピン座標をふくめた座標を交換しても，波動関数は不変(**対称的**)か符号を変える(**反対称的**)だけである．光子のように，$\hbar$ の整数倍のスピンをもつ粒子は対称的波動関数で記述され，**ボーズ粒子**とよばれる．電子，陽子，中性子のように $(1/2)\hbar$ の奇数倍のスピンをもつ粒子は反対称的波動関数で記述され，**フェルミ粒子**とよばれる．

電子の場合，位置ベクトル $\boldsymbol{r}$ とスピン座標 σ をまとめて ξ と略記すれば，2電子系の波動関数の反対称性は

$$\Psi(\xi_2, \xi_1) = -\Psi(\xi_1, \xi_2) \tag{5.21}$$

と書ける．2電子系のハミルトニアンは，電子間相互作用を無視すれば，1電子ハミルトニアンの和となり

$$H = H^{(1)}(\xi_1)+H^{(1)}(\xi_2) \tag{5.22}$$

これは ξ_1, ξ_2 について対称な形，つまり ξ_1 と ξ_2 を交換しても不変である．$H^{(1)}(\xi)$ の固有値を ε_a，規格化直交固有関数を $\psi_a(\xi)$ とすると，H が対称であるために，$\psi_a(\xi_1)\psi_b(\xi_2)$ も $\psi_b(\xi_1)\psi_a(\xi_2)$ も H の固有値 $\varepsilon_a+\varepsilon_b$ に属する固有関数である．しかし，どちらも(5.21)を満足しない．反対称的な固有関数は**スレーター行列式**

$$\Psi_{ab}(\xi_1, \xi_2) = \frac{1}{\sqrt{2!}}\begin{vmatrix} \psi_a(\xi_1) & \psi_b(\xi_1) \\ \psi_a(\xi_2) & \psi_b(\xi_2) \end{vmatrix} \tag{5.23}$$

で与えられる．この行列式に現われる添字 a の回数を1電子状態 a の電子による**占拠数** n_a とよぶ．(5.23)の場合，$n_a=1$，$n_b=1$，その他の c にたいし $n_c=0$ である．また，a と b が一致すれば行列式は0であり，Ψ_{aa} に対応する状態は存在しない．つまり，占拠数は0か1に限られ，同一の1電子状態を2個以上の電子が占拠することは許されない．この**パウリ原理**は，電子に限らず一般のフェルミ粒子にあてはまる．

例題 5.6　スレーター行列式(5.23)について次のことを示せ.

1°　1電子状態を識別するラベル $a, b, c, \cdots$ がアルファベット順になるように行列式を書くと約束しておけば，各 a について占拠数 n_a の値を指定することによって行列式は一意に決まる.

2°　規格化直交性

$$\langle \Psi_{ab}|\Psi_{cd}\rangle = \iint d\xi_1 d\xi_2 \Psi_{ab}{}^* \Psi_{cd} = \delta_{ac}\delta_{bd}$$

が成立し，任意の2電子波動関数をスレーター行列式の線形結合として表わすことができる. ただし，ξ に関する積分は空間座標 x, y, z についての積分とスピン座標 σ についての和を意味する.

［解］　占拠数が $n_a=1$，$n_b=1$，その他の c にたいし $n_c=0$ と指定されたとき，(5.23)をスレーター行列式としてもよいが，第1列と第2列を交換した $\Psi_{ba}=-\Psi_{ab}$ を採用してもよい. $a, b, c, \cdots$ をアルファベット順に並べると約束しておけば，Ψ_{ab} を採用することに決まる. これが1° の意味である. 2° については，$\psi_a(\xi)$ の規格化直交性

$$\int d\xi \psi_a{}^*(\xi)\psi_b(\xi) = \delta_{ab}$$

と行列式の定義とにより

$$\langle \Psi_{ab}|\Psi_{cd}\rangle = \iint d\xi_1 d\xi_2 \frac{1}{\sqrt{2}}\{\psi_a{}^*(\xi_1)\psi_b{}^*(\xi_2)-\psi_b{}^*(\xi_1)\psi_a{}^*(\xi_2)\}$$
$$\times\{\psi_c(\xi_1)\psi_d(\xi_2)-\psi_d(\xi_1)\psi_c(\xi_2)\}$$

これは $a=c$，$b=d$ のとき1に等しく，$a=d$，$b=c$ のとき -1 に等しく，その他の場合には0である. しかし，ラベル $a, b, c, \cdots$ をアルファベット順に並べるという約束のもとでは，第2の場合はおこり得ないわけである. よって Ψ_{ab} は規格化直交系である.

2電子系の任意の波動関数 $\Psi(\xi_1, \xi_2)$ がスレーター行列式を使って

$$\Psi(\xi_1, \xi_2) = \sum_a\sum_b \langle \Psi_{ab}|\Psi\rangle \Psi_{ab}(\xi_1, \xi_2)$$

の形に展開できるわけである. 右辺の和は，パウリ原理に矛盾しないかぎり，あらゆる1電子固有関数 ψ_a, ψ_b についてとる.

問題 5-4

[1] α粒子はフェルミ粒子である核子(陽子，中性子) 4個の結合した複合粒子である．α粒子はボーズ粒子であるのか，あるいはフェルミ粒子であるのか，考えよ．^{4}He原子および^{3}He原子の場合はどうか．

[2] スレーター行列式(5.23)において，1電子関数ψ_a, ψ_bは共通の軌道部分$u(\boldsymbol{r})$をもち，スピンについてはそれぞれ上むき(固有関数$\alpha(\sigma)$)および下むき(固有関数$\beta(\sigma)$)の状態を表わすものとする．このときΨ_{ab}は$u(\boldsymbol{r}_1)u(\boldsymbol{r}_2)\chi_0(\sigma_1, \sigma_2)$の形に書けることを示せ．

[3] 仮に電子がボーズ粒子であるとしたら，(5.23)はどのように修正すべきか．

[4] 一般にN電子系の波動関数は，1電子ハミルトニアンの規格化直交固有関数で構成したN行N列のスレーター行列式またはその線形結合で表わされる．$N=3$の場合，占拠数$n_a=1$，$n_b=1$，$n_c=1$に対応するスレーター行列式を書け．この場合，1電子状態ψ_a, ψ_b, ψ_cが共通の軌道部分$u(\boldsymbol{r})$をもつことは不可能であることを示せ．

One Point ——液体 ^{3}He と液体 ^{4}He

液体^{3}Heも液体^{4}Heも量子流体(22ページ参照)であり，常圧下では絶対零度まで液体のままである．原子半径の同じ同位体であるが，両者は別種の液体と思った方がよい．たとえば，1気圧下の沸点は^{3}Heが3.2 K，^{4}Heが4.2 Kであり，密度は後者の方が約30％大きい．原子質量の小さい^{3}Heの方が，量子力学的零点運動が激しいためである．液体^{4}Heは2.17 K以下の温度で超流動，つまり粘性抵抗を全く伴わない流れを示すが，液体^{3}Heが超流動を示すのは10^{-3} K以下の低温である．さらに，^{3}Heと^{4}Heの混合液を0.8 K以下に冷すと，水と油のように2相分離をおこす．^{3}Heがフェルミ粒子，^{4}Heがボーズ粒子という相違によるのである．

5-5　元素の周期表と電子殻

物質科学の基本となる元素の周期表は，原子内電子に1粒子近似を次のような形で適用することにより，量子力学的に説明される．

1°　電子は原子核からの距離 r のみで決まる中心力ポテンシャル場を互いに独立に運動すると考え，1電子状態を主量子数 $n(=1,2,3,\cdots)$，方位量子数 l $(=0,1,2,\cdots,n-1)$，磁気量子数 $m_l(=l,l-1,l-2,\cdots,-l)$ およびスピン量子数 $m_s(=\pm 1/2)$ でラベルする．

2°　電子はパウリ原理と矛盾しない限りなるべくエネルギーの低い1電子状態を占拠すると考え，基底状態にある原子の**電子配置**を決める．

3°　水素類似原子$(H, He^+, Li^{2+}, \cdots)$以外では，中心力ポテンシャルが核からのクーロン引力ポテンシャルのほかに他の電子による平均場をふくむため，1電子エネルギーが n だけでなく l にも依存する．

n, l が同じで m_l, m_s の異なる1電子状態はエネルギーが縮退している．つまり，1電子状態のエネルギーは主量子数 n と方位量子数 l で決まり，磁気量子数 m_l，スピン量子数 m_s によらず，同じ**電子殻**に属するという．n の値に $l=0, 1, 2, 3, \cdots$ をしめす分光学記号 s, p, d, f, … を添えて，1s 殻$(n=1,\ l=0)$，2s 殻$(n=2,\ l=0)$，2p 殻$(n=2,\ l=1)$，3d 殻$(n=3,\ l=2)$，… とよぶ．量子数 n と l のうちでエネルギーを支配するのは主として n であるから，主量子数 n でグループわけして，$n=1, 2, 3, \cdots$ の1電子状態をそれぞれK殻，L殻，M殻，…とよぶこともある(X線分光学の慣用)．方位量子数 l の電子殻には $m_l=l, l-1, \cdots, -l$，$m_s=\pm 1/2$ に対応する $(2l+1)\times 2$ 個の独立な1電子状態があり，これだけの数の電子をパウリ原理と矛盾せずに収容できる．s殻，p殻，d殻，f殻でそれぞれ2個，6個，10個，14個である．電子で満員になった電子殻を**閉殻**(closed shell)とよぶ．たとえば原子番号3のLi原子は1s殻に2個，2s殻に1個の電子があるが，この電子配置を $(1s)^2 2s$ のように表わす．$(1s)^2$ は閉殻であり，この状態を占めている2個の電子のスピンは逆むきである．

例題 5.7 原子番号 Z がそれぞれ 1, 2, 3, 4 の H 原子，He 原子，Li 原子，Be 原子の電子配置と化学的性質(原子価)との定性的な関連を述べよ．化学結合は，2 つの原子が接近して互いに摂動を及ぼしあう結果おこるエネルギー低下であると考えよ．

［解］ H 原子は 1s 殻に電子が 1 個あり，そのスピンが上向きでも下向きでもエネルギーは同じである．つまり，スピンについてエネルギーが縮退している．2 個の H 原子が接近して互いに摂動を及ぼしあうと，縮退のある場合の摂動論で学んだように，縮退が破れ，原子が遠く離れていたときと比較してエネルギーが低下することが可能である．これが水素分子形成の量子力学的なメカニズムと考えられる．

He 原子の電子配置は $(1s)^2$ で，1s 殻が閉殻である．パウリ原理により 2 個の電子のスピンは逆向きであり，H 原子の場合のような縮退はない．He 原子が化学的に不活性で分子を形成する能力を欠いているのは，そのためと考えられる．

Li 原子の電子配置は $(1s)^2 2s$ であり，閉殻の外に電子が 1 個余分にある．そのスピンが上向きでも下向きでもエネルギーは同じで，H 原子の場合と同様にスピンについての縮退がある．Li 原子が分子形成にあたって H 原子と同様に 1 価の原子価を示すのは当然であろう．なお，Li 原子の 2s 電子は，H 原子の 1s 電子よりもゆるく束縛され，それだけ外部の摂動を受けやすいことに注意しておこう(問題 5-5 問[1]参照)．

Be の電子配置は $(1s)^2(2s)^2$ で 2s 殻も閉殻であるが，化学的には 2 価の原子価を示す．n は同じで l が 1 だけ違う 2s 殻と 2p 殻のエネルギー差が比較的小さく，他の原子が接近して及ぼす摂動にたいしては，ほとんど縮退していると見なせるためと考えられる．事実，電子配置 $(1s)^2(2s)^2(2p)^6$ の Ne 原子は He 原子と同じく化学的に不活性である．

問　題 5-5

[1]　He^+ イオンから電子1個を引きはがして He^{2+} イオンとするのに必要なイオン化エネルギーは 54.4 eV であることを示せ.

[2]　前問のイオン化エネルギーを $He \rightarrow He^+$ のイオン化エネルギーの実験値 24.6 eV および $Li \rightarrow Li^+$ のイオン化エネルギーの実験値 5.4 eV と比較し，差違の由来を定性的に説明せよ.

[3]　元素の周期表を見ると，原子番号 $Z=3$ の Li から $Z=10$ の Ne までの8元素の周期(短周期)と $Z=11$ の Na から $Z=18$ の Ar までの8元素の周期で，たとえば $Z=6$ の C と $Z=14$ の Si が原子価4を示すというように，類似した化学的性質がくり返されている．ところが $Z=19$ の K から $Z=36$ の Kr までの周期(長周期)は18個の元素をふくみ，$Z=21$ の Sc から $Z=30$ の Zn までのいわゆる遷移元素は短周期元素に見られなかった特性を示す．これらの事実を電子配置によって説明せよ.

[4]　$Z=57$ の La から $Z=71$ までの15元素は希土類元素(またはランタノイド)とよばれ，化学的性質が類似しているため相互の分離がむずかしい．その電子配置の特徴は何か．同様の特徴は $Z=89$ の Ac 以下のいわゆるアクチノイド元素にも見られることに注意.

元素の周期表

元素を原子量の大きさの順に並べた一覧表を作ると，よく似た化学的性質がくり返されることに気づいたのはメンデレーフ(D. I. Mendeleev)である(1869年)．現代の周期表は原子を原子番号の大きさの順に並べたものであり，詳しいものは電子配置が添えられている(巻末付表参照)．化学はもちろんのこと，物質科学，材料開発にたずさわる人にとっては文字通り「必携」の表といえる.

なお，原子の電子殻に似た殻構造が原子核にも存在することが知られているが，この場合は核子のスピン-軌道相互作用が重要なため，事情がやや異なる.

5-6　スピン-軌道相互作用と角運動量の合成

原子内電子が中心力ポテンシャル場を独立に運動すると考える近似では1電子ハミルトニアンは電子の軌道角運動量 $\boldsymbol{L}$, スピン角運動量 $\boldsymbol{S}$ とそれぞれ可換であり，固有関数は，$\boldsymbol{L}^2, L_z$ の固有関数である球関数 Y_{lm_l} と，$\boldsymbol{S}^2, S_z$ の固有関数である γ_{m_s} の積に比例する形に書くことができる．これを $\psi(m_l, m_s)$ と書くと，$m_l=l, l-1, \cdots, -l$ および $m_s=\pm 1/2$ に対応する $(2l+1)\times 2$ 個の固有関数が同一の1電子エネルギーに属し，電子殻を形成するわけである．このエネルギー準位の縮退は，$A\hbar^2$ をエネルギーの次元をもつ定数として，スピン軌道相互作用のハミルトニアン

$$H_{so} = 2A\boldsymbol{L}\cdot\boldsymbol{S} \tag{5.24}$$

を考えに入れると破れる．準位の分裂を縮退のある場合の摂動論で計算するためには，無摂動系固有関数 $\psi(m_l, m_s)$ の適当な線形結合をえらぶ必要がある．

H_{so} を考えに入れても，ハミルトニアンは全角運動量

$$\boldsymbol{J} = \boldsymbol{L}+\boldsymbol{S} \tag{5.25}$$

とは可換であるから，その固有関数は $\boldsymbol{J}^2, J_z$ と共通の固有関数にえらぶことができる．実際，線形結合

$$\chi(j, m) = \sum_{m_l+m_s=m} \psi(m_l, m_s)\langle m_l m_s | jm\rangle \tag{5.26}$$

を適当にえらんで固有値方程式

$$\begin{aligned} \boldsymbol{J}^2\chi(j, m) &= j(j+1)\hbar^2\chi(j, m) \\ J_z\chi(j, m) &= m\hbar\chi(j, m) \end{aligned} \tag{5.27}$$

$$m = j, j-1, \cdots, -j\,; \quad j = l+1/2, l-1/2$$

を満足させることができる．

エネルギー準位は j の値に対応して2つに分裂し，各準位は m に対応して $2j+1$ 重に縮退している．Na 原子の発光スペクトルに見られる有名な D 線は，隣接した2本の線に分かれているが，この分裂はスピン-軌道相互作用によるものである(問題 5-6 問[3])．

例題 5.8　$l=1$(p 電子)について(5.26)を求めよ．

［解］　$m_l=1, 0, -1$，$m_s=\pm 1/2$ に対応して，全部で 6 個の $\psi(m_l, m_s)$ がある．$L^{(\pm)}=L_x\pm iL_y$，$S^{(\pm)}=S_x\pm iS_y$ はそれぞれ m_l, m_s を ± 1 だけ昇降させる演算子であり，角運動量の一般論から

$$\begin{aligned} &L^{(+)}\psi(1, m_s) = 0, \qquad S^{(+)}\psi(m_l, 1/2) = 0 \\ &L^{(-)}\psi(m_l, m_s) = \sqrt{2}\,\psi(m_l-1, m_s), \qquad m_l = 1, 0 \\ &L^{(-)}\psi(-1, m_s) = 0 \\ &S^{(-)}\psi(m_l, 1/2) = \psi(m_l, -1/2) \end{aligned} \tag{1}$$

さて，$\psi(m_l, m_s)$ は $J_z=L_z+S_z$ の固有値 $m\hbar=(m_l+m_s)\hbar$ に属する固有関数である．とくに $\psi(1, 1/2)$ は最大の固有値 $m=3/2$ に属し，実際 $J^{(+)}=L^{(+)}+S^{(+)}$ を作用させると(1)により 0 である．一般論により $\psi(1, 1/2)$ は(5.27)の $j=3/2$，$m=3/2$ に対応する $\chi(3/2, 3/2)$ とすることができる．これに $J^{(-)}=L^{(-)}+S^{(-)}$ をくり返し作用させることにより，(5.27)の $j=3/2$，$m=1/2, -1/2, -3/2$ に属する固有関数が得られる．たとえば，$J^{(-)}\psi(1, 1/2)=\sqrt{2}\,\psi(0, 1/2)+\psi(1, -1/2)$ であり，これを規格化して，$j=3/2, m=1/2$ に属する固有関数は

$$\chi(3/2, 1/2) = \sqrt{\frac{2}{3}}\psi(0, 1/2)+\sqrt{\frac{1}{3}}\psi(1, -1/2)$$

これに直交する規格化関数

$$\chi(1/2, 1/2) = \sqrt{\frac{1}{3}}\psi(0, 1/2)-\sqrt{\frac{2}{3}}\psi(1, -1/2)$$

は J_z の固有値 1/2 に属する固有関数である．すぐ確かめられるように $J^{(+)}$ を作用させると 0 になるので，$j=1/2$ に属する $\boldsymbol{J}^2$ の固有関数でもある．$\chi(1/2, 1/2)$ に $J^{(-)}$ を作用させ，規格化すれば $\chi(1/2, -1/2)$ が得られる．6 個の $\psi(m_l, m_s)$ から 4 個の $\chi(3/2, m)$ と 2 個の $\chi(1/2, m)$ が得られてちょうどよい．

例題 5.9　スピン-軌道相互作用(5. 24)によって方位量子数 $l\,(>0)$ の 1 電子エネルギー準位に生ずる分裂の大きさを求めよ.

［**解**］　(5. 25)から

$$\boldsymbol{L}\cdot\boldsymbol{S} = \frac{1}{2}(\boldsymbol{J}^2-\boldsymbol{L}^2-\boldsymbol{S}^2)$$

いま考えている波動関数は $\psi(m_l, m_s)$ の線形結合であり, $\boldsymbol{L}^2$ の固有値 $l(l+1)\hbar^2$ および $\boldsymbol{S}^2$ の固有値 $(1/2)(1/2+1)=(3/4)\hbar^2$ に属する固有関数であるから, 上式の $\boldsymbol{L}^2, \boldsymbol{S}^2$ はこれらの固有値で置きかえてよい. よって

$$H_{\mathrm{so}} = A\left\{\boldsymbol{J}^2-\left(l(l+1)+\frac{3}{4}\right)\hbar^2\right\}$$

と書ける.

スピン-軌道相互作用を考えないときの 1 電子固有関数 $\psi(m_l, m_s)$ の代わりに, (5. 27)を満足する線形結合(5. 26)を考えれば, これにたいしては

$$H_{\mathrm{so}}\chi(j, m) = A\hbar^2\left\{j(j+1)-l(l+1)-\frac{3}{4}\right\}\chi(j, m)$$

が成立する. $(2l+1)\times 2$ 重に縮退していた準位が, H_{so} により, $j=l+1/2,\ l-1/2$ に対応する 2 つの準位に分裂する. 各準位は, $m=j, j-1, \cdots, -j$ に対応して, $2j+1$ 重, つまり $2l+2$ 重および $2l$ 重に縮退している.

スピン-軌道相互作用を考えに入れた 1 電子エネルギー準位であることを示すのには, l の値に対応する分光学記号 s, p, d, … に j の値を添えて, $\mathrm{s}_{1/2}, \mathrm{p}_{1/2}, \mathrm{p}_{2/3}, \mathrm{d}_{1/2}, \mathrm{d}_{3/2}, \mathrm{d}_{5/2}, \cdots$ のように書く. たとえば $l=1$ (p 電子)の場合の準位の分裂は

$$E(\mathrm{p}_{3/2})-E(\mathrm{p}_{1/2}) = \left\{\frac{3}{2}\times\frac{5}{2}-\frac{1}{2}\times\frac{3}{2}\right\}A\hbar^2 = 3A\hbar^2$$

となる.

原子核も一般にはスピン角運動量 $\boldsymbol{I}$ とこれに比例する磁気モーメントをもち, 後者の大きさは核マグネトン $e\hbar/2m_{\mathrm{p}}$ (m_{p} は陽子質量), つまりボーア・マグネトンの約 1/1000 程度である. 電子系の全角運動量 $\boldsymbol{J}$ と核スピン $\boldsymbol{I}$ の間には $\boldsymbol{J}\cdot\boldsymbol{I}$ に比例する超微細相互作用とよばれるエネルギーが存在する. その大きさは電子のスピン-軌道相互作用の 1/1000 程度で準位の分裂も小さい.

問　題 5-6

[1]　スピン-軌道相互作用の古典論的モデルを次のように考える.

(1)　電子の位置ベクトルを$\boldsymbol{r}$，速度ベクトルを$\boldsymbol{v}$とし，電子から見て位置$-\boldsymbol{r}$にある電荷Zeの核が速度$-\boldsymbol{v}$で動いていると考えると，核の運動にともなう電流が電子の位置に作る磁束密度は$\boldsymbol{B}=-\mu_0 Ze\boldsymbol{L}/4\pi m_e r^3$となることを示せ. $\boldsymbol{L}=m_e\boldsymbol{r}\times\boldsymbol{v}$は電子の軌道角運動量である.

(2)　電子のスピン磁気モーメントは$-(e/2m_e)\boldsymbol{S}$であるとし，このモーメントが(1)の磁場に置かれているためのエネルギーがスピン-軌道相互作用を与えると考えて，相互作用定数Aに対する次の表式を導け.

$$A=\frac{\mu_0 Ze^2}{16\pi m_e{}^2 r^3}$$

[2]　前問[1]のrがボーア半径のオーダーであるとして，$A\hbar^2$のオーダーを評価せよ.

[3]　Na原子の発光スペクトルのD線(波長約5.9×10^3 Å)は，電子が3p励起準位から3s基底準位に遷移することによるものであるが，隣接した2本の輝線(波長差約6 Å)に分かれている. スピン-軌道相互作用によって励起準位が$3\mathrm{p}_{3/2}$と$3\mathrm{p}_{1/2}$に分裂しているためと考えて両準位のエネルギー差を表わす理論式を書け.

[4]　前問[3]のエネルギー差の実験値を説明するためには，(5.24)の$A\hbar^2$を何eVと仮定すればよいか. この値を問[2]の推定値と比較せよ.

5-7 多電子原子の軌道およびスピン角運動量

多電子原子の例として，C 原子のように同じ p 殻に 2 個の電子がある場合を考える．原子番号が小さければ，電子間クーロン相互作用の方が摂動として重要であり，スピン-軌道相互作用はひとまず無視する．

H_{12} は 2 電子間の距離のみの関数なので，2 個の電子の軌道角運動量の和 $\boldsymbol{L}_1+\boldsymbol{L}_2=\boldsymbol{L}$ と可換であり，またスピン座標に無関係でスピン角運動量の和 $\boldsymbol{S}=\boldsymbol{S}_1+\boldsymbol{S}_2$ とも可換である．H_{12} を無視したときの 2 電子状態を表わすスレーター行列式は，m_l が同じで m_s の異なる 3 個と，m_l も m_s も異なる $3\times2\times2=12$ 個と，合計 15 個ある．これらの線形結合を適当に選んで，$\boldsymbol{L}^2$ の固有値 $L(L+\hbar)$，L_z の固有値 $M\hbar$，$\boldsymbol{S}^2$ の固有値 $S(S+\hbar)$，S_z の固有値 $M_s\hbar$ にそれぞれ属する共通の固有関数にするのである．

2 個のスピンが平行に合成されたとき $S=\hbar$，$M_s=1, 0, -1$ であり，このスピン状態を**3 重項**とよぶ．スピンが反平行に合成されたときは $S=0$，$M_s=0$ で，これを**1 重項**とよぶ．2 個の p 電子の場合，$L=0, \hbar, 2\hbar$，$M\hbar=L, L-\hbar, \cdots, -L$ である．1 電子状態の分光学記号の大文字 S, P, D で L の値を示し，その左肩にスピン 1 重項か 3 重項かを示す数字を添えて，^{1}D $(L=2\hbar, S=0)$，^{3}P $(L=\hbar, S=\hbar)$ のように書く．

パウリ原理があるために L と S の勝手な組合せは許されない．同じ p 殻に 2 個の電子がある今の場合には，^{1}D, ^{3}P, ^{1}S のみが許される．M, M_s の値に対応して，^{1}D には 5 個，^{3}P には $3\times3=9$ 個，^{1}S には 1 個の固有関数が属していて，その合計はちょうど 15 個である．

このように，パウリ原理を通じて，波動関数のスピン部分が軌道部分に影響し，スピンをあからさまにふくまない H_{12} による摂動エネルギーがスピン 1 重項か 3 重項かで異なるのである(問題 5-7 問[4]参照)．この 1 重項と 3 重項のエネルギー差を**交換エネルギー**とよぶ．原子間の化学結合や物質の磁性に対し，重要な役割を演ずる．

例題 5.10　スピン 3 重項およびスピン 1 重項を表わすスピン関数を求めよ．

［解］　$m_s=1/2$ のスピン関数 $\alpha(\sigma_1)$ を α_1，$m_s=-1/2$ のスピン関数 $\beta(\sigma_2)$ を β_2 のように略記する．$\alpha_1\alpha_2, \alpha_1\beta_2, \beta_1\alpha_2, \beta_1\beta_2$ は $M_s=1, 0, 0, -1$ に対応する S_z の固有関数である．最大固有値に属する $\alpha_1\alpha_2$ は 3 重項に属する $\boldsymbol{S}^2$ の固有関数でもある．これを(5. 26)にならって

$$\chi(1, 1) = \alpha_1\alpha_2$$

と書こう．これは σ_1, σ_2 の対称関数であることに注意．$S^{(-)}=S_{1x}+S_{2x}-i(S_{1y}+S_{2y})$ は α_1 または α_2 を β_1 または β_2 に変え，β_1 または β_2 を 0 に変えることに注意して，

$$S^{(-)}\chi(1, 1) = \beta_1\alpha_2+\alpha_1\beta_2$$

一般論により，これは $M_s=0$ に対応する 3 重項スピン関数である．規格化して

$$\chi(1, 0) = \frac{1}{\sqrt{2}}(\alpha_1\beta_2+\beta_1\alpha_2)$$

これに $S^{(-)}$ を作用させると

$$S^{(-)}\chi(1, 0) = \sqrt{2}\beta_1\beta_2$$

これは $M_s=-1$ に対応する 3 重項スピン関数であり，規格化して

$$\chi(1, -1) = \beta_1\beta_2$$

他方，$M_s=0$ に属する S_z の固有関数には，$\chi(1, 0)$ に直交する

$$\chi(0, 0) = \frac{1}{\sqrt{2}}(\alpha_1\beta_2-\beta_1\alpha_2)$$

がある．これが 1 重項スピン関数であることは明らかであろう．3 重項スピン関数が電子の交換にたいし対称であるのに対し，1 重項スピン関数は反対称である．これらスピン関数と軌道部分 $\Psi(\boldsymbol{r}_1, \boldsymbol{r}_2)$ の積はパウリ原理によって反対称であるから，スピン 3 重項の Ψ は $\boldsymbol{r}_1, \boldsymbol{r}_2$ の反対称関数，スピン 1 重項の Ψ は対称関数ということになる．

例題 5.11 同じp殻の2個の電子に対し，S, P, D状態を表わす波動関数の軌道部分 $\Psi(\boldsymbol{r}_1, \boldsymbol{r}_2)$ を求めよ．

［解］ $m_l=1, 0, -1$ の1電子p軌道関数をそれぞれ $u(\boldsymbol{r}), v(\boldsymbol{r}), w(\boldsymbol{r})$ とし，$u(\boldsymbol{r}_1)$ を u_1, $v(\boldsymbol{r}_2)$ を v_2 等と略記する．まず，u_1u_2 は L_z の最大固有値 $2\hbar$ に属する固有関数だから，一般論により，D状態の $M=2$ の状態を表わす．これを

$$\Psi_{22}(\boldsymbol{r}_1, \boldsymbol{r}_2) = u_1u_2$$

と書く．これは $\boldsymbol{r}_1, \boldsymbol{r}_2$ の対称関数だから，反対称の1重項スピン関数 $\chi(0, 0)$ を掛けて，^{1}D を表わすことになる．

$$L^{(-)} = L_{1x}+L_{2x}-i(L_{1y}+L_{2y})$$

は u_1 を $\sqrt{2}\,v_1$ または u_2 を $\sqrt{2}\,v_2$ と変えるので，Ψ_{22} に作用させると，$M=1$ に属するD状態の関数が得られる．規格化して書けば

$$\Psi_{21}(\boldsymbol{r}_1, \boldsymbol{r}_2) = \frac{1}{\sqrt{2}}(u_1v_2+v_1u_2)$$

これに直交する

$$\Psi_{11}(\boldsymbol{r}_1, \boldsymbol{r}_2) = \frac{1}{\sqrt{2}}(u_1v_2-v_1u_2)$$

は $L^{(+)}$ を作用させると0になるので，$M=1$ に属するP状態関数である．$\boldsymbol{r}_1, \boldsymbol{r}_2$ の反対称関数だから対称的な3重項スピン関数を掛けて ^{3}P の固有関数になる．

Ψ_{21} に $L^{(-)}$ を作用させ，規格化すると，$M=0$ のD関数が得られる．

$$\Psi_{20}(\boldsymbol{r}_1, \boldsymbol{r}_2) = \frac{1}{\sqrt{6}}(2v_1v_2+u_1w_2+w_1u_2)$$

これと直交する

$$\Psi_{00}(\boldsymbol{r}_1, \boldsymbol{r}_2) = \frac{1}{\sqrt{3}}(v_1v_2-u_1w_2-w_1u_2)$$

は $L^{(+)}$ を作用させると0になる対称関数なので，^{1}S を与える．

なお，Ψ_{11} に $L^{(-)}$ を作用させると，

$$\Psi_{10}(\boldsymbol{r}_1, \boldsymbol{r}_2) = \frac{1}{\sqrt{2}}(u_1w_2-w_1u_2)$$

が得られる．これは $M=0$ に属するP状態の関数であり，当然のことながら Ψ_{20}, Ψ_{00} と直交する．

問　題 5-7

[1]　2 電子スピン関数 $\alpha_1\alpha_2, \alpha_1\beta_2, \beta_1\alpha_2, \beta_1\beta_2$ に作用させてみることにより

$$P_{12}{}^{\sigma} = \frac{1}{2} + \frac{2}{\hbar^2}\boldsymbol{S}_1\cdot\boldsymbol{S}_2$$

はスピン変数 σ_1, σ_2 の交換を表わす演算子であることを示せ.

［ヒント］　$2\boldsymbol{S}_1\cdot\boldsymbol{S}_2 = S_1{}^{(+)}S_2{}^{(-)} + S_1{}^{(-)}S_2{}^{(+)} + 2S_{1z}S_{2z}$ と書けることを利用せよ.

[2]　$2\boldsymbol{S}_1\cdot\boldsymbol{S}_2 = (\boldsymbol{S}_1+\boldsymbol{S}_2)^2 - (3/2)\hbar^2$ であることを利用して，3 重項スピン関数，1 重項スピン関数はそれぞれ演算子 $P_{12}{}^{\sigma}$ の固有値 1 および -1 に属する固有関数であることを示せ.

[3]　例題 5.11 の Ψ_{21} は $(1/2)L^{(-)}\Psi_{22}$ と書けることを利用して，電子間クーロン相互作用 H_{12} の平均値はどちらの波動関数で計算しても等しいことを示せ.

［ヒント］　H_{12} が $L^{(\pm)}$ と可換であることに注意.

[4]　例題 5.11 の Ψ_{21}, Ψ_{11} について

$$\langle\Psi_{21}|H_{12}|\Psi_{21}\rangle = Q+J$$
$$\langle\Psi_{11}|H_{12}|\Psi_{11}\rangle = Q-J$$

と書き，Q, J を 1 電子軌道関数 u, v を含む積分の形に表わせ. Q は**クーロン積分**，J は**交換積分**とよばれ，いずれも正の量である. 1 重項と 3 重項の電子スピンの間に相互作用

$$-JP_{12}{}^{\sigma} = -J\left(\frac{1}{2} + 2\boldsymbol{S}_1\cdot\boldsymbol{S}_2\right)$$

がはたらいていると考えて説明できる. これを交換相互作用とよぶ.

ラム・シフト

非相対論的なシュレーディンガー方程式によって求めた水素原子中の電子のエネルギー準位は，主量子数 n にのみ依存し，方位量子数 l にはよらない．たとえば 2s ($n=2$, $l=0$) 準位と 2p ($n=2$, $l=1$) 準位とは縮退している．相対論的なディラック方程式の場合には，電子スピンやスピン軌道相互作用は自動的に織り込まれていて，水素原子中の電子のエネルギー準位が，主量子数 n のほかに，わずかながら量子数 $j=l\pm1/2$ にも依存する．したがって，$j=3/2$ の $2p_{3/2}$ 準位と $j=1/2$ の $2p_{1/2}$ 準位とはエネルギーがわずかに異なる．一方，n および j がそれぞれ共通な $2p_{1/2}$ 準位と $2s_{1/2}$ 準位とは縮退していることになる．

ところが，ラム(W. E. Lamb)の実験によると，$2s_{1/2}$ 準位は $2p_{1/2}$ 準位よりエネルギーがわずかに高く，その差 ΔE をプランク定数で割った周波数は約 1 GHz ($=10^9\ s^{-1}$, $\Delta E \sim 10^{-6}$ eV) である．この ΔE は**ラム・シフト**とよばれ，電磁場の零点振動と電子の間の相互作用の効果として，量子電磁力学(quantum electrodynamics)により理論的に説明された．

電磁波を量子力学で扱えば(第7章)，基底状態でも電磁場の零点振動が残っている．古典論のように電磁場が全く存在しないという意味の真空は不可能である．したがって1個の電子が「真空」中に存在する場合でも，電子は実は電磁場の零点振動と相互作用しながら運動しているわけである．実験で得られる真空中の電子の静止質量 m_e には，この相互作用の効果がくり込まれていることになる．

電子が水素原子中を運動している場合には，陽子からクーロン力を受けているため，電磁場の零点振動との相互作用の効果をくり込んだ電子の運動エネルギー $(m_e^*/2)v^2$ は真空中を同じスピードで運動する場合の値 $(m_e/2)v^2$ とわずかながら異なり，しかも $m_e^*-m_e$ が水素原子中の電子の定常状態によって異なるのである．これがラム・シフトをあたえる．量子電磁力学による理論値は高い精度で実験値と一致することが確かめられている．

分子と固体

量子力学は，分子や固体に適用されて大きな成功を収めた．分子の性質や，固体の性質を理解するには，量子力学は不可欠なのである．この章では，これらの系への量子力学の適用法について学ぶ．

6-1 2原子分子の振動と回転

水素分子 H_2 の波動関数は，2つの電子の位置ベクトル $\boldsymbol{r}_1, \boldsymbol{r}_2$ および2つの陽子の位置ベクトル $\boldsymbol{R}_a, \boldsymbol{R}_b$ の関数 $\Phi(\boldsymbol{r}_1, \boldsymbol{r}_2, \boldsymbol{R}_a, \boldsymbol{R}_b)$ である．断熱近似では，これを

$$\Phi(\boldsymbol{r}_1, \boldsymbol{r}_2, \boldsymbol{R}_a, \boldsymbol{R}_b) = \Psi(\boldsymbol{r}_1, \boldsymbol{r}_2, \boldsymbol{R}_a, \boldsymbol{R}_b)\chi(\boldsymbol{R}_a, \boldsymbol{R}_b) \tag{6.1}$$

の形で近似する．ここで Ψ は，陽子が $\boldsymbol{R}_a, \boldsymbol{R}_b$ に止まっているときの電子の運動を表わす波動関数であり，

$$\begin{aligned}\left[-\frac{\hbar^2}{2m_e}(\nabla_1{}^2+\nabla_2{}^2)+U\right]&\Psi(\boldsymbol{r}_1, \boldsymbol{r}_2, \boldsymbol{R}_a, \boldsymbol{R}_b)\\ &= W(\boldsymbol{R}_a-\boldsymbol{R}_b)\Psi(\boldsymbol{r}_1, \boldsymbol{r}_2, \boldsymbol{R}_a, \boldsymbol{R}_b)\end{aligned} \tag{6.2}$$

の固有解である．この式で，$\nabla_1{}^2, \nabla_2{}^2$ は $\boldsymbol{r}_1, \boldsymbol{r}_2$ に作用するラプラス演算子，U は，電子間，陽子間，電子・陽子間にはたらくクーロン・ポテンシャルの総和である．分子の振動回転を調べるときには，基底状態のエネルギー W が必要であるが，これは陽子間距離 $R=|\boldsymbol{R}_a-\boldsymbol{R}_b|$ の関数で，**断熱ポテンシャル**とよばれる．

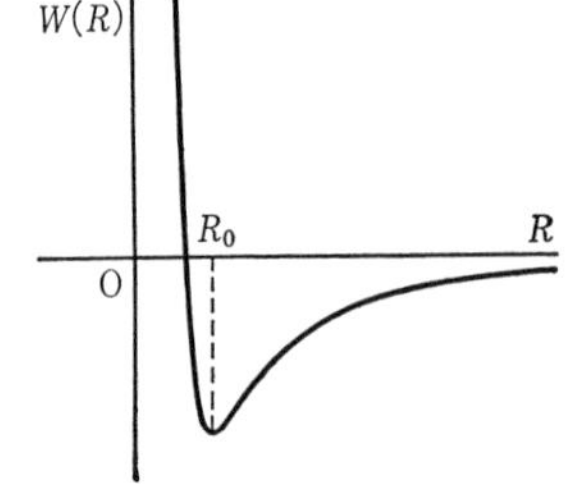

図 6-1 断熱ポテンシャル

(6.1)式の χ は陽子の運動を表わす波動関数であり，これは，

$$\left[-\frac{\hbar^2}{2m_p}(\nabla_a{}^2+\nabla_b{}^2)+W(R)\right]\chi(\boldsymbol{R}_a, \boldsymbol{R}_b) = E\chi(\boldsymbol{R}_a, \boldsymbol{R}_b) \tag{6.3}$$

の固有解で与えられる．ここで $\nabla_a{}^2, \nabla_b{}^2$ は $\boldsymbol{R}_a, \boldsymbol{R}_b$ に作用するラプラス演算子である．(6.1)式のような近似は，(6.2)式で与えられる電子系の運動が，(6.3)式で与えられる陽子の運動に比べて，きわめて速いことにより正当化される．

(6.3)式は，2粒子系のシュレーディンガー方程式であり，重心の運動と，相対運動に分離できる．相対運動のシュレーディンガー方程式は，換算質量

$\mu=m_p/2$ と，相対座標に関するラプラス演算子 ∇_R を使って

$$\left[-\frac{\hbar^2}{2\mu}\nabla_R{}^2+W(R)\right]\chi(R)=E\chi(R) \tag{6.4}$$

で与えられる．これは中心力場中の運動を表わす方程式であり，χ は次の形に書ける．

$$\chi=\frac{1}{R}u(R)Y_{Km}(\theta,\phi) \tag{6.5}$$

球関数 $Y_{Km}(\theta,\phi)$ は分子の回転を表わす．$u(R)$ は

$$-\frac{\hbar^2}{2\mu}\frac{d^2u}{dR^2}+\left[W(R)+\frac{\hbar^2}{2\mu R^2}K(K+1)\right]u=Eu \tag{6.6}$$

を満たすが，これは，$W(R)$ の極小値 $R=R_0$ 近傍での振動を表わしている．$W(R)$ を

$$W(R)\cong W(R_0)+\frac{1}{2}f(R-R_0)^2 \tag{6.7}$$

$(\hbar^2/2\mu R^2)K(K+1)$ を $(\hbar^2/2\mu R_0{}^2)K(K+1)$ と近似し，バネ定数 f を $f=\mu\omega^2$ と書くと，(6.6)式は調和振動子の方程式となり，固有値 E は

$$E=W(R_0)+\frac{\hbar^2}{2I}K(K+1)+\left(v+\frac{1}{2}\right)\hbar\omega \qquad (v=0,1,2,\cdots) \tag{6.8}$$

となる．ここで $I=\mu R_0{}^2$ は分子の慣性モーメントである．

ここまで水素分子を考えてきたが，(6.4)式以降の式は，断熱ポテンシャル $W(R)$，換算質量 μ 等を置きかえることにより，一般の2原子分子に適用することができる．

振動の角振動数 ω は，水素分子 H_2 では $8.29\times10^{14}\,s^{-1}$，酸素分子 O_2 では $2.98\times10^{14}\,s^{-1}$，回転エネルギー準位を特徴づける角振動数 $\Omega=\hbar/(2I)$ は，H_2 では $1.12\times10^{13}\,s^{-1}$，$O_2$ では $2.71\times10^{11}\,s^{-1}$ である．

例題 6.1　2原子分子が回転しているとき，遠心力により振動運動の中心は R_0 からわずかに伸びるはずである．$T=300\,\mathrm{K}$ の空気中の酸素分子が，回転のエネルギーとして k_BT をもっているとして，伸びの割合を評価せよ．

［解］　回転のエネルギー，つまり $K(K+1)$ が有限な場合の(6.6)式のポテンシャル・エネルギー項

$$W(R)+\frac{\hbar^2}{2\mu R^2}K(K+1) = U(R)$$

が極小となる R の値を求めればよい．K が有限であっても，R_0 からのずれは小さいと仮定すると，$W(R)$ に対しては(6.7)式の近似が使える．すると，極小の条件は，

$$\frac{d}{dR}U(R) \cong f(R-R_0)-\frac{\hbar^2}{\mu R^3}K(K+1) = 0$$

となる．第2項で，$R^{-3} \cong R_0{}^{-3}$ と近似して

$$R \cong R_0\left[1+\frac{\hbar^2}{f\mu R_0{}^4}K(K+1)\right]$$

が振動の中心であり，伸びの割合は

$$\frac{\hbar^2}{f\mu R_0{}^4}K(K+1) = 4\frac{\Omega^2}{\omega^2}K(K+1)$$

で与えられる．ここで $\Omega=\hbar/(2I)=\hbar/(2\mu R_0{}^2)$，$f=\mu\omega^2$ である．$K(K+1)$ の値は，回転エネルギー$=k_BT$ より

$$\frac{\hbar^2}{2I}K(K+1) = k_BT$$

$\Omega=2.71\times10^{11}\,\mathrm{s}^{-1}$，$T=300\,\mathrm{K}$ を代入すると，$K(K+1)\cong145$ であり，$\omega=2.98\times10^{14}\,\mathrm{s}^{-1}$ を使って，伸びの割合は

$$4\frac{\Omega^2}{\omega^2}K(K+1) \cong 4.80\times10^{-4}$$

したがって伸び率は，約0.05% であり，非常に小さい．

問　題 6-1

[1]　水素分子では，陽子間距離は 0.74 Å である．回転エネルギー準位を特徴づける角振動数 Ω を計算せよ．

[2]　水素分子および酸素分子に対する振動の角振動数 ω より，それぞれの分子のバネ定数 f を計算してみよ．

[3]　断熱近似が成り立つためには，電子の運動が原子核の運動に比べて十分に速くなければならない．水素分子の場合電子の運動はどの程度速いのか，以下の方法で調べよ．陽子の運動の速さは，振動運動の角振動数で与えられる．これと比較すべきものとして，孤立した水素原子での電子の運動を円運動とし(ボーア模型)，角振動数を求め，数値的に比較せよ．

[4]　分子の回転・振動の量子数は，光(電磁波)の放出・吸収に際して変化する．そこで，このときの光を観測することにより，振動の角振動数 ω や，回転を特徴づける角振動数 Ω を知ることができる．ところで，このような実験の結果は，通常，cm^{-1} の単位をもつ，回転定数 B と，「調和振動数」ω_{e} とで書き表わされる．B, ω_{e} を使うと，エネルギー準位は

$$E_{v,k} = hc\omega_{\mathrm{e}}\left(v+\frac{1}{2}\right)+hcBK(K+1)$$

と表わされる．酸素分子，水素分子に対する B と ω_{e} を計算せよ．

6-2　分子の電子状態

分子の電子系の基底状態を決める1つの方法は**分子軌道法**である．この方法では，分子全体に広がった**1電子波動関数**(分子軌道)を考え，電子は，これらの波動関数をエネルギーの低い方から占拠し，互いに独立に運動すると考える．

分子軌道は原子軌道関数の重ね合わせで与えられるとする近似法を**LCAO法**とよぶ．水素分子にこの近似を適用しよう．分子の重心を原点に選び，陽子の位置ベクトルを $\pm(1/2)\boldsymbol{R}$ とする．$\psi_{\mathrm{R}}=a(\boldsymbol{r}-\boldsymbol{R}/2)$, $\psi_{\mathrm{L}}=a(\boldsymbol{r}+\boldsymbol{R}/2)$ をそれぞれ $\pm(1/2)\boldsymbol{R}$ に孤立したH原子があるときの1s原子軌道関数とする．このときの分子軌道関数は，ψ_{R} と ψ_{L} の非直交積分

$$S = \langle\psi_{\mathrm{R}}|\psi_{\mathrm{L}}\rangle \tag{6.9}$$

を無視すると

$$\psi_{\pm}(\boldsymbol{r}) = \frac{1}{\sqrt{2}}\left[a\left(\boldsymbol{r}-\frac{1}{2}\boldsymbol{R}\right)\pm a\left(\boldsymbol{r}+\frac{1}{2}\boldsymbol{R}\right)\right] \tag{6.10}$$

と与えられる．ここで複号 $\pm$ は電子座標の反転 $\boldsymbol{r}\to-\boldsymbol{r}$ を行なったときの波動関数の変化，すなわち**パリティ**を表わしており，

$$\psi_{\pm}(-\boldsymbol{r}) = \pm\psi_{\pm}(\boldsymbol{r}) \tag{6.11}$$

である．さて，1個の電子に対するハミルトニアンは

$$H = -\frac{\hbar^2}{2m_{\mathrm{e}}}\nabla^2+U\left(\boldsymbol{r}-\frac{1}{2}\boldsymbol{R}\right)+U\left(\boldsymbol{r}+\frac{1}{2}\boldsymbol{R}\right) \tag{6.12}$$

である．ε_0 を1s状態のエネルギーとして

$$\left[-\frac{\hbar^2}{2m_{\mathrm{e}}}\nabla^2+U\left(\boldsymbol{r}\mp\frac{1}{2}\boldsymbol{R}\right)\right]a\left(\boldsymbol{r}\mp\frac{1}{2}\boldsymbol{R}\right) = \varepsilon_0 a\left(\boldsymbol{r}\mp\frac{1}{2}\boldsymbol{R}\right) \tag{6.13}$$

が成り立つから，$\psi_{\pm}$ によるハミルトニアンの平均値は

$$E_{\pm} = \langle\psi_{\pm}|H|\psi_{\pm}\rangle = E_0\mp\frac{1}{2}\varDelta E \tag{6.14}$$

$$E_0 = \varepsilon_0+\langle\psi_{\mathrm{R}}|\,U\left(\boldsymbol{r}+\frac{1}{2}\boldsymbol{R}\right)|\psi_{\mathrm{R}}\rangle = \varepsilon_0+\langle\psi_{\mathrm{L}}|\,U\left(\boldsymbol{r}-\frac{1}{2}\boldsymbol{R}\right)|\psi_{\mathrm{L}}\rangle \tag{6.15}$$

$$-\frac{1}{2}\Delta E = \langle\psi_{\rm L}|U\left(\boldsymbol{r}+\frac{1}{2}\boldsymbol{R}\right)|\psi_{\rm R}\rangle = \langle\psi_{\rm R}|U\left(\boldsymbol{r}-\frac{1}{2}\boldsymbol{R}\right)|\psi_{\rm L}\rangle \qquad (6.16)$$

で与えられる．$\Delta E>0$ であり，ψ_+ の方がエネルギーは低く，**結合状態**とよばれる．水素分子では結合状態に2つの電子が入る．

以上の近似では，2電子系としての波動関数の軌道部分は，$\Psi_{++}(\boldsymbol{r}_1, \boldsymbol{r}_2)=\psi_+(\boldsymbol{r}_1)\psi_+(\boldsymbol{r}_2)$ で与えられる．2つの電子は独立に運動するので，2つの電子が同時に同じ原子軌道に入る確率は大きい．しかし電子間のクーロン反発の効果を考えると，電子の運動には相関が現われ，このような確率は小さいはずである．この相関効果を極端に取り入れる近似法が**ハイトラー-ロンドン法**(HL法)である．この近似では2電子系の波動関数は

$$\Psi_{\rm HL}(\boldsymbol{r}_1, \boldsymbol{r}_2) = \frac{1}{\sqrt{2(1+S^2)}}[\psi_{\rm R}(\boldsymbol{r}_1)\psi_{\rm L}(\boldsymbol{r}_2)+\psi_{\rm R}(\boldsymbol{r}_2)\psi_{\rm L}(\boldsymbol{r}_1)] \qquad (6.17)$$

で与えられる．ここで S は非直交積分(6.9)である．この波動関数でハミルトニアン

$$H = -\frac{\hbar^2}{2m_{\rm e}}(\nabla_1{}^2+\nabla_2{}^2)-U(R)-U(\boldsymbol{r}_1-\boldsymbol{r}_2)+U\left(\boldsymbol{r}_1-\frac{1}{2}\boldsymbol{R}\right)$$
$$+U\left(\boldsymbol{r}_1+\frac{1}{2}\boldsymbol{R}\right)+U\left(\boldsymbol{r}_2-\frac{1}{2}\boldsymbol{R}\right)+U\left(\boldsymbol{r}_2+\frac{1}{2}\boldsymbol{R}\right) \qquad (6.18)$$

の平均値を計算すると，

$$W = \int\psi_{\rm HL}H\psi_{\rm HL}d\boldsymbol{r}_1d\boldsymbol{r}_2 = 2\varepsilon_0+\frac{K+J}{1+S^2} \qquad (6.19)$$

$$K = \int|\psi_{\rm R}(\boldsymbol{r}_1)|^2|\psi_{\rm L}(\boldsymbol{r}_2)|^2\left[-U(R)-U(\boldsymbol{r}_1-\boldsymbol{r}_2)+U\left(\boldsymbol{r}_1+\frac{1}{2}\boldsymbol{R}\right)\right.$$
$$\left.+U\left(\boldsymbol{r}_2-\frac{1}{2}\boldsymbol{R}\right)\right]d\boldsymbol{r}_1d\boldsymbol{r}_2 \qquad (6.20)$$

$$J = \int\psi_{\rm R}(\boldsymbol{r}_1)\psi_{\rm L}{}^*(\boldsymbol{r}_1)\psi_{\rm R}{}^*(\boldsymbol{r}_2)\psi_{\rm L}(\boldsymbol{r}_2)\left[-U(R)-U(\boldsymbol{r}_1-\boldsymbol{r}_2)\right.$$
$$\left.+U\left(\boldsymbol{r}_1+\frac{1}{2}\boldsymbol{R}\right)+U\left(\boldsymbol{r}_2-\frac{1}{2}\boldsymbol{R}\right)\right]d\boldsymbol{r}_1d\boldsymbol{r}_2 \qquad (6.21)$$

となる．K は**クーロン積分**，J は**交換積分**とよばれる．

例題 6.2　分子軌道法の計算を実際に行なってみるために，次のようなモデルを考えよう．電子の運動は x 軸上に限られており，原子核と電子の相互作用は δ 関数で与えられる．すなわち原子核が原点にあるときのハミルトニアンは

$$H = -\frac{\hbar^2}{2m}\frac{\partial^2}{\partial x^2} - U_0\delta(x)$$

である．この解は，$\kappa = mU_0/\hbar^2$ として，

$$\psi(x) = \sqrt{\kappa}\,e^{-\kappa|x|}$$

固有値は，$\varepsilon_0 = -\hbar^2\kappa^2/2m$ で与えられる．原子核が $x = \pm X/2$ にあるとき，分子軌道法により，ハミルトニアンの平均値を求めよ．その際非直交積分は無視せよ．

［解］　分子軌道は

$$\psi_{\mathrm{R}}(x) = \sqrt{\kappa}\exp\left(-\kappa\left|x-\frac{1}{2}X\right|\right), \qquad \psi_{\mathrm{L}}(x) = \sqrt{\kappa}\exp\left(-\kappa\left|x+\frac{1}{2}X\right|\right)$$

として，

$$\psi_{\pm}(x) = \frac{1}{\sqrt{2}}[\psi_{\mathrm{R}}(x) \pm \psi_{\mathrm{L}}(x)]$$

で与えられ，この波動関数によるハミルトニアンの平均値は(6. 14)〜(6. 16)式の形で与えられる．これらの式を使うと，

$$\begin{aligned}
E_0 &= \varepsilon_0 + \langle\psi_{\mathrm{R}}|U\left(x+\frac{1}{2}X\right)|\psi_{\mathrm{R}}\rangle \\
&= \varepsilon_0 - U_0\kappa\int_{-\infty}^{\infty} dx\exp\left(-2\kappa\left|x-\frac{1}{2}X\right|\right)\delta\left(x+\frac{1}{2}X\right) \\
&= -\frac{mU_0{}^2}{2\hbar^2}(1+2e^{-2\kappa X})
\end{aligned}$$

次に

$$\begin{aligned}
-\varDelta E &= \langle\psi_{\mathrm{L}}|U\left(x+\frac{1}{2}X\right)|\psi_{\mathrm{R}}\rangle \\
&= -U_0\kappa\int_{-\infty}^{\infty} dx\exp\left(-\kappa\left|x-\frac{1}{2}X\right|\right)\exp\left(-\kappa\left|x+\frac{1}{2}X\right|\right)\delta\left(x+\frac{1}{2}X\right) \\
&= -U_0\kappa e^{-\kappa R} \\
&= -\frac{mU_0{}^2}{\hbar^2}e^{-\kappa R}
\end{aligned}$$

$\psi_{\pm}$ によるハミルトニアンの平均値は $E_0 \mp \varDelta E$ で与えられる．

問 題 6-2

[1] 例題6.2のシュレーディンガー方程式

$$-\frac{\hbar^2}{2m}\frac{\partial^2}{\partial x^2}\psi(x)-U_0\delta(x)\psi(x)=\varepsilon_0\psi(x)$$

の解が

$$\psi(x)=\sqrt{\kappa}\,e^{-\kappa|x|}$$

であることを確かめよ.

［ヒント］ $x=0$ では，ポテンシャルは発散している．このため $\psi(x)$ の微分は不連続となる．このとびの大きさは，原点近傍の微小区間で方程式を積分することによって決めることができる.

[2] 分子軌道法の計算で非直交積分 S を考慮したら，エネルギー平均値の表式(6.14)～(6.16)式はどうなるかを調べよ.

[3] 例題6.2のモデルに，非直交積分の効果を取り入れて，エネルギー平均値を計算せよ．S の効果を取り入れないときと比べて，結果はどのように異なるか.

[4] 例題6.2のモデルのエネルギー平均値の計算をハイトラー－ロンドン法で行なってみよ．この場合電子間にも δ 関数の斥力ポテンシャル

$$U(x_1-x_2)=U_0\delta(x_1-x_2)$$

がはたらくものとする．なお，原子核同士の相互作用は考えなくてよい.

One Point ――グラフを描く

物理の計算の結果を理解するためには，式のまま見ているよりは，実際にグラフにしてみることによってずっと分かりやすくなることがある．上の問題[3], [4]などのエネルギー平均値は，一般に $E=(mU_0{}^2/\hbar^2)f(\kappa R)$ の形をしている．ポケコン，パソコン等で $f(x)$ の値を計算し，グラフを描いてみよう.

6-3 固体電子のエネルギー・バンド

結晶では原子核が3次元的に規則正しく並び，そこを電子が運動している．このような場合にも1電子近似はきわめて有用であることが知られている．ここでは，N 個の同種原子が等間隔 a で x 軸上に並んだ1次元モデルについて式を書く．1電子状態に対するハミルトニアンを

$$H = -\frac{\hbar^2}{2m}\frac{\partial^2}{\partial x^2}+U(x) \tag{6.22}$$

と書くと，U は周期関数，$U(x+a)=U(x)$ である．LCAO法では，このハミルトニアンの解を原子軌道の重ね合わせで表わす．n 番目の原子核の位置を $x_n=na$ とすると，そこでの規格化原子軌道関数(の1つ)は $\phi_n(x)=\phi(x-x_n)$ と書ける．LCAO法での波動関数は

$$\psi_k(x) = \frac{1}{\sqrt{N}}\sum_{n=1}^{N} e^{ikna}\phi_n(x) \tag{6.23}$$

の形になる．ここで周期境界条件 $\psi_k(x+Na)=\psi_k(x)$ を要求すると

$$k = \frac{2\pi}{Na}l \qquad \left(l=0,\ \pm1,\ \pm2,\ \cdots,\ \pm\frac{N}{2}-1,\ \frac{N}{2}\right) \tag{6.24}$$

である．また(6.23)式は非直交積分を無視して規格化してある．ψ_k は $\psi_k(x+a)=e^{ika}\psi_k(x)$ という性質をもつが，これは(6.22)のような周期的ハミルトニアンの固有関数のもつべき性質である(**ブロッホの定理**)．

(6.23)による(6.22)の平均値は k の関数と見ることができる．

$$E(k) = \langle\psi_k|H|\psi_k\rangle = \frac{1}{N}\sum_{m=1}^{N}\sum_{n=1}^{N} e^{ik(n-m)a}\langle\phi_m|H|\phi_n\rangle \tag{6.25}$$

$m=n$ および，$m=n\pm1$ の積分のみ残すと

$$E(k) = E_0-\Delta E\cos ka \tag{6.26}$$

となる．ここで

$$E_0 = \langle\phi_n|H|\phi_n\rangle, \qquad \Delta E = -2\langle\phi_{n\pm1}|H|\phi_n\rangle$$

である．

例題 6.3 1次元モデルでエネルギーの表式(6.26)を求める際に，原子軌道関数の重なりあいは大きくないとして，(6.25)式の $m=n$ と $m=n\pm 1$ の項のみ残した．次に大きな積分である $m=n\pm 2$ の項まで残すと，$E(k)$ の表式はどうなるかを調べよ．

［解］ (6.25)式で $m=n$，$m=n\pm 1$，$m=n\pm 2$ の項を残すと

$$E(k) = \frac{1}{N}\sum_{n=1}^{N}\Big\{\langle\phi_n|H|\phi_n\rangle + e^{ika}\langle\phi_{n-1}|H|\phi_n\rangle + e^{-ika}\langle\phi_{n+1}|H|\phi_n\rangle + e^{2ika}\langle\phi_{n-2}|H|\phi_n\rangle + e^{-2ika}\langle\phi_{n+2}|H|\phi_n\rangle\Big\}$$

ここで，$\langle\phi_m|H|\phi_n\rangle$ は

$$\langle\phi_m|H|\phi_n\rangle = \int\phi(x-x_m)H\phi(x-x_n)dx = \int\phi(x-x_{m-n})H\phi(x)dx$$

で，$m-n$ に依存するが，n それ自身には依存しないので，前と同様に

$$E_0 = \langle\phi_n|H|\phi_n\rangle$$
$$\varDelta E = -2\langle\phi_{n\pm 1}|H|\phi_n\rangle$$
$$\varDelta E' = -2\langle\phi_{n\pm 2}|H|\phi_n\rangle$$

と書くと

$$E(k) = \frac{1}{N}\sum_{n=1}^{N}\Big\{E_0 - \frac{1}{2}\varDelta E(e^{ika}+e^{-ika}) - \frac{1}{2}\varDelta E'(e^{2ika}+e^{-2ika})\Big\} = E_0 - \varDelta E\cos ka - \varDelta E'\cos 2ka$$

となる．$\varDelta E'$ のために，$E(k)$ はコサインから少しゆがむことになる．

なお，このように第2近接原子間の重なり積分を考えなければならないときには，最近接原子間の波動関数の非直交積分は無視できない大きさになっていることが予想される．ここでは，第2近接原子間の重なり積分の効果をみるのが目的なので，この積分は無視したが，正しくは非直交積分の効果をとり入れた計算を行なうべきである．

例題 6.4 N^2 個の同種原子が平面上に並んだ 2 次元モデルを考える．原子核の位置は $\boldsymbol{r}_{mn}=(ma, na)$ とし，波動関数は周期境界条件

$$\psi(x+Na, y) = \psi(x, y+Na) = \psi(x, y)$$

を満たすとする．このときのエネルギー・バンドがどのような形になるかを LCAO 法で調べよ．ただし非直交積分は無視できるものとする．

［解］ LCAO 法の波動関数は，(m, n) 番目の原子の規格化波動関数を

$$\phi_{mn}(x, y) = \phi(x-ma, y-na)$$

とすると，1 次元モデルとの類推から

$$\psi_{\boldsymbol{k}}(\boldsymbol{r}) = C\sum_{m=1}^{N}\sum_{n=1}^{N}\exp(ik_x ma+ik_y na)\phi_{mn}(\boldsymbol{r})$$

と書けることが期待される．ここで $\boldsymbol{k}$ は **2 次元還元波数ベクトル**で，

$$\boldsymbol{k} = (k_x, k_y)$$

$$k_x = \frac{2\pi}{Na}l_x, \qquad k_y = \frac{2\pi}{Na}l_y \qquad \left(-\frac{1}{2}N<l_x, l_y\leqq\frac{1}{2}N\right)$$

と表わされ，独立な解の数は N^2 個ある．

規格化積分は

$$1 = C^2\sum_{m=1}^{N}\sum_{n=1}^{N}\sum_{m'=1}^{N}\sum_{n'=1}^{N}\exp[ik_x(m'-m)a+ik_y(n'-n)a]\langle\phi_{mn}|\phi_{m'n'}\rangle$$

$$\cong C^2\sum_{m=1}^{N}\sum_{n=1}^{N}\langle\phi_{mn}|\phi_{mn}\rangle = C^2N^2$$

より，$C=N^{-1}$ となる．この波動関数でエネルギーを計算すると，

$$\begin{aligned}E(\boldsymbol{k}) &= \langle\psi_{\boldsymbol{k}}|H|\psi_{\boldsymbol{k}}\rangle \\ &= \frac{1}{N^2}\sum_{m=1}^{N}\sum_{n=1}^{N}\sum_{m'=1}^{N}\sum_{n'=1}^{N}\exp[ik_x(m'-m)a+ik_y(n'-n)a]\langle\phi_{mn}|H|\phi_{m'n'}\rangle \\ &\cong E_0-\frac{1}{2}\Delta E(e^{ik_xa}+e^{-k_xa}+e^{ik_ya}+e^{-ik_ya}) \\ &= E_0-\Delta E(\cos k_xa+\cos k_ya)\end{aligned}$$

ここで，

$$E_0 = \langle\phi_{mn}|H|\phi_{mn}\rangle$$

$$\Delta E = -2\langle\phi_{m\pm1,n}|H|\phi_{mn}\rangle = -2\langle\phi_{m,n\pm1}|H|\phi_{mn}\rangle$$

であり，$m'=m$，$m'=m\pm1$，$n'=n$，$n'=n\pm1$ の積分のみ残した．

問 題 6-3

[1] 1次元モデルで，周期ポテンシャル $U(x)$ は，各原子核のポテンシャル $V(x)$ の和で

$$U(x) = \sum_{m=1}^{N} V(x-x_n)$$

と書ける．(6.26)式の E_0 と $\varDelta E$ を，孤立原子のエネルギー固有値 ε_0 と，$V(x)$ の行列要素を用いて表わせ．

[2] 1次元モデルで，隣接原子軌道関数の非直交積分

$$S = \langle \phi_{n\pm1} | \phi_n \rangle$$

を取り入れると，エネルギー $E(k)$ はどのようになるか．前問[1]と同様に，ε_0 と $V(x)$ を用いて表わせ．

[3] 例題6.4の2次元モデルで，第2近接原子間の重なり積分

$$\varDelta E' = -\frac{1}{2}\langle \phi_{m+1,n\pm1} | H | \phi_{mn} \rangle = -\frac{1}{2}\langle \phi_{m-1,n\pm1} | H | \phi_{mn} \rangle$$

を残すと，エネルギー $E(\boldsymbol{k})$ はどうなるか．

[4] 1次元モデルでは

$$E(k) = E_0 - \varDelta E \cos ka$$

である．ちょうど原子数 N に等しい数の電子がこのエネルギー準位を占有するときの電子系全体のエネルギーを計算せよ．ただし，電子はスピンをもっているので，1つの k の値の状態は，2つの電子によって占められることに注意せよ．

One Point ——ブロッホの定理

(6.22)式のような周期的ハミルトニアンの固有関数は $\psi_k(x)=e^{ikx}u(x)$ の形をしていて，$u(x)$ は周期関数になる $(u(x)=u(x+a))$ というのがブロッホの定理である．

［証明］ $\psi_k(x)$ と $\psi_k(x+na)$，$\psi_k(x+ma)$ $(n, m$ は整数$)$ は位相だけが異なるはずである．その位相はそれぞれ，$\phi(m), \phi(n)$ のように m, n の関数として与えられる．一方 $\psi_k(x+na)$ と $\psi_k(x+ma)$ の位相差は $\phi(m-n)=\phi(m)-\phi(n)$．これより，$\phi(n)=kna$ が結論される．Q. E. D.

走査トンネル顕微鏡

固体の表面には原子が並んでいるが，どのように並んでいるのだろうか？ 結晶を切ったとき，原子はそのままの位置に並ぶのだろうか？ 斜めに結晶を切ったときにはどうなるのだろうか？ このような疑問に答えることのできる独創的なアイデアによる顕微鏡が1982年ビニッヒらによって開発された．この顕微鏡では，光や，電子波によって，原子の像を得るのではなく，細い針を固体の表面にそって動かし，表面の凸凹を針でなぞることによって，原子の並び方を観測するのである．

どうして，そのようなことができるのだろうか？ これは，電子のトンネル効果を使うのである．図に示すように，表面に針を近づけると，電子の波動関数にわずかな重なり合いが生ずる．針と表面の間に微少な電位差を与えておくと，この重なり合いのためトンネル電流が流れる．この電流は接近距離に対して指数関数的に激しく変化する．そこで，電流が決められた値になるように針を動かして，接近距離を調節してやれば，針は表面から一定の距離にあることになる．このようにして，針の直下の表面までの距離を0.01 nmの精度で測ることができる．あとは，針を表面から一定の距離を保ちながら動かして，針の位置を記録していけばよいのである．

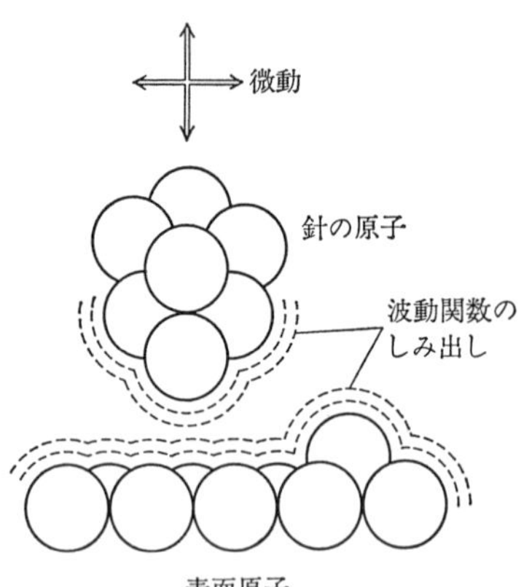

7

場の量子論

プランクは空洞中の電磁場の熱振動の研究からプランク定数を発見し，量子論への道を拓いた．空洞中の電磁振動を固有振動の重ね合わせとして表わしておき，各固有振動に調和振動子の量子力学を適用することによって，アインシュタインの光量子説を量子力学的に基礎づけることができる．電磁場は量子力学的な演算子で記述されることになる．これを電磁場の量子化とよぶ．

電子系の場合にも，ド・ブローイにしたがって電子波という波動場であると見なしておき，これを量子化することによって電子の粒子性を記述できる．この方法は，電子の生成・消滅の起こらない非相対論的エネルギー領域では，電子を粒子と見てその位置や運動量を演算子で記述する通常の方法と等価であり，しかも相対論的なエネルギー領域にも一般化できる利点がある．

7-1 電磁波の古典論

荷電粒子系が存在しない「真空中」の電磁場を古典論で考える．あとで電子との相互作用を考えるとき，電磁場はベクトル・ポテンシャル $\boldsymbol{A}$ の形で電子のハミルトニアンにふくまれるので，電場 $\boldsymbol{E}$，磁場 $\boldsymbol{B}$ を次のように $\boldsymbol{A}$ で表わしておく必要がある．

$$\boldsymbol{E} = -\frac{\partial \boldsymbol{A}}{\partial t}, \qquad \boldsymbol{B} = \nabla\times\boldsymbol{A} \tag{7.1}$$

光速 $(\varepsilon_0\mu_0)^{-1/2}$ を c と書くことにして，$\boldsymbol{A}$ が

$$\nabla\cdot\boldsymbol{A} = 0 \tag{7.2}$$

$$\nabla^2\boldsymbol{A} = \frac{1}{c^2}\frac{\partial^2\boldsymbol{A}}{\partial t^2} \tag{7.3}$$

を満足するなら，(7.1)は真空中のマクスウェル方程式を満足する．

電磁場は座標軸に平行で長さ L の辺をもつ立方形の空洞内にあり，周期的境界条件を満足するとすれば，固有振動は平面進行波であり，$\boldsymbol{A}$ はその重ね合わせである．

$$\boldsymbol{A}(\boldsymbol{r}, t) = \sum_{\boldsymbol{k}}\sum_{\sigma}\left[\frac{1}{2\varepsilon_0\omega_k V}\right]^{1/2}\boldsymbol{e}_{\boldsymbol{k}\sigma}\left\{A_{\boldsymbol{k}\sigma}e^{i(\boldsymbol{k}\cdot\boldsymbol{r}-\omega_k t)}+A_{\boldsymbol{k}\sigma}{}^*e^{-i(\boldsymbol{k}\cdot\boldsymbol{r}-\omega_k t)}\right\} \tag{7.4}$$

$V=L^3$ は空洞の体積，波動ベクトル $\boldsymbol{k}$ の成分は $2\pi/L$ の整数倍，$\boldsymbol{e}_{\boldsymbol{k}\sigma}\,(\sigma=1,2)$ は偏りを表わす単位ベクトルで $\boldsymbol{k}$ にも相互にも直交，$\omega_k=ck$ は固有振動の角周波数，$A_{\boldsymbol{k}\sigma}$ は複素振幅である．

電磁場のエネルギーを表わす表式

$$H_{\mathrm{r}} = \int d\boldsymbol{r}\left\{\frac{1}{2}\varepsilon_0\boldsymbol{E}^2+\frac{1}{2\mu_0}\boldsymbol{B}^2\right\} \tag{7.5}$$

に(7.1)を代入し，さらに $\boldsymbol{A}$ に(7.4)を代入すると

$$H_{\mathrm{r}} = \sum_{\boldsymbol{k}}\sum_{\sigma}\omega_k A_{\boldsymbol{k}\sigma}{}^*A_{\boldsymbol{k}\sigma} \tag{7.6}$$

と各固有振動モードからの寄与の和になる．

例題 7.1　(7.2), (7.3)を仮定すれば，(7.1)は真空中のマクスウェル方程式を満足することを示せ．また，電磁場のエネルギー(7.5)を $\boldsymbol{A}$ で表わせ．

［解］　真空中のマクスウェル方程式は

$$\nabla\cdot\boldsymbol{B} = 0, \qquad \nabla\times\boldsymbol{E} = -\frac{\partial\boldsymbol{B}}{\partial t} \tag{1}$$

$$\nabla\cdot\boldsymbol{E} = 0, \qquad \nabla\times\boldsymbol{B} = \mu_0\varepsilon_0\frac{\partial\boldsymbol{E}}{\partial t} \tag{2}$$

(1)の2式はそれぞれ磁気単極子の否定と電磁誘導則であり，荷電粒子が存在するときにも成立する．(2)の2式はそれぞれ電荷密度が0であることと電流は変位電流のみであることを意味し，荷電粒子が存在すれば，右辺にそれぞれ電荷密度と伝導電流密度が加わる．

さて，(7.1)と恒等式 $\nabla\cdot\nabla\times\boldsymbol{A}=0$ から(1)の2式が得られる．

$$\nabla\times\boldsymbol{E} = -\frac{\partial}{\partial t}\nabla\times\boldsymbol{A} = -\frac{\partial\boldsymbol{B}}{\partial t}, \qquad \nabla\cdot\boldsymbol{B} = \nabla\cdot\nabla\times\boldsymbol{A} = 0$$

(7.2)を加えると(2)の第1式も得られる．さらに(7.3)を加えると，(2)の第2式が次のように得られる．

$$\begin{aligned}\nabla\times\boldsymbol{B} &= \nabla\times\nabla\times\boldsymbol{A} = \nabla(\nabla\cdot\boldsymbol{A})-\nabla^2\boldsymbol{A}\\ &= -\nabla^2\boldsymbol{A} = -\frac{1}{c^2}\frac{\partial^2\boldsymbol{A}}{\partial t^2} = \mu_0\varepsilon_0\frac{\partial\boldsymbol{E}}{\partial t}\end{aligned}$$

(7.1)を(7.5)に代入し，磁気エネルギーの項を部分積分すると

$$\begin{aligned}H_{\mathrm{r}} &= \frac{1}{2}\varepsilon_0\int d\boldsymbol{r}\left\{\left(\frac{\partial\boldsymbol{A}}{\partial t}\right)^2+c^2\nabla\times\boldsymbol{A}\cdot\nabla\times\boldsymbol{A}\right\}\\ &= \frac{1}{2}\varepsilon_0\int d\boldsymbol{r}\left\{\left(\frac{\partial\boldsymbol{A}}{\partial t}\right)^2+c^2\boldsymbol{A}\cdot\nabla\times\nabla\times\boldsymbol{A}\right\}\\ &= \frac{1}{2}\varepsilon_0\int d\boldsymbol{r}\left\{\left(\frac{\partial\boldsymbol{A}}{\partial t}\right)^2-c^2\boldsymbol{A}\cdot\nabla^2\boldsymbol{A}\right\}\end{aligned} \tag{3}$$

ただし，部分積分には公式 $\nabla\times\boldsymbol{A}\cdot\boldsymbol{C}=\nabla\cdot(\boldsymbol{C}\times\boldsymbol{A})+\boldsymbol{A}\cdot\nabla\times\boldsymbol{C}$ とガウスの定理を適用した．(空洞表面での積分は周期的境界条件により0となる．)　つまり，空洞の占める領域を V，その表面を S，S の外むき法線方向の面素ベクトルを $d\boldsymbol{S}$ として

$$\int_V\nabla\times\boldsymbol{A}\cdot\nabla\times\boldsymbol{A}d\boldsymbol{r} = \int_S\nabla\times\boldsymbol{A}\times\boldsymbol{A}\cdot d\boldsymbol{S}+\int_V\boldsymbol{A}\cdot\nabla\times\nabla\times\boldsymbol{A}d\boldsymbol{r}$$

例題 7.2 (7.4)は(7.2), (7.3)の解であり，電磁場のエネルギーは(7.6)で与えられることを示せ.

［解］
$$\nabla\cdot(\boldsymbol{e}_{\boldsymbol{k}\sigma}e^{i\boldsymbol{k}\cdot\boldsymbol{r}})=i\boldsymbol{k}\cdot\boldsymbol{e}_{\boldsymbol{k}\sigma}e^{i\boldsymbol{k}\cdot\boldsymbol{r}}$$
であるから，$\boldsymbol{e}_{\boldsymbol{k}\sigma}$ が $\boldsymbol{k}$ に直交すれば，(7.4)の右辺の和の各項が(7.2)を満足する．$\boldsymbol{k}$ に直交し，相互にも直交する2つの方向を勝手にえらび，添字 $\sigma=1,2$ で示すことにする．また
$$\left(\nabla^2-\frac{1}{c^2}\frac{\partial^2}{\partial t^2}\right)e^{i(\boldsymbol{k}\cdot\boldsymbol{r}-\omega_k t)}=\left(\frac{{\omega_k}^2}{c^2}-k^2\right)e^{i(\boldsymbol{k}\cdot\boldsymbol{r}-\omega_k t)}$$
であるから，$\omega_k=ck$ とおけば，(7.4)の右辺の和の各項が(7.3)を満足する．よって，(7.4)は(7.2), (7.3)の解である．

(7.4)を例題7.1の(3)式に代入し
$$\frac{1}{V}\int d\boldsymbol{r}\ e^{i\boldsymbol{k}\cdot\boldsymbol{r}}\ e^{-i\boldsymbol{k}'\cdot\boldsymbol{r}}=\begin{cases}1 & (\boldsymbol{k}=\boldsymbol{k}')\\ 0 & (\boldsymbol{k}\neq\boldsymbol{k}')\end{cases}$$
に注意すると，複素共役式を c. c. と略記して，
$$\begin{aligned}\frac{1}{2}\varepsilon_0\int d\boldsymbol{r}\left(\frac{\partial\boldsymbol{A}}{\partial t}\right)^2=\frac{1}{4}\sum_{\boldsymbol{k}}\sum_{\sigma}\sum_{\tau}\omega_k[&2\boldsymbol{e}_{\boldsymbol{k}\sigma}\cdot\boldsymbol{e}_{\boldsymbol{k}\tau}A_{\boldsymbol{k}\sigma}{}^*A_{\boldsymbol{k}\tau}\\ &-\boldsymbol{e}_{\boldsymbol{k}\sigma}\cdot\boldsymbol{e}_{-\boldsymbol{k}\tau}(A_{\boldsymbol{k}\sigma}A_{-\boldsymbol{k}\tau}e^{-2i\omega_k t}+\text{c. c.})]\\ -\frac{1}{2\mu_0}\int d\boldsymbol{r}\ \boldsymbol{A}\cdot\nabla^2\boldsymbol{A}=\frac{1}{4}\sum_{\boldsymbol{k}}\sum_{\sigma}\sum_{\tau}\omega_k[&2\boldsymbol{e}_{\boldsymbol{k}\sigma}\cdot\boldsymbol{e}_{\boldsymbol{k}\tau}A_{\boldsymbol{k}\sigma}{}^*A_{\boldsymbol{k}\sigma}\\ &+\boldsymbol{e}_{\boldsymbol{k}\sigma}\cdot\boldsymbol{e}_{-\boldsymbol{k}\tau}(A_{\boldsymbol{k}\sigma}A_{-\boldsymbol{k}\tau}e^{-2i\omega_k t}+\text{c. c.})]\end{aligned}$$
これら2式を加えあわせ，${\boldsymbol{e}_{\boldsymbol{k}\sigma}}^2=1$，$\boldsymbol{e}_{\boldsymbol{k}\sigma}\cdot\boldsymbol{e}_{\boldsymbol{k}\tau}=0\ (\sigma\neq\tau)$ に注意すると，(7.6)が得られ，電磁場のエネルギーは，各平面波のエネルギーの和に等しいことがわかる．各平面波のエネルギーは時間に無関係な一定の値を保ち(エネルギー保存則)，$\boldsymbol{k},\sigma$ の異なる固有振動モードの間にエネルギーの交換はない．

問　題 7-1

[1] (7.4)の複素振幅を使って

$$Q_{\boldsymbol{k}\sigma} = \frac{1}{\sqrt{2\omega_k}}(A_{\boldsymbol{k}\sigma}e^{-i\omega_k t} + A_{\boldsymbol{k}\sigma}{}^* e^{i\omega_k t})$$

$$P_{\boldsymbol{k}\sigma} = i\sqrt{\frac{\omega_k}{2}}(A_{\boldsymbol{k}\sigma}{}^* e^{i\omega_k t} - A_{\boldsymbol{k}\sigma}e^{-i\omega_k t})$$

とおくと，(7.6)は次の形に書けることを示せ.

$$H_{\mathrm{r}} = \sum_{\boldsymbol{k}}\sum_{\sigma}\left(\frac{1}{2}P_{\boldsymbol{k}\sigma}{}^2 + \frac{1}{2}\omega_k{}^2 Q_{\boldsymbol{k}\sigma}{}^2\right)$$

[2] 前問[1]により，空洞内の電磁場の固有振動は正準変数 $Q_{\boldsymbol{k}\sigma}, P_{\boldsymbol{k}\sigma}$ で記述される調和振動子と見なすことができる．これに古典統計力学を適用すると，空洞の比熱はどうなるか？

[3] 例題7.1のマクスウェル方程式(1),(2)を使って，電磁場のエネルギー密度(単位体積あたりのエネルギー)の時間微分にたいし，次の式を導け.

$$\frac{\partial}{\partial t}\left(\frac{1}{2}\varepsilon_0 \boldsymbol{E}^2 + \frac{1}{2\mu_0}\boldsymbol{B}^2\right) = -\nabla\cdot\left(\frac{1}{\mu_0}\boldsymbol{E}\times\boldsymbol{B}\right)$$

[4] 前問[3]の

$$\boldsymbol{S} = \frac{1}{\mu_0}(\boldsymbol{E}\times\boldsymbol{B})$$

は**ポインティング・ベクトル**とよばれ，電磁エネルギーの流れを表わす．$\boldsymbol{S}$ に垂直な断面を単位面積，単位時間あたり通過する電磁エネルギーが S に等しいことを示せ.

[5] 相対論によれば，エネルギーの流れ $\boldsymbol{S}$ は $\boldsymbol{S}/c^2$ だけの質量の流れ(＝運動量密度)と等価である．したがって電磁場は

$$\boldsymbol{G} = \int d\boldsymbol{r}\ \varepsilon_0 \boldsymbol{E}\times\boldsymbol{B}$$

だけの運動量をもつことになる．これに(7.1),(7.4)を代入すると

$$\boldsymbol{G} = \sum_{\boldsymbol{k}}\sum_{\sigma}\boldsymbol{k}A_{\boldsymbol{k}\sigma}{}^\dagger A_{\boldsymbol{k}\sigma}$$

この式は，波動ベクトル $\boldsymbol{k}$ の平面波が $\boldsymbol{k}$ 方向の運動量を運ぶというように解釈できる.

7-2　電磁波の量子化

空洞中の電磁場を量子化するには，各固有振動の複素振幅を次のように演算子で置きかえればよい．

$$A_{\boldsymbol{k}\sigma} \to \sqrt{\hbar}\, b_{\boldsymbol{k}\sigma}, \qquad A_{\boldsymbol{k}\sigma}{}^* \to \sqrt{\hbar}\, b_{\boldsymbol{k}\sigma}{}^\dagger \tag{7.7}$$

電磁波のエネルギー(7.6)，運動量(問題7-1 問[5])は，それぞれ次の演算子で表わされることになる．

$$H_r = \sum_{\boldsymbol{k}} \sum_{\sigma} \hbar\omega_k b_{\boldsymbol{k}\sigma}{}^\dagger b_{\boldsymbol{k}\sigma} \tag{7.8}$$

$$\boldsymbol{G} = \sum_{\boldsymbol{k}} \sum_{\sigma} \hbar\boldsymbol{k} b_{\boldsymbol{k}\sigma}{}^\dagger b_{\boldsymbol{k}\sigma} \tag{7.9}$$

$b_{\boldsymbol{k}\sigma}, b_{\boldsymbol{k}\sigma}{}^\dagger$ はたがいにエルミット共役であり，調和振動子の振幅演算子と同型の交換関係を満足する．固有振動モードを区別する添字 $\boldsymbol{k}, \sigma$ を λ と略記すると

$$[b_\lambda, b_{\lambda'}{}^\dagger] = \delta_{\lambda\lambda'}, \qquad [b_\lambda, b_{\lambda'}] = 0 = [b_{\lambda'}{}^\dagger b_{\lambda'}{}^\dagger] \tag{7.10}$$

エルミット演算子 $b_\lambda{}^\dagger b_\lambda$ の固有値 N_λ は整数 $0, 1, 2, \cdots$ である．これに属する規格化直交固有関数をディラックのケット・ベクトル $|N_\lambda\rangle$ で表わす．異なるモードを記述する演算子が可換であるから，(7.8), (7.9)の固有値は各モード単独に考えたときの固有値の和

$$\sum_\lambda \hbar\omega_k N_\lambda, \qquad \sum_\lambda \hbar\boldsymbol{k} N_\lambda \tag{7.11}$$

であり，固有関数は各モードの固有関数の積になる．

$$\prod_\lambda |N_\lambda\rangle \tag{7.12}$$

(7.11)により，量子化された電磁波は**光子**の集団と見なすことができる．$N_{\boldsymbol{k}\sigma}$ は，偏り σ，運動量 $\boldsymbol{p}=\hbar\boldsymbol{k}$，エネルギー $\varepsilon=\hbar\omega_k=cp$ の光子の個数を表わすと考えるのである．個数 $N_{k\sigma}$ が勝手な整数値をとり得るから，光子はボーズ統計にしたがう粒子であり，また，静止質量が0の粒子である(問題7-2 問[4])．

例題 7.3 (7.7)の $b_\lambda, b_\lambda^\dagger$ は，それぞれ λ モードの光子数を 1 だけ減少させる演算子(**消滅演算子**)および 1 だけ増加させる演算子(**生成演算子**)であることを確かめよ．

［解］ 固有値方程式

$$b_\lambda^\dagger b_\lambda \, |N_\lambda\rangle = N_\lambda \, |N_\lambda\rangle \tag{1}$$

の固有値 $N_\lambda=0$ に属する固有関数を $|0_\lambda\rangle$ と書くと

$$b_\lambda \, |0_\lambda\rangle = 0 \tag{2}$$

実際，この式に左から $b_\lambda^\dagger$ を作用させると，(1)式で $N_\lambda=0$ とおいた式が得られる．この $|0_\lambda\rangle$ から出発して

$$|N_\lambda\rangle = N_\lambda^{-1/2} b_\lambda^\dagger \, |N_\lambda - 1\rangle \qquad (N_\lambda = 1, 2, 3, \cdots) \tag{3}$$

によって(1)式の固有関数を次つぎに求めることができる．右辺の $|N_\lambda-1\rangle$ が $b_\lambda^\dagger b_\lambda$ の固有値 $N_\lambda-1$ に属する固有関数であることを仮定すれば，左辺の $|N_\lambda\rangle$ は固有値 N_λ に属する固有関数であることが証明できる．(3)式の両辺に左から $b_\lambda^\dagger b_\lambda$ を作用させて，交換関係 $b_\lambda b_\lambda^\dagger = 1 + b_\lambda^\dagger b_\lambda$ を利用すればよい．

$$\begin{aligned} b_\lambda^\dagger b_\lambda \, |N_\lambda\rangle &= N_\lambda^{-1/2} b_\lambda^\dagger (1 + b_\lambda^\dagger b_\lambda) \, |N_\lambda - 1\rangle \\ &= N_\lambda^{-1/2} b_\lambda^\dagger N_\lambda \, |N_\lambda - 1\rangle = N_\lambda \, |N_\lambda\rangle \end{aligned}$$

同様に，(3)式に左から b_λ を作用させて

$$b_\lambda \, |N_\lambda\rangle = N_\lambda^{-1/2} (1 + b_\lambda^\dagger b_\lambda) \, |N_\lambda - 1\rangle = N_\lambda^{1/2} \, |N_\lambda - 1\rangle \tag{4}$$

したがって，(3)によって固有関数 $|1_\lambda\rangle, |2_\lambda\rangle, \cdots, |N_\lambda\rangle, \cdots$ を次つぎと求めることができる．b_λ は N_λ を 1 だけ減少させる光子の消滅演算子であることがわかる．(2)式は $|0_\lambda\rangle$ を光子消滅不可能な状態として特徴づけているわけである．

他方，$b_\lambda^\dagger$ が N_λ を 1 だけ増加させる**光子の生成演算子**であることは，(3)式の N_λ を $N_\lambda+1$ で置きかえて得られる次の式からわかる．

$$b_\lambda^\dagger \, |N_\lambda\rangle = (N_\lambda + 1)^{1/2} \, |N_\lambda + 1\rangle \tag{5}$$

例題 7.4 絶対温度 T で熱平衡にある空洞内での光子数 N_λ の平均値 $\langle N_\lambda \rangle$ を求めよ. $T\to 0$ では，光子が1個も存在しないという意味の真空状態になることを示せ.

[解] (7.11)によれば，空洞内の電磁場は光子でできた理想気体と見なせる. ただし，通常の気体では気体分子の総数が(1モルの気体ならアボガドロ数に)固定されているのに対し，光子は空洞の壁によって吸収・放出されるため，総数が温度によって変化する.

さて，統計力学によれば，λ モードの固有振動がエネルギー $\hbar\omega_\lambda N_\lambda$ の状態に見出される確率は，k_B をボルツマン定数として

$$w(N_\lambda) = Z^{-1}e^{-xN_\lambda}, \qquad x = \hbar\omega_\lambda/k_\mathrm{B}T \tag{1}$$

で与えられる. Z は**状態和**とよばれ，$w(N_\lambda)$ を $N_\lambda=0, 1, 2, 3, \cdots$ について総和した全確率が1に等しくなるように決める.

$$Z = 1+e^{-x}+e^{-2x}+e^{-3x}+\cdots = (1-e^{-x})^{-1} \tag{2}$$

求める平均値は

$$\begin{aligned}\langle N_\lambda \rangle &= \sum_{N_\lambda=0}^{\infty} N_\lambda w(N_\lambda) = Z^{-1}(e^{-x}+2e^{-2x}+3e^{-3x}+\cdots) \\ &= Z^{-1}\left(-\frac{\partial Z}{\partial x}\right) = (1-e^{-x})(1-e^{-x})^{-2}e^{-x} = \frac{1}{e^{\hbar\omega_\lambda/k_\mathrm{B}T}-1}\end{aligned} \tag{3}$$

これを**プランク分布**とよぶ. $T\to 0$ では分母の指数関数が ∞ になり，$\langle N_\lambda \rangle \to 0$ である. $N_\lambda \geqq 0$ だから，結局 $T\to 0$ で $N_\lambda \to 0$ と結論できる. この光子の真空状態を，例題7.3の(2)式の $|0_\lambda\rangle$ を使って表わせば

$$|0\rangle = \prod_\lambda |0_\lambda\rangle \tag{4}$$

One Point ——ボーズ凝縮

かりに光子の総数が，通常の気体の分子数のように，あるマクロな値 N に固定されているとすると，$T\to 0$ では N 個の光子が最低の1粒子状態(これを $\lambda=0$ とラベルする)に落ち込んでいることになる. このように特定の1粒子状態をマクロな数のボーズ粒子が占拠する現象を**ボーズ・アインシュタイン凝縮**または**ボーズ凝縮**とよぶ. 温度が上昇しても，粒子密度で決まるある臨界温度まではボーズ凝縮が続き，最低状態の占拠数 N_0 は N と同じオーダーのマクロな数である. 液体ヘリウムの超流動状態では ^{4}He 原子が，また，熱平衡状態ではないが，レーザー光では光子が，それぞれボーズ凝縮をおこしている.

問題 7-2

[1] 例題 7.3 の(2),(3)式で与えられる $|N_\lambda\rangle$ は，$|0_\lambda\rangle$ が規格化されているとして，規格化直交系であることを示せ．

[2] 消滅演算子 b_λ を(7.12)に作用させてみよ．

[3] 光子はボーズ統計にしたがい，静止質量は 0 であることを確かめよ．

[4] 絶対温度 T の光子気体の比熱は T^3 に比例することを示せ．

［注意］ 一定の偏りをもち，進行方向が立体角素片 $d\Omega$ の中にあり，角周波数が ω と $\omega+d\omega$ の間にある固有振動モードの数は単位体積あたり $(\omega^2/\pi c^3)\omega^2 d\omega d\Omega$ であることに注意．

宇宙の温度

1964年米国ベル電話研究所のペンジァス(A. Penzias)とウィルソン(R. Wilson)は，高性能電波望遠鏡のノイズテストをしているうちに，宇宙の各方向から同じ強度でふりそそいでくるマイクロ波があることを発見した．そのスペクトル，つまり強度の周波数依存性は絶対温度約3Kのプランク分布になっていることから，膨張宇宙論で予想されていた宇宙を満たす光子気体の存在が明らかになった．約150億年前の大爆発(big bang)から始まった宇宙は，その後膨張を続け，現在では3Kまで冷え込んでいるというわけである．

7-3 電子・光子相互作用

空洞内に原子(分子あるいは固体でもよい)をおくと，原子内電子による光子の吸収・放出がおこる．これを記述するハミルトニアンは

$$H = H_0 + H_{\mathrm{int}}, \qquad H_0 = H_{\mathrm{r}} + H_{\mathrm{e}} \tag{7.13}$$

H_{e} は電磁波との相互作用を無視したときの原子内電子のハミルトニアンで，そのエネルギー準位 ε_n，これに属する規格化直交固有関数 $u_n(\boldsymbol{r}_{\mathrm{e}})$ は既知とする ($\boldsymbol{r}_{\mathrm{e}}$ は電子の位置ベクトル)．

$$H_{\mathrm{e}} u_n(\boldsymbol{r}_{\mathrm{e}}) = \varepsilon_n u_n(\boldsymbol{r}_{\mathrm{e}}) \tag{7.14}$$

電子・光子相互作用を表わす H_{int} は，電子速度が光速度より十分小さい非相対論的な場合

$$H_{\mathrm{int}} = \frac{1}{2m_{\mathrm{e}}}\left(\frac{\hbar}{i}\frac{\partial}{\partial \boldsymbol{r}_{\mathrm{e}}} + e\boldsymbol{A}(\boldsymbol{r}_{\mathrm{e}})\right)^2 - \frac{1}{2m_{\mathrm{e}}}\left(\frac{\hbar}{i}\frac{\partial}{\partial \boldsymbol{r}_{\mathrm{e}}}\right)^2 \tag{7.15}$$

右辺で $\boldsymbol{A}$ について 1 次の項のみ残すと

$$H_{\mathrm{int}}{}^{(1)} = \sum_{\lambda}\left[\frac{\hbar}{2\varepsilon_0\omega_\lambda V}\right]^{1/2}(b_\lambda e^{i\boldsymbol{k}\cdot\boldsymbol{r}_{\mathrm{e}}} + b_\lambda{}^{\dagger} e^{-i\boldsymbol{k}\cdot\boldsymbol{r}_{\mathrm{e}}})\left(\frac{e\hbar}{im_{\mathrm{e}}}\right)\frac{\partial}{\partial x_\lambda} \tag{7.16}$$

$x_\lambda = (\boldsymbol{e}_\lambda \cdot \boldsymbol{r}_{\mathrm{e}})$ は光子の偏り方向への電子座標である．

H_0 を無摂動ハミルトニアン，H_{int} を摂動と見なし，1 次の非定常摂動論を適用する．H_0 の固有値 E は(7.14)の電子エネルギー ε_n と(7.11)の光子系エネルギーの和であり，固有関数 Φ は(7.14)の $u_n(\boldsymbol{r}_{\mathrm{e}})$ と(7.12)との積である．エネルギー E_{i} の始状態から摂動 H_{int} によってエネルギー E_{f} の終状態へ遷移のおこる単位時間あたりの確率は

$$w_{\mathrm{if}} = \frac{2\pi}{\hbar}|\langle \Phi_{\mathrm{f}}|H_{\mathrm{int}}|\Phi_{\mathrm{i}}\rangle|^2 \delta(E_{\mathrm{f}} - E_{\mathrm{i}}) \tag{7.17}$$

(7.16)を代入すれば，光子を 1 個吸収または放出することによって電子が状態 u_n から状態 u_m へ遷移する遷移確率を求めることができる．

例題 7.5 (7.16)を代入したときの(7.17)の遷移行列要素 $\langle \Phi_{\mathrm{f}}|H_{\mathrm{int}}{}^{(1)}|\Phi_{\mathrm{i}}\rangle$ を求めよ.

[**解**] 始状態 Φ_{i} では電子は状態 u_n にあり, 光子系は状態(7.12)にあるとする. これに(7.16)の λ モードの項を作用させると, 例題 7.3 の(4), (5)式により, (7.12)の無限積の中で $|N_\lambda\rangle$ が $\sqrt{N_\lambda}\,|N_\lambda-1\rangle$ または $\sqrt{N_\lambda+1}\,|N_\lambda+1\rangle$ に変換される. 他のモードの光子数は変わらない. したがって, 終状態 Φ_{f} における μ モードの光子数は, $\mu\neq\lambda$ なら始状態の光子数 N_μ のままであり, $\mu=\lambda$ なら $N_\lambda-1$ (光子の吸収)または $N_\lambda+1$ (光子の放出)に等しい. 一方, 電子は状態 u_n から状態 u_m へ遷移するものとすれば, 求める遷移行列要素は

$$\langle mN_\lambda\pm1|H_{\mathrm{int}}{}^{(1)}|nN_\lambda\rangle = \left[\frac{\hbar}{2\varepsilon_0\omega_\lambda V}\right]^{1/2}\begin{pmatrix}\sqrt{N_\lambda}\\ \sqrt{N_\lambda+1}\end{pmatrix} \times\left(\frac{e\hbar}{im_{\mathrm{e}}}\right)\left\langle m\left|e^{\mp i\boldsymbol{k}\cdot\boldsymbol{r}_{\mathrm{e}}}\frac{\partial}{\partial x_\lambda}\right|n\right\rangle \tag{1}$$

左辺の行列要素の記号で, 遷移の際変化しない光子数 $N_\mu\,(\mu\neq\lambda)$ は省略した. 右辺の行列要素を詳しく書けば

$$\int d\boldsymbol{r}_{\mathrm{e}}u_m{}^*(\boldsymbol{r}_{\mathrm{e}})e^{\mp i\boldsymbol{k}\cdot\boldsymbol{r}_{\mathrm{e}}}\frac{\partial}{\partial x_\lambda}u_n(\boldsymbol{r}_{\mathrm{e}}) \tag{2}$$

(7.17)の右辺のデルタ関数は, 遷移に際して無摂動エネルギーが保存されることを示している. いまの場合 $E_{\mathrm{f}}-E_{\mathrm{i}}=\varepsilon_m-\varepsilon_n\mp\hbar\omega_\lambda$ であり, **ボーアの周波数条件**が成立することになる.

$$\varepsilon_m-\varepsilon_n = \pm\hbar\omega_\lambda \tag{3}$$

原子内電子の u_n の空間的ひろがりは数 Å である. 電磁波の波長 $2\pi/k$ がこれよりはるかに長いとして, (2)式の $\exp[\mp i\boldsymbol{k}\cdot\boldsymbol{r}_{\mathrm{e}}]$ を 1 で近似すると, (1)式の右辺第 2 行は次のようになる(電気双極子遷移の近似).

$$\left(\frac{e\hbar}{im_{\mathrm{e}}}\right)\left\langle m\left|\frac{\partial}{\partial x_\lambda}\right|n\right\rangle = \frac{i}{\hbar}(\varepsilon_m-\varepsilon_n)\langle m|ex_\lambda|n\rangle \tag{4}$$

例題 7.6　電気双極子近似の遷移行列要素を(7.17)に代入し，電子が一定の進行方向と偏りをもつ光子を1個吸収または放出して遷移 $n\to m$ を行なうことの単位時間あたりの確率 W_{nm} を求めよ．

［解］　例題7.5の結果により，電子が λ モードの光子1個を吸収または放出して電気双極子遷移 $n\to m$ を行なうことの単位時間あたりの確率は

$$W_{nm\lambda}=\left(\frac{\pi}{\varepsilon_0\omega_\lambda V}\right)|\omega_{mn}\langle m|ex_\lambda|n\rangle|^2\begin{pmatrix}N_\lambda\\ N_\lambda+1\end{pmatrix}\delta(\hbar\omega_{mn}-\hbar\omega_\lambda)\tag{1}$$

ただし $\varepsilon_m-\varepsilon_n=\hbar\omega_{mn}$ と書いた．(1)式を $\lambda=(\boldsymbol{k},\sigma)$ について総和する場合，空洞の体積 V が大きいとき $\boldsymbol{k}$ に関する和は積分で近似できる．

$$\sum_{\boldsymbol{k}}\cdots\cong\frac{V}{(2\pi)^3}\int d\boldsymbol{k}\cdots=\frac{V}{(2\pi)^3}\int k^2dkd\Omega\tag{2}$$

$d\Omega$ は波動ベクトル $\boldsymbol{k}$ の方向の立体角素片である．まず(1)式を波動ベクトルの大きさ k で積分すれば，

$$\int k^2dk\,\delta(\hbar ck-\hbar\omega)=\frac{\omega^2}{\hbar c^3}$$

したがって，進行方向が立体角素片 $d\Omega$ の中にあり，一定の偏りをもつ光子1個を吸収または放出して電子が遷移 $n\to m$ を行なうことの単位時間あたりの確率は

$$W_{nm}=\left(\frac{\omega_{mn}}{2\pi}\right)\left(\frac{e^2}{4\pi\varepsilon_0\hbar c}\right)\left|\frac{\omega_{mn}}{c}\langle m|x_\lambda|n\rangle\right|^2\begin{pmatrix}N_\lambda\\ N_\lambda+1\end{pmatrix}d\Omega\tag{3}$$

N_λ はエネルギーが $\hbar\omega_{mn}$ に等しく，進行方向が $d\Omega$ の中にある光子数である．(3)式で吸収確率は N_λ に比例しているが，放出確率は $N_\lambda+1$ に比例し，始状態が光子の真空 $N_\lambda=0$ であってもおこり得る．これを**自然放出**とよぶ．これに対し，確率が N_λ に比例する部分を**誘導放出**とよぶ．真空中に励起状態の電子が存在する場合でも，電子は電磁場の零点振動と相互作用はしているわけで，その結果光子を発射して基底状態へ落ちると考えれば，自然放出が理解できよう．他方，誘導放出の方は，すでに放出されている光子が新たな放出を誘うことを意味し，レーザー発光で重要な役割を果たす．

問 題 7-3

[1] 例題7.5の(4)式を導け．ただし，$U(\boldsymbol{r}_\mathrm{e})$ を電子のポテンシャル・エネルギーとして，(7.14)の H_e が次の形であるとする．

$$H_\mathrm{e} = \frac{1}{2m_\mathrm{e}}\left(\frac{\hbar}{i}\frac{\partial}{\partial \boldsymbol{r}_\mathrm{e}}\right)^2 + U(\boldsymbol{r}_\mathrm{e})$$

［ヒント］ 運動量演算子を $\boldsymbol{p}_\mathrm{e}=(\hbar/i)(\partial/\partial\boldsymbol{r}_\mathrm{e})$ と書くと

$$\frac{i}{\hbar}[H_\mathrm{e}, \boldsymbol{r}_\mathrm{e}] = \frac{1}{m_\mathrm{e}}\boldsymbol{p}_\mathrm{e}$$

[2] H_e が固有角周波数 ω_0 の1次元調和振動子のハミルトニアンであり，したがって $\varepsilon_n=(n+1/2)\hbar\omega_0$，$n=0, 1, 2, \cdots$ であるとき，電気双極子遷移の行列要素 $\langle m|ex|n\rangle$ は $m=n\pm1$ のときにのみ0でないことを示せ．この種の制限を遷移の**選択則**とよぶ．この場合，吸収または放出される光子の角周波数は ω_0 に等しいことを示せ．

[3] 前問[2]の1次元調和振動子の場合について，例題7.6の(3)式で $N_\lambda=0$ とおいて，自然放出により放出される電磁パワーを求めよ．

[4] 前問[3]の調和振動子が量子数 $n=1$ の第1励起状態から光子1個を自然放出して量子数 $n=0$ の基底状態へ遷移をおこすまでに，およそどの程度の時間かかるか．

7-4　光子の自然放出とスペクトル線の自然幅

かりに電子は2つのエネルギー準位 $\varepsilon_n > \varepsilon_m$ だけをもつとする．$t=0$ に電子は励起状態 u_n にあり，光子系は真空状態(すべての $N_\lambda=0$)にあるとする．十分長い時間 t が経過すれば，電子は光子を1個自然放出して基底状態 u_m に遷移しているであろう．例題7.5のボーアの条件(3)によれば，放出される電磁波は周波数 $\omega_0=(\varepsilon_n-\varepsilon_m)/\hbar$ に無限に鋭いピークをもつ線スペクトルになるはずである．実際に観測されるスペクトルは，小さくはあるが有限な幅を示す．これを**自然幅**とよぶ．自然幅は，量子力学の基本原理のひとつである時間とエネルギーに関する不確定性原理の実例である．

一般に力学系のエネルギーが確定値 E をもつ定常状態というのは，$\exp[-iEt/\hbar]$ で表わされる波動関数の振動が無限に長く継続することを意味する．他の系から摂動を受けるためにこの振動が Δt 時間程度しか継続しない場合には，系のエネルギーは不確定性原理

$$\Delta E \cdot \Delta t \gtrsim \hbar \tag{7.18}$$

で与えられる程度のゆらぎ ΔE を示す．

励起状態にある電子は，電磁場の零点振動と相互作用することによって光子を自然放出し，基底状態へ遷移する．放出される光子のモードを問わない遷移の全確率は，単位時間あたり

$$\gamma = \frac{2\pi}{\hbar}\sum_\lambda |H_{\lambda 0}|^2\,\delta(\hbar\omega_0-\hbar\omega_\lambda) \tag{7.19}$$

$H_{\lambda 0}$ は1光子放出過程の遷移行列要素であり，例題7.5の(1)式で $N_\lambda=0$ とおいた表式で与えられる．自然放出のために電子は $\Delta t \sim \gamma^{-1}$ 程度以上長い時間励起状態にとどまることはできないわけである．不確定性関係(7.18)により，励起状態のエネルギーには $\Delta E \sim \hbar\gamma$ 程度のゆらぎが生ずるはずである．これがスペクトル線の自然幅として観測されるのだと考えられる．

例題7.7 光子の自然放出による電子の励起状態の寿命が(7.19)の逆数で与えられることを示せ.

［解］ (7.13)の H_0 の固有状態のうち，電子が励起状態 u_n にあり光子系が真空状態にあるものを Φ_0 とし，そのエネルギーを $E_0=\varepsilon_n$ と書き，電子が基底状態 u_m にあり，λ モードの光子1個が放出されているものを Φ_λ，そのエネルギーを $E_\lambda=\varepsilon_m+\hbar\omega_\lambda$，エネルギー差 $E_0-E_\lambda=\hbar\omega_0-\hbar\omega_\lambda$ を $E_{0\lambda}$ と書く．時刻 t における電子・光子系の波動関数を

$$\Psi(t) = a_0(t)\,e^{-(i/\hbar)\,E_0t}\,\Phi_0+\sum_\lambda a_\lambda(t)\,e^{-(i/\hbar)\,E_\lambda t}\,\Phi_\lambda \tag{1}$$

の形に仮定すると，シュレーディンガー方程式から

$$i\hbar\frac{da_0(t)}{dt} = \sum_\lambda H_{0\lambda}a_\lambda(t)\,e^{(i/\hbar)\,E_{0\lambda}t}$$

$$i\hbar\frac{da_\lambda(t)}{dt} = \sum_\mu H_{\lambda\mu}a_\mu(t)\,e^{(i/\hbar)\,E_{\lambda\mu}t} \cong H_{\lambda 0}a_0(t)\,e^{-(i/\hbar)\,E_{0\lambda}t} \tag{2}$$

右辺で $a_0(t)\cong a_0(0)=1$，$a_\lambda(t)\cong a_\lambda(0)=0$ とすれば，1次摂動論の(7.17)が得られる．ここでは(1)式から $a_\lambda(t)$ を消去して($H_{0\lambda}=H_{\lambda 0}{}^*$ に注意)，

$$\frac{da_0(t)}{dt} = -\frac{1}{\hbar^2}\sum_\lambda |H_{\lambda 0}|^2\int_0^t e^{(i/\hbar)\,E_{0\lambda}(t-t')}a_0(t')\,dt'$$

$$= -\frac{i}{\hbar}\sum_\lambda |H_{\lambda 0}|^2\int_0^t e^{(i/\hbar)\,E_{0\lambda}\tau}a_0(t-\tau)\,d\frac{\tau}{\hbar} \tag{3}$$

十分大きい t を考え，$a_0(t)$ の時間変化はゆるやかだとして右辺の $a_0(t-\tau)$ を $a_0(t)$ で置きかえ，また積分の上限 t を ∞ で置きかえると，(3)式の解は

$$a_0(t) = e^{-(1/2)\gamma t}\,e^{-(i/\hbar)\Delta E_0t} \tag{4}$$

実数 $\gamma, \Delta E_0$ の定義は

$$\frac{1}{2}\gamma+\frac{i}{\hbar}\Delta E_0 = \frac{1}{\hbar}\sum_\lambda |H_{\lambda 0}|^2\int_0^\infty e^{(i/\hbar)\,E_{0\lambda}\tau}\,d\frac{\tau}{\hbar} \tag{5}$$

γ は右辺の実数部分の2倍に等しく，デルタ関数の積分表示により，

$$\frac{1}{\hbar}\sum_\lambda |H_{0\lambda}|^2\int_{-\infty}^\infty e^{(i/\hbar)\,E_{0\lambda}\tau}\,d\frac{\tau}{\hbar} = \frac{2\pi}{\hbar}\sum_\lambda |H_{\lambda 0}|^2\,\delta(E_{0\lambda})$$

つまり(7.19)で与えられる．他方，(1)式で

$$a_0(t)\,e^{-(i/\hbar)\,E_0t} = e^{-(1/2)\gamma t}\,e^{-(i/\hbar)\,(E_0+\Delta E_0)t} \tag{6}$$

となるから ΔE_0 は摂動による E_0 のシフトである．時刻 t に系が状態 Φ_0 にとどまっている確率は(6)式の絶対値の2乗 $e^{-\gamma t}$ であるから，γ^{-1} が励起状態の寿命である．

例題 7.8　前例題 7.7 における自然放出光のスペクトルを求めよ．

［解］　例題 7.7 の (4) 式と (2) 式から，t が大きいとき，系が状態 Φ_λ に見出される確率は

$$|a_\lambda|^2 = \frac{1}{\hbar^2}|H_{\lambda 0}|^2 \frac{1}{(\omega_\lambda-\omega_0)^2+(\gamma/2)^2} \tag{1}$$

これに $\hbar\omega_\lambda$ を掛け，$\omega<\omega_\lambda<\omega+\Delta\omega$ を満足するモード λ について加えあわせたものが，ω と $\omega+\Delta\omega$ の間の角周波数領域に自然放出される電磁エネルギーである．このエネルギーを $\hbar\omega I(\omega)\Delta\omega$ と書くと，$I(\omega)$ がスペクトル強度を表わす．$\omega<\omega_\lambda<\omega+\Delta\omega$ を満足するモードの数を $\rho(\omega)\Delta\omega$ とすると (問題 7-2 問[4]の注意参照)，

$$I(\omega) = \frac{1}{\hbar^2}\langle|H_{\lambda 0}|^2\rangle_\omega \rho(\omega)\left[\frac{1}{(\omega-\omega_0)^2+(\gamma/2)^2}\right] \tag{2}$$

$\langle\cdots\rangle_\omega$ は $\omega_\lambda=\omega$ 近傍の固有振動モードについての平均値を意味する．同様に(7.19)は次のように書ける．

$$\begin{aligned}\gamma &= \frac{2\pi}{\hbar^2}\int\langle|H_{\lambda 0}|^2\rangle_{\omega_0}\delta(\hbar\omega_0-\hbar\omega_\lambda)\rho(\omega_\lambda)d\hbar\omega_\lambda \\ &= \frac{2\pi}{\hbar^2}\langle|H_{\lambda 0}|^2\rangle_{\omega_0}\rho(\omega_0)\end{aligned} \tag{3}$$

(2) 式の $[\cdots]$ が大きな値をもつのは $|\omega-\omega_0|\lesssim\gamma$ のときであり，そこでは $[\cdots]$ の前の因子を (3) 式で与えられる $\gamma/2\pi$ で置きかえてよい．つまり

$$I(\omega) = \frac{\gamma/2\pi}{(\omega-\omega_0)^2+(\gamma/2)^2} \tag{4}$$

これは $\omega=\omega_0$ に最大値 $(2/\pi\gamma)$ をもち，幅が γ のピークを表わし，**ローレンツ分布**とよばれている．

問 題 7-4

[1] 自然幅 γ のおよその大きさは，$\gamma\sim\alpha(v/c)^2\omega_0$ で与えられることを示せ．ただし，v は原子内の電子速度の大きさを示し，$\alpha=e^2/4\pi\varepsilon_0\hbar c$ は**微細構造定数**である．

[2] 例題 7.7 の (5) 式の右辺の積分は，量子力学にしばしば登場する．これについて次の公式を導け．

$$\int_0^\infty e^{(i/\hbar)xt}\frac{1}{\hbar}dt \equiv \lim_{\delta\to 0+}\int_0^\infty e^{(ix-\delta)(t/\hbar)}\frac{1}{\hbar}dt$$
$$= \pi\,\delta(x)+i\frac{\mathrm{P}}{x}$$

ただし，P は，x に関して積分するとき，その主値をとれという記号である．

[3] 前問[2]の公式を利用して，例題 7.7 の (5) 式の γ, ΔE_0 に対する表式を書け．

One Point ——ローレンツ分布

ローレンツ分布は物理学のさまざまな問題に登場するが，数学的には

$$f(t)=\begin{cases} e^{-(i\omega_0+\gamma/2)t} & (t>0) \\ 0 & (t<0) \end{cases}$$

のフーリエ変換の実数部分にほかならない．

$$g(\omega)=\int_{-\infty}^\infty f(t)e^{i\omega t}dt=\frac{\dfrac{1}{2}\gamma+i(\omega-\omega_0)}{(\omega-\omega_0)^2+(\gamma/2)^2}$$

つまり，減衰振動の周波数スペクトルである．

7-5　電子の生成・消滅演算子

外力の作用のない電子系を考え，電子間相互作用も無視する(自由電子モデル)．各電子の定常状態は運動量 $\hbar\boldsymbol{k}$ と，ある方向へのスピン角運動量成分の固有値 $\sigma\hbar/2\,(\sigma=\pm1)$ によって区別される．光子の場合と同様，$\boldsymbol{k},\sigma$ をまとめて λ と略記する．自由電子系の全エネルギーは各電子のエネルギー ε_λ の和であって

$$E_{\mathrm{e}} = \sum_\lambda \varepsilon_\lambda n_\lambda \tag{7.20}$$

n_λ は λ 状態にある電子数(**占拠数**)である．光子がボーズ粒子であるのにたいし，電子はフェルミ粒子であり，$n_\lambda=0,1$ と限られる(**パウリ原理**)．電子のエネルギー変化が静止エネルギーに比して小さい非相対論的領域では電子の生成・消滅はおこらず，電子数

$$N = \sum_\lambda n_\lambda \tag{7.21}$$

は保存量である．しかし n_λ をそれぞれ1だけ減少させる消滅演算子 a_λ および1だけ増加させる生成演算子 $a_\lambda^\dagger$ を考えることは可能である．これらは互いにエルミット共役であり，エルミット演算子 $a_\lambda^\dagger a_\lambda$ の固有値が占拠数 n_λ であることは光子の場合と同じである．したがって，(7.20), (7.21)は，それぞれ次の演算子の固有値であると見なすことができる．

$$H_{\mathrm{e}} = \sum_\lambda \varepsilon_\lambda a_\lambda^\dagger a_\lambda \tag{7.22}$$

$$\mathcal{N}_{\mathrm{e}} = \sum_\lambda a_\lambda^\dagger a_\lambda \tag{7.23}$$

ただし，光子の場合の交換関係(7.10)と違って，次の**反交換関係**を仮定する必要がある．

$$a_\lambda a_{\lambda'}^\dagger + a_{\lambda'}^\dagger a_\lambda = \delta_{\lambda\lambda'} \tag{7.24}$$

$$a_\lambda a_{\lambda'} + a_{\lambda'} a_\lambda = 0 = a_\lambda^\dagger a_{\lambda'}^\dagger + a_{\lambda'}^\dagger a_\lambda^\dagger \tag{7.25}$$

例題 7.9 反交換関係(7.24), (7.25)を仮定すれば，エルミット演算子 $a_\lambda{}^\dagger a_\lambda$ の固有値 n_λ は 0, 1 に限られること(パウリ原理)を示せ.

［解］ 固有値 n_λ に属する $a_\lambda{}^\dagger a_\lambda$ の固有関数をケット・ベクトル $|n_\lambda\rangle$ で表わす.

$$a_\lambda{}^\dagger a_\lambda\ |n_\lambda\rangle = n_\lambda\ |n_\lambda\rangle \tag{1}$$

左から $a_\lambda{}^\dagger a_\lambda$ を作用させると

$$\begin{aligned} a_\lambda{}^\dagger a_\lambda a_\lambda{}^\dagger a_\lambda\ |n_\lambda\rangle &= n_\lambda a_\lambda{}^\dagger a_\lambda\ |n_\lambda\rangle \\ &= n_\lambda{}^2\ |n_\lambda\rangle \end{aligned} \tag{2}$$

反交換関係(7.24)により

$$\begin{aligned} a_\lambda{}^\dagger a_\lambda a_\lambda{}^\dagger a_\lambda &= a_\lambda{}^\dagger(1-a_\lambda{}^\dagger a_\lambda)\,a_\lambda \\ &= a_\lambda{}^\dagger a_\lambda - a_\lambda{}^\dagger a_\lambda{}^\dagger a_\lambda a_\lambda \end{aligned} \tag{3}$$

(7.25)で $\lambda=\lambda'$ とおくと

$$a_\lambda{}^\dagger a_\lambda{}^\dagger = 0 = a_\lambda a_\lambda \tag{4}$$

だから，(3)式は結局 $a_\lambda{}^\dagger a_\lambda$ に等しく，(2)式の左辺は(1)式の左辺と一致する. よって $n_\lambda = n_\lambda{}^2$, したがって n_λ は 0 か 1 に限られることになる.

なお，光子の場合と同様に，電子が 1 個も存在しない真空状態を考えることができる. これを $|0\rangle$ で表わせば，すべての λ について

$$a_\lambda\ |0\rangle = 0 \tag{5}$$

左から $a_\lambda{}^\dagger$ を作用させると，(1)式で $n_\lambda=0$ とおいた式が成立するからである. 電子系の場合には，電子の代わりに**空孔**を考え，$1-n_\lambda$ は λ 状態にある空孔の数，a_λ, $a_\lambda{}^\dagger$ はそれぞれ空孔の生成演算子および消滅演算子であると見ることもできる. (5)式は，これ以上空孔を生成できないこと，すべての 1 電子状態が空孔によって占拠されていることを表わす.

例題 7.10　電子の真空状態を $|0\rangle$ で表わし

$$|\lambda\rangle = a_\lambda^\dagger |0\rangle$$

とおき，これについて次のことを示せ．

1)

$$a_\mu^\dagger a_\mu |\lambda\rangle = \delta_{\lambda\mu} |\lambda\rangle$$

2)　規格化直交条件

$$\langle\lambda'|\lambda\rangle = \delta_{\lambda\lambda'}$$

を満足する．ただし，$|0\rangle$ は規格化されているものとする．

［解］　(7.24)，例題 7.9 の (5) 式により

$$\begin{aligned} a_\mu^\dagger a_\mu |\lambda\rangle &= a_\mu^\dagger a_\mu a_\lambda^\dagger |0\rangle \\ &= a_\mu^\dagger(\delta_{\lambda\mu} - a_\lambda^\dagger a_\mu) |0\rangle \\ &= \delta_{\lambda\mu} a_\lambda^\dagger |0\rangle = \delta_{\lambda\mu} |\lambda\rangle \end{aligned}$$

よって $|\lambda\rangle$ は 1 電子状態 λ だけが電子によって占拠されている状態を表わす．

$|\lambda'\rangle$ に対応するブラ・ベクトル $\langle\lambda'|$ は

$$\langle\lambda'| = \langle 0|\, a_{\lambda'}$$

で与えられる．これと $|\lambda\rangle$ とのスカラー積をつくると

$$\begin{aligned} \langle\lambda'|\lambda\rangle &= \langle 0|a_{\lambda'} a_\lambda^\dagger|0\rangle \\ &= \langle 0|(\delta_{\lambda\lambda'} - a_\lambda^\dagger a_{\lambda'})|0\rangle \\ &= \delta_{\lambda\lambda'}\langle 0|0\rangle \end{aligned}$$

$\langle 0|0\rangle = 1$ と規格化されていれば，$|\lambda\rangle$ は規格化直交系を形成する．

問 題 7-5

[1] $|0\rangle$ は電子の真空状態として，2 電子状態を表わす

$$|\lambda\lambda'\rangle = a_\lambda{}^\dagger a_{\lambda'}{}^\dagger |0\rangle$$

は λ, λ' の交換にたいし反対称であることを示せ．

[2] 電子の電荷を $-e$ として，電子系の全電荷を生成演算子と消滅演算子を使って表わせ．また，電子の代わりに空孔で記述するとどうなるか．

[3] (7.22), (7.24), (7.25)を使って，次の交換関係を導け．

$$[a_\lambda, H_\mathrm{e}] = \varepsilon_\lambda a_\lambda, \qquad [a_\lambda{}^\dagger, H_\mathrm{e}] = -\varepsilon_\lambda a_\lambda{}^\dagger$$

これを利用して例題 7.10 の 1 電子状態が

$$H_\mathrm{e} |\lambda\rangle = \varepsilon_\lambda |\lambda\rangle$$

を満足することを示せ．

[4] 電子系のハミルトニアンが

$$H_\mathrm{e} = \sum_\lambda \varepsilon_\lambda a_\lambda{}^\dagger a_\lambda + \sum_{\lambda \neq \lambda'} U_{\lambda\lambda'} a_\lambda{}^\dagger a_{\lambda'}$$

の形であるとき，次の交換関係を導け．ただし，$U_{\lambda\lambda'}$ は複素定数とする．

$$[a_\lambda, H_\mathrm{e}] = \varepsilon_\lambda a_\lambda + \sum_{\lambda'(\neq\lambda)} U_{\lambda\lambda'} a_{\lambda'}$$

7-6　電子波の量子化

光子系の場合，(7.4)の振幅を(7.7)のように演算子で置きかえると，$\boldsymbol{A}(\boldsymbol{r},t)$は空間の各点$\boldsymbol{r}$および各時刻$t$で定義された量子力学的演算子となり，これが量子化された電磁波を記述することになる．同様に，ド・ブローイにしたがって，自由電子系も**電子波**という波動場であると考えることができる．ただし，電子波は量子化されていて，空間の各点$\boldsymbol{r}$および各時刻tで定義された量子力学的演算子

$$\psi_\sigma(\boldsymbol{r},t) = \sum_{\boldsymbol{k}} V^{-1/2} \exp\left[i\left(\boldsymbol{k}\cdot\boldsymbol{r} - \frac{\hbar k^2}{2m_{\mathrm{e}}}t\right)\right] a_{\boldsymbol{k}\sigma} \tag{7.26}$$

で記述される．この演算子の運動方程式は

$$i\hbar\frac{\partial}{\partial t}\psi_\sigma(\boldsymbol{r},t) = -\frac{\hbar^2}{2m_{\mathrm{e}}}\nabla^2\psi_\sigma(\boldsymbol{r},t) \tag{7.27}$$

となり，1個の自由電子の波動関数にたいするシュレーディンガー方程式と同形になる．後者を発見したとき，シュレーディンガーは，電子が波動関数の絶対値の2乗に比例する密度で連続的に空間に分布しているという古典的解釈を試みたが，これでは電子の粒子性が説明できない．

粒子性を説明するには2通りの方法がある．ψは電子波そのものを表わす物理的な波動量ではなく，抽象的な**確率振幅**であり，その絶対値の2乗は電子の存在確率を与えると考えるのが通常の方法である．これにたいし，ψは電子波を表わす物理的な波動量であるが，電子波は量子化されていて，(7.26)の右辺の振幅aは反交換関係(7.24),(7.25)にしたがう量子力学的演算子だと考えるのが，第2の方法である．

電子の生成・消滅が実際にはおこらない非相対論的なエネルギー領域では，2つの方法は等価であることが証明されている．電子波を量子化する方法の方は，(7.27)を相対論的なディラック方程式で置きかえて，相対論的領域にも拡張できる．

例題 7.11 (7.26)で$t=0$とおいたシュレーディンガー表示の演算子を$\psi_\sigma(\boldsymbol{r})$，そのエルミット共役演算子を$\psi_\sigma^\dagger(\boldsymbol{r})$と書くと，(7.22)，(7.23)はそれぞれ次のように書けることを示せ．

$$H_{\mathrm{e}} = \int\sum_\sigma \frac{\hbar^2}{2m_{\mathrm{e}}}\nabla\psi_\sigma^\dagger(\boldsymbol{r})\cdot\nabla\psi_\sigma(\boldsymbol{r})\,d\boldsymbol{r} \tag{1}$$

$$\mathcal{N}_{\mathrm{e}} = \int\sum_\sigma \psi_\sigma^\dagger(\boldsymbol{r})\,\psi_\sigma(\boldsymbol{r})\,d\boldsymbol{r} \tag{2}$$

したがって電子密度を表わす演算子は

$$\rho(\boldsymbol{r}) = \sum_\sigma \psi_\sigma^\dagger(\boldsymbol{r})\,\psi_\sigma(\boldsymbol{r}) \tag{3}$$

［解］ 定義により

$$\psi_\sigma(\boldsymbol{r}) = V^{-1/2}\sum_{\boldsymbol{k}} e^{i\boldsymbol{k}\cdot\boldsymbol{r}}\,a_{\boldsymbol{k}\sigma}, \qquad \psi_\sigma^\dagger(\boldsymbol{r}) = V^{-1/2}\sum_{\boldsymbol{k}} e^{-i\boldsymbol{k}\cdot\boldsymbol{r}}\,a_{\boldsymbol{k}\sigma}^\dagger \tag{4}$$

(7.4)の場合と同様，体積Vの立方形の系で周期的境界条件を仮定しているので，$V^{-1/2}\exp[i\boldsymbol{k}\cdot\boldsymbol{r}]$は規格化直交関数であることに注意して

$$\begin{aligned}
&\sum_\sigma\int\frac{\hbar^2}{2m_{\mathrm{e}}}\nabla\psi_\sigma^\dagger(\boldsymbol{r})\cdot\nabla\psi_\sigma(\boldsymbol{r})\,d\boldsymbol{r}\\
&\quad= \sum_\sigma\sum_{\boldsymbol{k}}\sum_{\boldsymbol{k}'}\frac{\hbar^2}{2m_{\mathrm{e}}}(\boldsymbol{k}'\cdot\boldsymbol{k})\,a_{\boldsymbol{k}\sigma}^\dagger a_{\boldsymbol{k}'\sigma}\,V^{-1}\int e^{i(\boldsymbol{k}'-\boldsymbol{k})\cdot\boldsymbol{r}}\,d\boldsymbol{r}\\
&\quad= \sum_\sigma\sum_{\boldsymbol{k}}\frac{\hbar^2k^2}{2m_{\mathrm{e}}}a_{\boldsymbol{k}\sigma}^\dagger a_{\boldsymbol{k}\sigma}
\end{aligned}$$

これは(7.22)で$\varepsilon_\lambda=\hbar^2k^2/2m_{\mathrm{e}}$とおいたものである．

同様にして(2)式も証明できる．(3)式の空間積分が全電子数を与えるのだから，$\rho(\boldsymbol{r})$は電子密度である．なお，古典論(および通常の量子力学)では，N個の粒子がそれぞれ位置$\boldsymbol{r}_1, \boldsymbol{r}_2, \cdots, \boldsymbol{r}_N$にあるとき，空間の点$\boldsymbol{r}$における密度は

$$\rho(\boldsymbol{r}) = \delta(\boldsymbol{r}-\boldsymbol{r}_1)+\delta(\boldsymbol{r}-\boldsymbol{r}_2)+\cdots+\delta(\boldsymbol{r}-\boldsymbol{r}_N) \tag{5}$$

で与えられることに注意．実際，空間の領域ΔVで(5)を積分すれば

$$\int_{\Delta V}\rho(\boldsymbol{r})d\boldsymbol{r} = \sum_{j=1}^{N}\int_{\Delta V}\delta(\boldsymbol{r}-\boldsymbol{r}_j)d\boldsymbol{r}$$

デルタ関数の性質から，右辺の積分は$\boldsymbol{r}_j$がΔVの内にあれば1，外にあれば0であり，右辺の和はΔV内にふくまれる粒子数に等しい．

例題 7.12　ポテンシャル $U(\boldsymbol{r})$ の外力の場を電子が運動しているときの電子系のハミルトニアンは，次の表式で与えられることを示せ．

$$H_{\mathrm{e}} = \sum_{\sigma} \int d\boldsymbol{r}\, \psi_{\sigma}^{\dagger}(\boldsymbol{r}) \left(-\frac{\hbar^2}{2m_{\mathrm{e}}} \nabla^2 + U(\boldsymbol{r}) \right) \psi_{\sigma}(\boldsymbol{r}) \tag{1}$$

［解］　右辺第 1 項は，前例題 7.11 の (1) 式を部分積分して得られるから，外力によるポテンシャル・エネルギーが第 2 項で表わされることを示せばよい．ポテンシャル $U(\boldsymbol{r})$ の外力の場を運動している N 個の粒子を古典力学で考えると，外力によるポテンシャル・エネルギーは

$$\begin{aligned} H_U &= U(\boldsymbol{r}_1) + U(\boldsymbol{r}_2) + \cdots + U(\boldsymbol{r}_N) \\ &= \int d\boldsymbol{r}\, U(\boldsymbol{r}) \{ \delta(\boldsymbol{r}-\boldsymbol{r}_1) + \delta(\boldsymbol{r}-\boldsymbol{r}_2) + \cdots + \delta(\boldsymbol{r}-\boldsymbol{r}_N) \} \end{aligned}$$

$\boldsymbol{r}_1, \boldsymbol{r}_2, \cdots, \boldsymbol{r}_N$ は粒子の位置ベクトルである．粒子密度が例題 7.11 の (5) 式で与えられることに注意して

$$H_U = \int d\boldsymbol{r}\, U(\boldsymbol{r})\, \rho(\boldsymbol{r})$$

例題 7.11 の (3) 式により量子力学的演算子に翻訳して

$$H_U = \sum_{\sigma} \int d\boldsymbol{r}\, U(\boldsymbol{r})\, \psi_{\sigma}^{\dagger}(\boldsymbol{r})\, \psi_{\sigma}(\boldsymbol{r}) \tag{2}$$

なお，これに例題 7.11 の (4) 式を代入すると

$$H_U = V^{-1} \sum_{\boldsymbol{k}} \sum_{\boldsymbol{k}'} \sum_{\sigma} U_{\boldsymbol{k}\boldsymbol{k}'} a_{\boldsymbol{k}\sigma}^{\dagger} a_{\boldsymbol{k}'\sigma} \tag{3}$$

$$U_{\boldsymbol{k}\boldsymbol{k}'} = \int d\boldsymbol{r}\, U(\boldsymbol{r})\, e^{i(\boldsymbol{k}'-\boldsymbol{k})\cdot \boldsymbol{r}} \tag{4}$$

(3) 式の右辺の演算子 $a_{\boldsymbol{k}\sigma}^{\dagger} a_{\boldsymbol{k}'\sigma}$ は運動量 $\hbar\boldsymbol{k}'$，スピン σ の電子を消して運動量 $\hbar\boldsymbol{k}$，スピン σ の電子をつくるはたらきをもち，H_U は外力による電子の運動量変化，つまり外力による電子の**散乱**を記述することがわかる．電子の場合にも生成，消滅演算子が役立つのは，このためである．同様に，2 個の電子の相対座標の関数であるポテンシャルで表わされる電子間相互作用を考えると，(3) の代わりに，生成演算子 2 個と消滅演算子 2 個の積を含む表式が得られる．これは電子が互いに散乱しあうことを意味する（問題 7-6 問[5]参照）．

問 題 7-6

[1] 電子系のハミルトニアンが(7.22)で与えられているとき，ハイゼンベルク表示

$$a_\lambda(t) = \exp\left(\frac{i}{\hbar}H_{\mathrm{e}}t\right)a_\lambda \exp\left(-\frac{i}{\hbar}H_{\mathrm{e}}t\right)$$

を求めよ.

[2] 電子系のハミルトニアンが例題7.11の(1)式で与えられるとき，同じ例題の(4)式で定義される電子場の演算子のハイゼンベルク表示が(7.26)であることを示せ.

[3] 例題7.11の(4)式について，次の反交換関係を導け.

$$\psi_\sigma(\boldsymbol{r})\,\psi_{\sigma'}{}^\dagger(\boldsymbol{r}')+\psi_{\sigma'}{}^\dagger(\boldsymbol{r}')\,\psi_\sigma(\boldsymbol{r}) = \delta_{\sigma\sigma'}\delta(\boldsymbol{r}-\boldsymbol{r}')$$

$$\psi_\sigma(\boldsymbol{r})\,\psi_{\sigma'}(\boldsymbol{r}') = -\psi_{\sigma'}(\boldsymbol{r}')\,\psi_\sigma(\boldsymbol{r})$$

$$\psi_\sigma{}^\dagger(\boldsymbol{r})\,\psi_{\sigma'}{}^\dagger(\boldsymbol{r}') = -\psi_{\sigma'}{}^\dagger(\boldsymbol{r}')\,\psi_\sigma{}^\dagger(\boldsymbol{r})$$

[4] 電子系のハミルトニアンが例題7.12であるとき，ハイゼンベルク表示における次の運動方程式を導け.

$$i\hbar\frac{\partial}{\partial t}\psi_\sigma(\boldsymbol{r},t) = \left[-\frac{\hbar^2}{2m_{\mathrm{e}}}\nabla^2+U(\boldsymbol{r})\right]\psi_\sigma(\boldsymbol{r},t)$$

[5] 電子間のクーロン反発力によるポテンシャル・エネルギーは次の演算子で表わされることを示せ.

$$H_{\mathrm{C}} = \frac{e^2}{8\pi\varepsilon_0}\sum_\sigma\sum_{\sigma'}\iint\frac{d\boldsymbol{r}_1 d\boldsymbol{r}_2}{|\boldsymbol{r}_1-\boldsymbol{r}_2|}\psi_\sigma{}^\dagger(\boldsymbol{r}_1)\,\psi_{\sigma'}{}^\dagger(\boldsymbol{r}_2)\,\psi_{\sigma'}(\boldsymbol{r}_2)\,\psi_\sigma(\boldsymbol{r}_1)$$

また，例題7.11の(4)を代入してみよ.

問題解答

第 1 章

問題 1-1

[1] $x_1 \leqq x \leqq x_1+dx$ に見出される確率と，$x_2 \leqq x \leqq x_2+dx$ に見出される確率はそれぞれ $|\Psi(x_1, t)|^2dx$, $|\Psi(x_2, t)|^2dx$ に比例する．したがって確率の比は $|\Psi(x_1, t)|^2/|\Psi(x_2, t)|^2$.

[2] (1) $\Psi(0, t)=0$ は常に満たされている．$\Psi(L, t)=ae^{-i\omega t}\sin kL=0$ を満たすためには $kL=\pi n$, ただし n は 0 以外の任意の整数である．

(2) $$\int_0^L |\Psi(x, t)|^2 dx = |a|^2\int_0^L \sin^2 kx dx = \frac{L}{2}|a|^2 = 1$$

したがって $a=\sqrt{2/L}$ とすればよい．

[3] (1) いまの場合 $\theta(x, y, z, t)=kx-\omega t$ であり，位相は y, z によらない．したがって波面は x 軸に垂直な平面である．いま，$t=t_0$ に $x=x_0$ にある波面を考えると，波面を与える定数は $kx_0-\omega t_0$ である．時刻 t におけるこの波面の位置 $x(t)$ は $kx(t)-\omega t=kx_0-\omega t_0$ を満たす．これより，波面の速度は $dx(t)/dt=\omega/k$ で与えられる．

(2) 粒子が $x_1 \leqq x \leqq x_1+dx$, $y_1 \leqq y \leqq y_1+dy$, $z_1 \leqq z \leqq z_1+dz$ の領域に見出される確率は(1.2)式を拡張して，

$$|\Psi(x_1, y_1, z_1)|^2 dxdydz = a^2 dxdydz$$

に比例するが，これは座標によらないので，空間のどの場所にも同じ体積内には同じ確率で存在することになる．したがって粒子の位置は全く不確定である．

(3) この波動関数の位相は $\theta(x, y, z, t)=kr-\omega t$ で与えられる．半径 r の球面上でこの値は等しいから，波面は球面である．波面の半径は速さ ω/k で増大する．この粒子が

半径 r_1 の球面内に見出される確率は，半径 r，厚さ dr の薄い球殻の体積が $4\pi r^2dr$ であるから，

$$\int_{r\leq r_1}|\Psi(x, y, z, t)|^2dxdydz = 4\pi\int_0^{r_1}r^2a^2\frac{1}{r^2}dr = 4\pi a^2r_1$$

に比例する．したがって確率の比は r_1/r_2.

(4) 半径 R 内に存在する確率は 1 であるから，$4\pi a^2R=1$．したがって $a=\sqrt{1/4\pi R}$ とえらべばよい．

問題 1-2

[1] (1) $|\Psi|^2 = |\Psi_1|^2 = 1$.　(2) $|\Psi|^2 = |\Psi_2|^2 = 1$.

(3) $|\Psi|^2 = |e^{i(kx-\omega t)}+e^{-i(kx+\omega t)}|^2 = |2\cos kx\, e^{-i\omega t}|^2 = 4\cos^2 kx$.

(4) $|\Psi|^2 = |-ie^{i(kx-\omega t)}+ie^{-i(kx+\omega t)}|^2 = |2\sin kx\, e^{-i\omega t}|^2 = 4\sin^2 kx$.

[2] 偶関数となるのは(3)．奇関数となるのは(4)．$x=0$ で 0 となるのは(4)．

[3] たとえば Ψ_1 が残りの線形結合で表わせるとすると，

$$\Psi_1 = a_2\Psi_2+a_3\Psi_3+\cdots+a_n\Psi_n$$

移項すると，$0=\Psi_1-a_2\Psi_2-a_3\Psi_3-\cdots-a_n\Psi_n$．つまり，$c_1=1$, $c_2=-a_2, \cdots, c_n=-a_n$ とえらべば，$\Psi\equiv0$．これは $\Psi\equiv0$ となるのが $c_1=c_2=\cdots=c_n=0$ のときに限られるという条件に反する．したがって，はじめの仮定は成り立たず，Ψ_1 は残りの $\Psi_2, \cdots, \Psi_n$ の線形結合では表わせない．他の Ψ_i $(i=2, \cdots, n)$ についても同様である．

問題 1-3

[1] 調和振動子のエネルギーは，運動エネルギーとポテンシャル・エネルギーの和である．運動エネルギー $p_x{}^2/2m$ は例題 1.5 によって $-(\hbar^2/2m)\partial^2/\partial x^2$ となる．ポテンシャル・エネルギーは $(1/2)m\omega^2x^2$ であるが，これは演算子で置きかえても元と同じ形であり，ハミルトニアンはこの 2 つの項の和で与えられる．

[2]
$$[B, A] = BA-AB = -(AB-BA) = -[A, B]$$
$$[A, B+C] = A(B+C)-(B+C)A = AB-BA+AC-CA = [A, B]+[A, C]$$
$$[A, BC] = ABC-BCA = ABC-BAC+BAC-BCA = [A, B]C+B[A, C]$$

[3]
$$[x, H] = \left[x, -\frac{\hbar^2}{2m}\frac{\partial^2}{\partial x^2}\right]+\left[x, \frac{1}{2}m\omega^2x^2\right]$$
$$= -\frac{1}{2m}\left\{\left[x, \hbar\frac{\partial}{\partial x}\right]\hbar\frac{\partial}{\partial x}+\hbar\frac{\partial}{\partial x}\left[x, \hbar\frac{\partial}{\partial x}\right]\right\} = \frac{\hbar^2}{m}\frac{\partial}{\partial x}$$

ただし$[x, x^2]=0$を使った.

$$\left[\frac{\hbar}{i}\frac{\partial}{\partial x}, H\right] = \frac{1}{2m}\left[\frac{\hbar}{i}\frac{\partial}{\partial x}, \left(\frac{\hbar}{i}\frac{\partial}{\partial x}\right)^2\right]+\frac{m\omega^2}{2}\left[\frac{\hbar}{i}\frac{\partial}{\partial x}, x^2\right]$$
$$= \frac{m\omega^2}{2}\left\{\left[\frac{\hbar}{i}\frac{\partial}{\partial x}, x\right]x+x\left[\frac{\hbar}{i}\frac{\partial}{\partial x}, x\right]\right\}$$
$$= -i\hbar m\omega^2 x$$

[4] $$H\psi = -\frac{\hbar^2}{2m}\left(\frac{\partial^2}{\partial x^2}+\frac{\partial^2}{\partial y^2}+\frac{\partial^2}{\partial z^2}\right)e^{i\boldsymbol{k}\cdot\boldsymbol{r}} = \frac{\hbar^2\boldsymbol{k}^2}{2m}e^{i\boldsymbol{k}\cdot\boldsymbol{r}}$$

したがって$e^{i\boldsymbol{k}\cdot\boldsymbol{r}}$は$H$の固有関数である. 1つの波面上の2つの位置ベクトル$\boldsymbol{r}_1, \boldsymbol{r}_2$を考えると, $\boldsymbol{k}\cdot\boldsymbol{r}_1=\boldsymbol{k}\cdot\boldsymbol{r}_2$. したがって$\boldsymbol{k}\cdot(\boldsymbol{r}_1-\boldsymbol{r}_2)=0$, すなわち波面は$\boldsymbol{k}$に垂直である.

[5] 位置ベクトル$\boldsymbol{r}$と, $\boldsymbol{k}$方向に$2\pi/k$だけ離れた位置ベクトル$\boldsymbol{r}+(2\pi/k)\boldsymbol{k}/k$を考えると

$$\boldsymbol{k}\cdot(\boldsymbol{r}+(2\pi/k)\boldsymbol{k}/k) = \boldsymbol{k}\cdot\boldsymbol{r}+2\pi$$

したがって, $e^{i\boldsymbol{k}\cdot[\boldsymbol{r}+(2\pi/k)\boldsymbol{k}/k]}=e^{i\boldsymbol{k}\cdot\boldsymbol{r}}$. これより波長は$2\pi/k$であることがわかる.

問題 1-4

[1] $$\langle\psi|\psi\rangle = \int_{-\infty}^{\infty}\psi^*(x)\psi(x)dx = \int_{-\infty}^{\infty}|\psi(x)|^2dx \geqq 0$$

$$\langle\phi|\psi\rangle^* = \left(\int_{-\infty}^{\infty}\phi^*(x)\psi(x)dx\right)^* = \int_{-\infty}^{\infty}\phi(x)\psi^*(x)dx = \langle\psi|\phi\rangle$$

$$\langle\phi|c\psi\rangle = \int_{-\infty}^{\infty}\phi^*(x)c\psi(x)dx = c\int\phi^*(x)\psi(x)dx = c\langle\phi|\psi\rangle$$

$$\langle\phi|\psi+\chi\rangle = \int_{-\infty}^{\infty}\phi^*(x)[\psi(x)+\chi(x)]dx = \int_{-\infty}^{\infty}\phi^*(x)\psi(x)dx+\int_{-\infty}^{\infty}\phi^*(x)\chi(x)dx$$
$$= \langle\phi|\psi\rangle+\langle\phi|\chi\rangle$$

[2] $\langle\psi_k|\psi\rangle=1/\sqrt{2}$, $\langle\psi_{-k}|\psi\rangle=1/\sqrt{2}$であるから, それぞれ1/2の確率で固有値$\hbar k$, $-\hbar k$が測定される.

[3] (1) $\langle\psi_k|\psi\rangle=\sum_{k'} c_{k'}\langle\psi_k|\psi_{k'}\rangle=\sum_{k'} c_{k'}\delta_{kk'}=c_k$, したがって, $c_k=\langle\psi_k|\psi\rangle$.

(2) $$\langle\psi|\psi\rangle = \sum_k\sum_{k'} c_k{}^*c_{k'}\langle\psi_k|\psi_{k'}\rangle = \sum_k\sum_{k'} c_k{}^*c_{k'}\delta_{kk'} = \sum_k |c_k|^2.$$

(3) 確率は$w_k=|\langle\psi_k|\psi\rangle|^2=|c_k|^2$に比例する.

[4] $$\psi(x) = \sum_k c_k\psi_k(x) = \frac{L}{2\pi\hbar}\int_{-\infty}^{\infty}dp_x c_k\psi_k(x)$$
$$= \frac{1}{\sqrt{2\pi\hbar}}\int_{-\infty}^{\infty}dp_x\sqrt{\frac{L}{2\pi\hbar}}c_k\exp\left(i\frac{p_x}{\hbar}x\right) = \frac{1}{\sqrt{2\pi\hbar}}\int_{-\infty}^{\infty}\phi(p_x)\exp\left(\frac{i}{\hbar}p_x x\right)dp_x$$

[5] $c_k = \langle\psi_k|\psi\rangle = \int_{-\infty}^{\infty} \frac{1}{\sqrt{L}} \exp(-ik_x x)\psi(x)dx$

$$\phi(p_x) = \sqrt{\frac{L}{2\pi\hbar}} c_k = \frac{1}{\sqrt{2\pi\hbar}} \int_{-\infty}^{\infty} \psi(x) \exp\left(-\frac{i}{\hbar} p_x x\right) dx$$

問題 1-5

[1] $\langle\phi|A|\psi\rangle^* = \langle\phi|B+iC|\psi\rangle^* = \langle\phi|B|\psi\rangle^* + [i\langle\phi|C|\psi\rangle]^* = \langle\psi|B|\phi\rangle - i\langle\psi|C|\phi\rangle = \langle\psi|B-iC|\phi\rangle$. したがって $A=B+iC$ と $A^\dagger=B-iC$ は互いにエルミット共役である.

[2] $\langle\phi|x|\psi\rangle^* = \left(\int_{-\infty}^{\infty} \phi^*(x) x\psi(x)dx\right)^* = \int_{-\infty}^{\infty} \phi(x) x\psi^*(x)dx$

$= \langle\psi|x|\phi\rangle$. したがって x はエルミット.

$$\left\langle\phi\left|\frac{\hbar}{i}\frac{\partial}{\partial x}\right|\psi\right\rangle^* = \left(\int_{-\infty}^{\infty} \phi^*(x)\frac{\hbar}{i}\frac{\partial}{\partial x}\psi(x)\right)^* = -\int_{-\infty}^{\infty} \phi(x)\frac{\hbar}{i}\frac{\partial}{\partial x}\psi^*(x)dx$$

$$= -\Big[\phi(x)\psi^*(x)\Big]_{-\infty}^{\infty} + \int_{-\infty}^{\infty} \psi^*(x)\frac{\hbar}{i}\frac{\partial}{\partial x}\phi(x)dx$$

$$= \langle\psi|\frac{\hbar}{i}\frac{\partial}{\partial x}|\phi\rangle$$

したがって, $(\hbar/i)\partial/\partial x$ もエルミットである.

[3] (1.13)式に $\psi(x')$ を掛けて積分する. 右辺は

$$\int_{-\infty}^{\infty} \psi(x')\delta(x-x')dx' = \psi(x)$$

左辺は

$$\int_{-\infty}^{\infty} \psi(x') \sum_{n=1}^{\infty} \alpha_n(x)\alpha_n^*(x')dx' = \sum_{n=1}^{\infty} \alpha_n(x) \int_{-\infty}^{\infty} \alpha_n^*(x')\psi(x')dx$$

$$= \sum_{n=1}^{\infty} \alpha_n(x)\langle\alpha_n|\psi\rangle$$

したがって(1.12)式が示された.

[4] $\psi_k(x)=(1/\sqrt{L})e^{ikx}$ であるから,

$$\delta(x-x') = \sum_k \psi_k(x)\psi_k^*(x') = \frac{1}{L}\sum_k e^{ik(x-x')}$$

$L\to\infty$ のとき微小な幅 dk の中には $(L/2\pi)dk$ 個の固有値がふくまれる. したがって,

$$\delta(x-x') = \frac{1}{L}\frac{L}{2\pi}\int_{-\infty}^{\infty} e^{ik(x-x')}dk = \frac{1}{2\pi}\int_{-\infty}^{\infty} e^{ik(x-x')}dk$$

[5] $\delta_+(x)+\delta_-(x) = \frac{1}{2\pi}\int_0^{\infty} e^{ikx}e^{-\varepsilon|k|}dk + \frac{1}{2\pi}\int_{-\infty}^{0} e^{ikx}e^{-\varepsilon|k|}dk$

$$= \frac{1}{2\pi}\int_{-\infty}^{\infty} e^{ikx}\, e^{-\varepsilon|k|}dk \to \frac{1}{2\pi}\int_{-\infty}^{\infty} e^{ikx}dk \qquad (\varepsilon\to+0)$$

問[4]より，右辺はデルタ関数に等しい．

問題 1-6

[1] $A\phi=a\phi$, $AB=BA$ を使うと，$A(B\phi)=B(A\phi)=B(a\phi)=aB\phi$. したがって $B\phi$ も固有値 a に属する A の固有関数である．

[2]

$$\left\langle -\frac{\hbar^2}{2m}\frac{\partial^2}{\partial x^2}\right\rangle = \frac{1}{C}\int_{-\infty}^{\infty} e^{-(1/2)\lambda x^2}\left(-\frac{\hbar^2}{2m}\right)\frac{\partial^2}{\partial x^2}e^{-(1/2)\lambda x^2}dx$$

$$= -\frac{1}{C}\frac{\hbar^2}{2m}\int_{-\infty}^{\infty}(\lambda^2x^2-\lambda)e^{-\lambda x^2}dx$$

$$= -\frac{\hbar^2}{2m}\left(\frac{\lambda}{2}-\lambda\right) = \frac{\hbar^2}{4m}\lambda$$

$$\left\langle \frac{1}{2}m\omega^2x^2\right\rangle = \frac{1}{2}m\omega^2\langle x^2\rangle = \frac{1}{4}m\omega^2\frac{1}{\lambda}$$

[3] $E(\lambda)=\dfrac{\hbar^2}{4m}\lambda+\dfrac{1}{4}m\omega^2\dfrac{1}{\lambda}$ とすると，$E(\lambda)$ の極小値は，$dE(\lambda)/d\lambda=0$ より，$\lambda=m\omega/\hbar$ のとき実現し，$E(m\omega/\hbar)=\hbar\omega/2$. ゆらぎは $(\Delta x)^2=1/2\lambda=\hbar/2m\omega$. したがって $\Delta x=[\hbar/2m\omega]^{1/2}$.

[4]

$$H\psi = \left(-\frac{\hbar^2}{2m}\frac{\partial^2}{\partial x^2}+\frac{1}{2}m\omega^2x^2\right)C^{-1/2}e^{-(1/2)\lambda x^2}$$

$$= C^{-1/2}\left[\frac{\hbar^2}{2m}(\lambda-\lambda^2x^2)+\frac{1}{2}m\omega^2x^2\right]e^{-(1/2)\lambda x^2}$$

$\lambda=m\omega/\hbar$ を代入すると

$$H\psi = C^{-1/2}\frac{\hbar\omega}{2}e^{-(1/2)\lambda x^2} = \frac{\hbar\omega}{2}\psi$$

したがって，固有値 $\hbar\omega/2$ に属する H の固有関数である．

[5]

$$\phi(p_x) = [2\pi\hbar]^{-1/2}\int_{-\infty}^{\infty} C^{-1/2}\exp\left(-\frac{1}{2}\lambda x^2-\frac{i}{\hbar}p_x x\right)dx$$

$$= [2\pi\hbar C]^{-1/2}\int_{-\infty}^{\infty} e^{-(1/2)\lambda x^2}\left(\cos\frac{p_x}{\hbar}x+i\sin\frac{p_x}{\hbar}x\right)dx$$

$$= [2\pi\hbar C]^{-1/2}\left[\frac{2\pi}{\lambda}\right]^{1/2}\exp\left(-\frac{1}{2}\frac{p_x{}^2}{\lambda\hbar^2}\right)$$

$$= [\hbar\sqrt{\pi\lambda}]^{-1/2}\exp\left(-\frac{1}{2}\frac{p_x{}^2}{\lambda\hbar^2}\right)$$

問題 1-7

[1]
$$\frac{d}{dt}\langle A\rangle_t = \frac{d}{dt}\int_{-\infty}^{\infty}\Psi^*(x,t)A\Psi(x,t)dx$$
$$=\int_{-\infty}^{\infty}\left[\frac{\partial}{\partial t}\Psi^*(x,t)A\Psi(x,t)+\Psi^*(x,t)A\frac{\partial}{\partial t}\Psi(x,t)\right]dx$$
$$=\int_{-\infty}^{\infty}\left[\frac{1}{-i\hbar}[H\Psi^*(x,t)]A\Psi(x,t)+\Psi^*(x,t)A\frac{1}{i\hbar}H\Psi(x,t)\right]dx$$
$$=\int_{-\infty}^{\infty}\left[\frac{1}{-i\hbar}\Psi^*(x,t)HA\Psi(x,t)+\Psi^*(x,t)A\frac{1}{i\hbar}H\Psi(x,t)\right]dx$$
$$=\frac{1}{i\hbar}\int_{-\infty}^{\infty}\Psi^*(x,t)(AH-HA)\Psi(x,t)dx$$
$$=\left\langle\frac{1}{i\hbar}[A,H]\right\rangle_t$$

ただし途中で，$-i\hbar\partial\Psi^*/\partial t=H\Psi^*$ および $\langle H\phi|\phi\rangle=\langle\psi|H\phi\rangle$ (H のエルミット性)を使った．

[2] 問題 1-3 問[3]より，

$$[x,H]=\frac{\hbar^2}{m}\frac{\partial}{\partial x},\qquad \left[\frac{\hbar}{i}\frac{\partial}{\partial x},H\right]=-i\hbar m\omega^2 x$$

したがって

$$\frac{d}{dt}\langle x\rangle_t=\frac{1}{i\hbar}\langle[x,H]\rangle_t=\frac{1}{m}\left\langle\frac{\hbar}{i}\frac{\partial}{\partial x}\right\rangle_t=\frac{1}{m}\langle p_x\rangle_t$$
$$\frac{d}{dt}\langle p_x\rangle_t=\frac{1}{i\hbar}\left\langle\left[\frac{\hbar}{i}\frac{\partial}{\partial x},H\right]\right\rangle_t=-\langle m\omega^2 x\rangle_t$$

[3] E_n が得られる確率 w_n は

$$w_n=|\langle\psi_n(x)|\Psi(x,t)\rangle|^2=\left|\exp\left(-\frac{i}{\hbar}E_n t\right)c_n\right|^2=|c_n|^2$$

[4] H はそれ自身と可換だから $d\langle H\rangle_t/dt=0$．つまりエネルギーの平均値は時間変化しない．

第 2 章

問題 2-1

[1] ブラ・ベクトル $\langle\phi|$ の第 n 成分は $\langle\phi|\psi_n\rangle$，ケット・ベクトル $|\psi\rangle$ の第 n 成分は $\langle\psi_n|\psi\rangle$ である．したがってスカラー積 $\langle\phi|\psi\rangle$ は

$$\langle\phi|\psi\rangle=\sum_n\langle\phi|\psi_n\rangle\langle\psi_n|\psi\rangle$$

である．一方，$\phi(x)=\sum_n\langle\psi_n|\phi\rangle\psi_n(x)$，$\psi(x)=\sum_n\langle\psi_n|\psi\rangle\psi_n(x)$ と書けるから，波動関数 $\phi(x)$ と $\psi(x)$ のスカラー積は

$$\langle\phi|\psi\rangle = \sum_m\sum_n\int dx\langle\psi_m|\phi\rangle^*\psi_m{}^*(x)\langle\psi_n|\psi\rangle\psi_n(x)$$

$$= \sum_n\langle\psi_n|\phi\rangle^*\langle\psi_n|\psi\rangle = \sum_n\langle\phi|\psi_n\rangle\langle\psi_n|\psi\rangle$$

であり，ベクトルのスカラー積と一致する．

[2] 表示行列の mn 成分は $c_{mn}=\langle\psi_m|c|\psi_n\rangle$ で与えられるが，c は定数であるから，$c_{mn}=c\delta_{mn}$ となる．

[3] $p\psi_n = \dfrac{\hbar}{i}\dfrac{\partial}{\partial x}\psi_n=\hbar k_n\psi_n$．したがって $p_{mn}=\langle\psi_m|p|\psi_n\rangle=\hbar k_n\langle\psi_m|\psi_n\rangle=\hbar k_n\delta_{mn}$.

[4] $x_{mn} = \langle\psi_m|x|\psi_n\rangle = \dfrac{1}{L}\displaystyle\int_{-L/2}^{L/2}dx\exp(-ik_mx)\,x\exp(ik_nx)$

ここで $k_m=k_n$ のときはただちに積分できて $x_{mm}=0$．$k_m\neq k_n$ のときは部分積分を行なう．

$$x_{mn} = \frac{1}{L}\left\{\frac{x}{i(k_n-k_m)}e^{i(k_n-k_m)x}\Big|_{-L/2}^{L/2}-\frac{1}{i(k_n-k_m)}\int_{-L/2}^{L/2}dx\,e^{i(k_n-k_m)x}\right\}$$

$$= \frac{1}{L}\left\{\frac{1}{i(k_n-k_m)}\frac{L}{2}[e^{i\pi(n-m)}+e^{-i\pi(n-m)}]+\frac{1}{(k_n-k_m)^2}[e^{i\pi(n-m)}-e^{-i\pi(n-m)}]\right\}$$

$$= \frac{(-1)^{n-m}}{i(k_n-k_m)}$$

ここで $k_nL/2=\pi n$，$e^{i\pi(n-m)}=(-1)^{n-m}$ を使った．

問題 2-2

[1] 波動関数 $\psi(x)$ は基準系 ψ_n により

$$\psi(x) = \sum_n\langle\psi_n|\psi\rangle\psi_n$$

と表わされる．$\langle\psi_n|\psi\rangle$ はケット・ベクトル $|\psi\rangle$ の第 n 成分である．ここで $\psi_n(x)$ を基準系 α_μ で

$$\psi_n(x) = \sum_\mu\langle\alpha_\mu|\psi_n\rangle\alpha_\mu(x)$$

と表わすと，$\psi(x)$ は

$$\psi(x) = \sum_n\sum_\mu\langle\alpha_\mu|\psi_n\rangle\langle\psi_n|\psi\rangle\alpha_\mu$$

と書ける．したがって $\psi(x)$ を基準系 α_μ で表示したときの第 μ 成分は $\sum_n\langle\alpha_\mu|\psi_n\rangle\langle\psi_n|\psi\rangle$ であるが，これは $\mathrm{U}|\psi\rangle$ の第 μ 成分に等しい．

[2] 基準系として A の固有関数 α_μ をとると，$A|\alpha_\mu\rangle=a_\mu|\alpha_\mu\rangle$，$\langle\alpha_\mu|A=a_\mu{}^*\langle\alpha_\mu|=a_\mu\langle a_\mu|$ である．（A は物理量だから固有値は実数である．） A と B は可換だから，交換子は $AB-BA=0$．左辺の行列要素は

$$\langle\alpha_\mu|AB-BA|\alpha_\nu\rangle = (a_\mu-a_\nu)\langle\alpha_\mu|B|\alpha_\nu\rangle$$

したがって $a_\mu\neq a_\nu$ ならば，$\langle\alpha_\mu|B|\alpha_\nu\rangle=0$ である．よって，A の固有値が縮退していなければ，α_μ による B の表示行列は対角行列である．A の固有値が縮退していて，$a_\mu=$
2 a_ν の場合には，$\langle\alpha_\mu|B|\alpha_\nu\rangle$ は 0 とは限らない．$\alpha_{\mu_1}, \alpha_{\mu_2}, \cdots, \alpha_{\mu_m}$ が m 重に縮退しているとすると，適当なユニタリー変換

$$\beta_n = \sum_{l=1}^{m}\langle\alpha_{\mu_l}|\beta_n\rangle\alpha_{\mu_l}$$

で，B の表示行列は対角化される．このとき A の表示行列は，

$$\begin{aligned}\langle\beta_m|A|\beta_n\rangle &= \sum_{k=1}^{m}\sum_{l=1}^{m}\langle\alpha_{\mu_k}|\beta_m\rangle^*\langle\alpha_{\mu_l}|\beta_n\rangle\langle\alpha_{\mu_k}|A|\alpha_{\mu_l}\rangle \\ &= a_\mu\sum_{l=1}^{m}\langle\alpha_{\mu_l}|\beta_m\rangle^*\langle\alpha_{\mu_l}|\beta_n\rangle \\ &= a_\mu\delta_{mn}\end{aligned}$$

となって，やはり対角行列であるから，A, B は同時に対角化される．なお，最後の等式で

$$\begin{aligned}\delta_{mn} &= \langle\beta_m|\beta_n\rangle \\ &= \sum_{k=1}^{m}\sum_{l=1}^{m}\langle\alpha_{\mu_k}|\beta_m\rangle^*\langle\alpha_{\mu_l}|\beta_n\rangle\langle\alpha_{\mu_k}|\alpha_{\mu_l}\rangle \\ &= \sum_{l=1}^{m}\langle\alpha_{\mu_l}|\beta_m\rangle^*\langle\alpha_{\mu_l}|\beta_n\rangle\end{aligned}$$

を使った(ユニタリー変換の性質)．

[3] エルミット演算子は

$$\langle\phi|A|\psi\rangle^* = \langle\psi|A|\phi\rangle$$

という性質をもつ．A を対角化する基準系 α_μ に関する行列要素は，

$$\langle\alpha_\mu|A|\alpha_\nu\rangle = a_\mu\delta_{\mu\nu}$$

a_μ は実数であるから，$A_{\mu\nu}=A_{\nu\mu}{}^*$ が成り立つ．一般の基準系 ψ_n に対しては，

$$\langle\psi_m|A|\psi_n\rangle = \langle\psi_n|A|\psi_m\rangle^*$$

したがって，やはり $A_{mn}=A_{nm}{}^*$ が成り立つ．なお，

$$\langle\psi_m|A|\psi_n\rangle = \sum_\mu\langle\psi_m|\alpha_\mu\rangle a_\mu\langle\alpha_\mu|\psi_n\rangle$$

が成り立つが，この式を使っても

$$\langle\psi_m|A|\psi_n\rangle^* = \sum_\mu \langle\psi_m|\alpha_\mu\rangle^* a_\mu \langle\alpha_\mu|\psi_n\rangle^*$$

$$= \sum_\mu \langle\alpha_\mu|\psi_m\rangle a_\mu \langle\psi_n|\alpha_\mu\rangle$$

$$= \sum_\mu \langle\psi_n|\alpha_\mu\rangle a_\mu \langle\alpha_\mu|\psi_m\rangle$$

$$= \langle\psi_n|A|\psi_m\rangle$$

により，エルミット行列であることが示される.

問題 2-3

[1]

$$x^2 = \frac{\hbar}{2m\omega}(b^\dagger + b)^2, \qquad p^2 = -\frac{m\hbar\omega}{2}(b^\dagger - b)^2$$

$$\langle 0|(b^\dagger \pm b)^2|0\rangle = \langle 0|b^{\dagger 2} \pm b^\dagger b \pm bb^\dagger + b^2|0\rangle$$

$$= \sqrt{2}\langle 0|2\rangle \pm \langle 0|0\rangle = \pm 1$$

したがって

$$\langle 0|x^2|0\rangle = \frac{\hbar}{2m\omega}, \qquad \langle 0|p^2|0\rangle = \frac{m\hbar\omega}{2}$$

[2] 波動関数は

$$\psi_0(x) = \left(\frac{m\omega}{\pi\hbar}\right)^{1/4} \exp\left(-\frac{m\omega}{2\hbar}x^2\right)$$

である．したがって

$$\langle 0|x^2|0\rangle = \left(\frac{m\omega}{\pi\hbar}\right)^{1/2} \int_{-\infty}^{\infty} dx\, x^2 \exp\left(-\frac{m\omega}{\hbar}x^2\right)$$

$$= \left(\frac{m\omega}{\pi\hbar}\right)^{1/2} \left(\frac{\hbar}{m\omega}\right)^{3/2} \int_{-\infty}^{\infty} dt\, t^2 e^{-t^2} = \frac{\hbar}{2m\omega}$$

$$\langle 0|p^2|0\rangle = \left(\frac{m\omega}{\pi\hbar}\right)^{1/2} \int_{-\infty}^{\infty} dx \exp\left(-\frac{m\omega}{2\hbar}x^2\right) \left(\frac{\hbar}{i}\frac{d}{dx}\right)^2 \exp\left(-\frac{m\omega}{2\hbar}x^2\right)$$

$$= -\hbar^2 \left(\frac{m\omega}{\pi\hbar}\right)^{1/2} \left\{ \exp\left(-\frac{m\omega}{2\hbar}x^2\right) \frac{d}{dx} \exp\left(-\frac{m\omega}{2\hbar}x^2\right) \Bigg|_{-\infty}^{\infty} - \int_{-\infty}^{\infty} dx \left[\frac{d}{dx} \exp\left(-\frac{m\omega}{2\hbar}x^2\right)\right]^2 \right\}$$

$$= \hbar^2 \left(\frac{m\omega}{\pi\hbar}\right)^{1/2} \left(\frac{m\omega}{\hbar}\right)^2 \int_{-\infty}^{\infty} dx\, x^2 \exp\left(-\frac{m\omega}{\hbar}x^2\right)$$

$$= \frac{m\hbar\omega}{2}$$

[3] $x = \left(\dfrac{\hbar}{2m\omega}\right)^{1/2}(b^\dagger + b), \qquad p = i\left(\dfrac{m\hbar\omega}{2}\right)^{1/2}(b^\dagger - b)$

$$\langle m|b^\dagger|n\rangle = \sqrt{n+1}\,\delta_{m,n+1}$$
$$\langle m|b|n\rangle = \sqrt{n}\,\delta_{m,n-1}$$

より，

$$\langle m|x|n\rangle = \left(\frac{\hbar}{2m\omega}\right)^{1/2}(\sqrt{n+1}\,\delta_{m,n+1} + \sqrt{n}\,\delta_{m,n-1})$$

同様にして

$$\langle m|p|n\rangle = i\left(\frac{m\hbar\omega}{2}\right)^{1/2}(\sqrt{n+1}\,\delta_{m,n+1} - \sqrt{n}\,\delta_{m,n-1})$$

[4] $[b, b^\dagger]$ の行列要素は

$$\begin{aligned}\langle m|bb^\dagger - b^\dagger b|n\rangle &= \langle m|b\sqrt{n+1}\,|n+1\rangle - \langle m|b^\dagger\sqrt{n}\,|n-1\rangle \\ &= (n+1)\langle m|n\rangle - n\langle m|n\rangle = \delta_{mn}\end{aligned}$$

一方，1 の行列要素は δ_{mn}．したがって関係式は確かめられた．

問題 2-4

[1]
$$\begin{aligned}i\hbar\frac{\partial}{\partial t}\Psi(x,t) &= i\hbar\lim_{\Delta t\to 0}\frac{\Psi(x,t+\Delta t) - \Psi(x,t)}{\Delta t} = i\hbar\lim_{\Delta t\to 0}\frac{U_{\Delta t}\Psi(x,t) - \Psi(x,t)}{\Delta t} \\ &= i\hbar\lim_{\Delta t\to 0}\frac{\exp[-(i/\hbar)H\Delta t]\Psi(x,t) - \Psi(x,t)}{\Delta t} \\ &= i\hbar\lim_{\Delta t\to 0}\frac{[1-(i/\hbar)H\Delta t]\Psi(x,t) - \Psi(x,t)}{\Delta t} = H\Psi(x,t)\end{aligned}$$

[2]
$$\begin{aligned}\exp\left[\frac{i}{\hbar}ap\right]\Psi(x,t) &= \sum_{n=0}^{\infty}\frac{1}{n!}\left(\frac{i}{\hbar}ap\right)^n\Psi(x,t) \\ &= \sum_{n=0}^{\infty}\frac{1}{n!}a^n\frac{\partial^n}{\partial x^n}\Psi(x,t)\end{aligned}$$

一方，$\Psi(x+a,t)$ を a に関してテイラー展開すると，

$$\Psi(x+a,t) = \sum_{n=0}^{\infty}\frac{1}{n!}a^n\frac{\partial^n}{\partial x^n}\Psi(x,t)$$

ゆえに

$$\exp\left[\frac{i}{\hbar}ap\right]\Psi(x,t) = \Psi(x+a,t)$$

[3] $f(t) = e^{At}e^{Bt}$ を t で微分すると，

$$f'(t) = Ae^{At}e^{Bt} + e^{At}Be^{Bt}$$

第2項の $e^{At}B$ は交換関係により B をいちばん左に移すことにする．ところで，

$$\begin{aligned} A^nB &= A^{n-1}(AB-BA)+A^{n-1}BA = cA^{n-1}+A^{n-1}BA \\ &= cA^{n-1}+A^{n-2}(AB-BA)A+A^{n-2}BA^2 = 2cA^{n-1}+A^{n-2}BA^2 \\ &= ncA^{n-1}+BA^n \end{aligned}$$

であるから，

$$\begin{aligned} e^{At}B &= \sum_{n=0}^{\infty}\frac{t^n}{n!}A^nB \\ &= \sum_{n=0}^{\infty}\frac{t^n}{n!}BA^n+\sum_{n=1}^{\infty}\frac{t^n}{(n-1)!}cA^{n-1} \\ &= Be^{At}+cte^{At} \end{aligned}$$

したがって，

$$\begin{aligned} f'(t) &= (A+B)e^{At}e^{Bt}+cte^{At}e^{Bt} \\ &= (A+B+ct)f(t) \end{aligned}$$

この微分方程式の一般解は，D を任意定数として

$$f(t) = De^{(A+B+ct/2)t}$$

D は，$f(0)=1$ より $D=1$ となる．$t=1$ を代入すると

$$f(1) = e^Ae^B = e^{A+B+c/2} = e^{A+B}e^{c/2}$$

問題 2-5

[1] $$\begin{aligned} \frac{d}{dt}b(t) &= \frac{i}{\hbar}[H, b(t)] = \frac{i}{\hbar}\left[\hbar\omega b^\dagger b+\frac{1}{2}\hbar\omega,\, b\right] \\ &= i\omega(b^\dagger bb-bb^\dagger b) = -i\omega b(t) \end{aligned}$$

$$\frac{d}{dt}b^\dagger(t) = \frac{i}{\hbar}\left[\hbar\omega b^\dagger b+\frac{1}{2}\hbar\omega,\, b^\dagger\right] = i\omega b^\dagger(t)$$

[2] $$\begin{aligned} \frac{d}{dt}x &= \left(\frac{\hbar}{2m\omega}\right)^{1/2}\left(\frac{d}{dt}b^\dagger+\frac{d}{dt}b\right) \\ &= i\omega\left(\frac{\hbar}{2m\omega}\right)^{1/2}(b^\dagger-b) = \frac{p}{m} \end{aligned}$$

$$\begin{aligned} \frac{d}{dt}p &= i\left(\frac{m\hbar\omega}{2}\right)^{1/2}\left(\frac{d}{dt}b^\dagger-\frac{d}{dt}b\right) \\ &= -\omega\left(\frac{m\hbar\omega}{2}\right)^{1/2}(b^\dagger+b) = -m\omega^2x \end{aligned}$$

調和振動子では $U(x)=(1/2)m\omega^2x^2$ であるから，これらの結果は例題2.9の結果と一致している．

[3] 時刻 0 での演算子 $A(t), B(t)$ の交換関係が，次式で与えられるとする．

$$[A(0), B(0)] = c$$

時刻 t での交換関係は，$A(t)=U_t^\dagger A(0)U_t$ 等を使うと，

$$\begin{aligned}[A(t), B(t)] &= [U_t^\dagger A(0)U_t, U_t^\dagger B(0)U_t] \\ &= U_t^\dagger[A(0), B(0)]U_t \\ &= U_t^\dagger c U_t = c\end{aligned}$$

となり，時刻に依存しない．

一方問[1]によれば，$b^\dagger(t)=b^\dagger(0)e^{i\omega t}$ であるから，

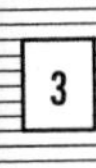

$$[b(0), b^\dagger(t)] = [b(0), b^\dagger(0)e^{i\omega t}] = e^{i\omega t}$$

となり，t に依存する．

[4] (1) $$\begin{aligned}\frac{d}{dt}b_1 &= \frac{i}{\hbar}[H, b_1] \\ &= \frac{i}{\hbar}[\hbar\omega_0 b_1^\dagger b_1 + \hbar\omega_1 b_1^\dagger b_2, b_1] \\ &= -i\omega_0 b_1 - i\omega_1 b_2\end{aligned}$$

同様に

$$\frac{d}{dt}b_2 = -i\omega_0 b_2 - i\omega_1 b_1$$

(2) $b_1(t)=e^{-i\omega t}b_1(0)$, $b_2(t)=e^{-i\omega t}b_2(0)$ を (1) の運動方程式に代入すると

$$-i\omega b_1(0) = -i\omega_0 b_1(0) - i\omega_1 b_2(0), \qquad -i\omega b_2(0) = -i\omega_0 b_2(0) - i\omega_1 b_1(0)$$

$b_1(0)\neq 0$, $b_2(0)\neq 0$ の解があるためには $(\omega-\omega_0)^2=\omega_1^2$．これから規準振動数は $\omega=\omega_0\pm\omega_1$．

(3) $$\frac{d}{dt}b_1^\dagger = i\omega_0 b_1^\dagger + i\omega_1 b_2^\dagger, \qquad \frac{d}{dt}b_2^\dagger = i\omega_0 b_2^\dagger + i\omega_1 b_1^\dagger$$

$b_1(t)^\dagger=e^{i\omega t}b_1^\dagger(0)$, $b_2(t)^\dagger=e^{i\omega t}b_2^\dagger(0)$ とおくと，前と同様に，$\omega=\omega_0\pm\omega_1$ が得られる．

第 3 章

問題 3-1

[1] $[L_x, L_y]=[yp_z-zp_y, zp_x-xp_z]=[yp_z, zp_x]-[yp_z, xp_z]-[zp_y, zp_x]+[zp_y, xp_z]=y[p_z, z]p_x+p_y[z, p_z]x=i\hbar(xp_y-yp_x)=i\hbar L_z$．両辺 $\hbar^2$ で割れば $[M_x, M_y]=iM_z$．

[2] $[\boldsymbol{M}^2, M_x] = [M_x^2, M_x]+[M_y^2, M_x]+[M_z^2, M_x] = M_y[M_y, M_x]+[M_y, M_x]M_y+M_z[M_z, M_x]+[M_z, M_x]M_z = -iM_yM_z-iM_zM_y+iM_zM_y+iM_yM_z = 0$．同様にして $[\boldsymbol{M}^2, M_y] = [\boldsymbol{M}^2, M_z] = 0$．

[3] $[M_+, M_-] = [M_x+iM_y, M_x-iM_y] = -i[M_x, M_y]+i[M_y, M_x] = 2M_z$．

[4] $M_x = \frac{1}{2}(M_+ + M_-), \qquad M_y = \frac{1}{2i}(M_+ - M_-)$

$$\boldsymbol{M}^2 = \frac{1}{4}(M_+ + M_-)^2 - \frac{1}{4}(M_+ - M_-)^2 + M_z^2$$

$$= \frac{1}{2}(M_+M_- + M_-M_+) + M_z^2$$

前問より，$M_+M_- = 2M_z + M_-M_+$. これから

$$\boldsymbol{M}^2 = M_-M_+ + M_z + M_z^2 = M_+M_- - M_z + M_z^2$$

[5] $[\boldsymbol{M}^2, M_\pm] = [\boldsymbol{M}^2, M_x] \pm [\boldsymbol{M}^2, M_y] = 0.$

問題 3-2

[1] $\langle\psi_{\lambda m}|M_x|\psi_{\lambda m}\rangle = \frac{1}{2}\langle\psi_{\lambda m}|M_+ + M_-|\psi_{\lambda m}\rangle$

$$= \frac{1}{2}c_{\lambda m}\langle\psi_{\lambda m}|\psi_{\lambda, m+1}\rangle + \frac{1}{2}c_{\lambda, m-1}{}^*\langle\psi_{\lambda m}|\psi_{\lambda, m-1}\rangle$$

$$= 0$$

同様にして $\langle\psi_{\lambda m}|M_y|\psi_{\lambda m}\rangle = 0$. また，$\lambda = J(J+1)$ であることを使って，

$$\langle\psi_{\lambda m}|M_x{}^2|\psi_{\lambda m}\rangle = \frac{1}{4}\langle\psi_{\lambda m}|M_+{}^2 + M_+M_- + M_-M_+ + M_-{}^2|\psi_{\lambda m}\rangle$$

$$= \frac{1}{4}c_{\lambda, m-1}{}^*\langle\psi_{\lambda m}|M_+|\psi_{\lambda, m-1}\rangle + \frac{1}{4}c_{\lambda m}\langle\psi_{\lambda m}|M_-|\psi_{\lambda, m+1}\rangle$$

$$= \frac{1}{4}c_{\lambda, m-1}{}^*c_{\lambda, m-1} + \frac{1}{4}c_{\lambda m}c_{\lambda m}{}^* = \frac{1}{2}(J^2 + J - m^2)$$

$$\langle\psi_{\lambda m}|M_y{}^2|\psi_{\lambda m}\rangle = \langle\psi_{\lambda m}|\boldsymbol{M}^2 - M_x{}^2 - M_z{}^2|\psi_{\lambda m}\rangle$$

$$= \frac{1}{2}(J^2 + J - m^2)$$

[2] $J=1/2$ だから $\lambda = 3/4$. 基準系は，$\psi_{3/4, 1/2}, \psi_{3/4, -1/2}$ の 2 つの波動関数からなる.

$$\langle\psi_{3/4, 1/2}|M_+|\psi_{3/4, -1/2}\rangle = \exp(i\gamma_{3/4, -1/2})\sqrt{\left(\frac{1}{2} + \frac{1}{2}\right)\left(\frac{1}{2} - \frac{1}{2} + 1\right)} = 1$$

ただし $\gamma_{3/4, -1/2} = 0$ とした. したがって

$$\mathrm{M}_+ = \begin{pmatrix} 0 & 1 \\ 0 & 0 \end{pmatrix}$$

同様にして

$$\mathrm{M}_- = \begin{pmatrix} 0 & 0 \\ 1 & 0 \end{pmatrix}, \quad \mathrm{M}_x = \frac{1}{2}(\mathrm{M}_+ + \mathrm{M}_-) = \begin{pmatrix} 0 & 1/2 \\ 1/2 & 0 \end{pmatrix}$$

$$\mathrm{M}_y = \frac{1}{2i}(\mathrm{M}_+ - \mathrm{M}_-) = \begin{pmatrix} 0 & -i/2 \\ i/2 & 0 \end{pmatrix}, \quad \mathrm{M}_z = \begin{pmatrix} 1/2 & 0 \\ 0 & -1/2 \end{pmatrix}$$

[3]　$J=1$ のときの基準系は $\psi_{2,1}, \psi_{2,0}, \psi_{2,-1}$ である．

$$\langle \psi_{2,1} | M_+ | \psi_{2,0} \rangle = \sqrt{2} \exp(i\gamma_{2,0})$$

$$\langle \psi_{2,0} | M_+ | \psi_{2,-1} \rangle = \sqrt{2} \exp(i\gamma_{2,-1})$$

$\gamma_{2,0} = \gamma_{2,-1} = 0$ ととると

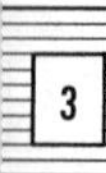

$$\mathrm{M}_+ = \begin{pmatrix} 0 & \sqrt{2} & 0 \\ 0 & 0 & \sqrt{2} \\ 0 & 0 & 0 \end{pmatrix}, \quad \mathrm{M}_- = \begin{pmatrix} 0 & 0 & 0 \\ \sqrt{2} & 0 & 0 \\ 0 & \sqrt{2} & 0 \end{pmatrix}, \quad \mathrm{M}_x = \begin{pmatrix} 0 & 1/\sqrt{2} & 0 \\ 1/\sqrt{2} & 0 & 1/\sqrt{2} \\ 0 & 1/\sqrt{2} & 0 \end{pmatrix}$$

$$\mathrm{M}_y = \begin{pmatrix} 0 & -i/\sqrt{2} & 0 \\ i/\sqrt{2} & 0 & -i/\sqrt{2} \\ 0 & i/\sqrt{2} & 0 \end{pmatrix}, \quad \mathrm{M}_z = \begin{pmatrix} 1 & 0 & 0 \\ 0 & 0 & 0 \\ 0 & 0 & -1 \end{pmatrix}$$

[4]　$J=1/2$ の場合

$$[\mathrm{M}_x, \mathrm{M}_y] = \begin{pmatrix} 0 & 1/2 \\ 1/2 & 0 \end{pmatrix}\begin{pmatrix} 0 & -i/2 \\ i/2 & 0 \end{pmatrix} - \begin{pmatrix} 0 & -i/2 \\ i/2 & 0 \end{pmatrix}\begin{pmatrix} 0 & 1/2 \\ 1/2 & 0 \end{pmatrix} = i\begin{pmatrix} 1/2 & 0 \\ 0 & -1/2 \end{pmatrix}$$

$$= i\mathrm{M}_z$$

$J=1$ のときも同様に示される．$[M_y, M_z] = iM_x$，$[M_z, M_x] = iM_y$ も同様である．$J=1/2$ のときは，$M_x M_y = -M_y M_x = (i/2) M_z$ が成り立つが，これは $J=1/2$ に特別なことであり，$J=1$ では $M_x M_y \neq -M_y M_x$ であることに注意．

問題 3-3

[1]　(1)　$$\frac{\partial}{\partial x} = \frac{\partial r}{\partial x}\frac{\partial}{\partial r} + \frac{\partial \theta}{\partial x}\frac{\partial}{\partial \theta} + \frac{\partial \phi}{\partial x}\frac{\partial}{\partial \phi}$$

であるから，$\partial r/\partial x, \partial\theta/\partial x, \partial\phi/\partial x$ などを求めればよい．

$$\frac{\partial r}{\partial x} = \frac{\partial}{\partial x}\sqrt{x^2+y^2+z^2} = \frac{x}{r} = \sin\theta\cos\phi$$

$$\sec^2\theta\frac{\partial \theta}{\partial x} = \frac{\partial}{\partial x}\tan\theta = \frac{\partial}{\partial x}\frac{\sqrt{x^2+y^2}}{z} = \frac{x}{\sqrt{x^2+y^2}\,z} = \frac{\cos\phi}{r\cos\theta}$$

$$\sec^2\phi\frac{\partial \phi}{\partial x} = \frac{\partial}{\partial x}\tan\phi = \frac{\partial}{\partial x}\frac{y}{x} = -\frac{y}{x^2} = -\frac{\sin\phi}{r\sin\theta\cos^2\phi}$$

以上から

$$\frac{\partial}{\partial x} = \sin\theta\cos\phi\frac{\partial}{\partial r} + \frac{\cos\theta\cos\phi}{r}\frac{\partial}{\partial \theta} - \frac{\sin\phi}{r\sin\theta}\frac{\partial}{\partial \phi}$$

$\partial/\partial y, \partial/\partial z$ についても同じように計算すればよい．

(2) $$L_x = \frac{\hbar}{i}\left(y\frac{\partial}{\partial z} - z\frac{\partial}{\partial y}\right)$$

$$= \frac{\hbar}{i}\left[r\sin\theta\sin\phi\left(\cos\theta\frac{\partial}{\partial r} - \frac{\sin\theta}{r}\frac{\partial}{\partial\theta}\right)\right.$$

$$\left. - r\cos\theta\left(\sin\theta\sin\phi\frac{\partial}{\partial r} + \frac{\cos\theta\sin\phi}{r}\frac{\partial}{\partial\theta} + \frac{\cos\phi}{r\sin\theta}\frac{\partial}{\partial\phi}\right)\right]$$

$$= i\hbar\left(\sin\phi\frac{\partial}{\partial\theta} + \cot\theta\cos\phi\frac{\partial}{\partial\phi}\right)$$

L_y, L_z についても同様にして計算すればよい．

[2] $\langle f|\boldsymbol{L}^2 g\rangle^*$ が $\langle g|\boldsymbol{L}^2 f\rangle$ になることを示そう．$\langle f|\boldsymbol{L}^2 g\rangle$ 中の g の微分を部分積分で f の微分に変えていく．

$$\langle f|\boldsymbol{L}^2 g\rangle^* = \left[\int_0^{2\pi}d\phi\int_0^{\pi}d\theta\sin\theta\, f^*(\theta,\phi)\boldsymbol{L}^2 g(\theta,\phi)\right]^*$$

$$= -\hbar^2\int_0^{2\pi}d\phi\int_0^{\pi}d\theta\sin\theta\, f\left[\frac{1}{\sin\theta}\frac{\partial}{\partial\theta}\left(\sin\theta\frac{\partial}{\partial\theta}g^*\right) + \frac{1}{\sin^2\theta}\frac{\partial^2}{\partial\phi^2}g^*\right]$$

$$= -\hbar^2\int_0^{2\pi}d\phi\left\{\left[f\sin\theta\frac{\partial}{\partial\theta}g^*\right]_0^{\pi} - \int_0^{\pi}d\theta\sin\theta\frac{\partial g^*}{\partial\theta}\frac{\partial f}{\partial\theta}\right\}$$

$$-\hbar^2\int_0^{\pi}d\theta\left\{\left[\frac{1}{\sin\theta}f\frac{\partial g^*}{\partial\phi}\right]_0^{2\pi} - \int_0^{2\pi}d\phi\frac{1}{\sin\theta}\frac{\partial f}{\partial\phi}\frac{\partial g^*}{\partial\phi}\right\}$$

$$= -\hbar^2\int_0^{2\pi}d\phi\left\{-\left[\sin\theta\, g^*\frac{\partial f}{\partial\theta}\right]_0^{\pi} + \int_0^{\pi}d\theta\, g^*\frac{\partial}{\partial\theta}\left(\sin\theta\frac{\partial f}{\partial\theta}\right)\right\}$$

$$-\hbar^2\int_0^{\pi}d\theta\left\{-\left[\frac{1}{\sin\theta}g^*\frac{\partial f}{\partial\phi}\right]_0^{2\pi} + \int_0^{2\pi}d\phi\frac{1}{\sin\theta}g^*\frac{\partial^2 f}{\partial\phi^2}\right\}$$

$$= \langle g|\boldsymbol{L}^2 f\rangle$$

$$\langle f|L_- g\rangle^* = \hbar\int_0^{2\pi}d\phi\int_0^{\pi}d\theta\sin\theta\, fe^{i\phi}\left(-\frac{\partial}{\partial\theta} - i\cot\theta\frac{\partial}{\partial\phi}\right)g^*$$

$$= \hbar\int_0^{2\pi}d\phi\left\{-\left[\sin\theta\, fe^{i\phi}g^*\right]_0^{\pi} + \int_0^{\pi}d\theta\, g^*e^{i\phi}\frac{\partial}{\partial\theta}(\sin\theta\, f)\right\}$$

$$+\hbar\int_0^{\pi}d\theta\sin\theta(-i\cot\theta)\left\{\left[fe^{i\phi}g^*\right]_0^{2\pi} - \int_0^{2\pi}d\phi\, g^*\frac{\partial}{\partial\phi}(e^{i\phi}f)\right\}$$

$$= \hbar\int_0^{2\pi}d\phi\int_0^{\pi}d\theta\left\{g^*e^{i\phi}\cos\theta\, f + g^*e^{i\phi}\sin\theta\frac{\partial f}{\partial\theta}\right\}$$

$$+\hbar\int_0^{\pi}d\theta\int_0^{2\pi}d\phi\, i\cos\theta\left\{ig^*e^{i\phi}f + g^*e^{i\phi}\frac{\partial f}{\partial\phi}\right\}$$

$$= \langle g|L_+ f\rangle$$

[3]

$$\begin{aligned}\boldsymbol{L}^2 Y_{2\pm2} &= -\hbar^2\left[\frac{1}{\sin\theta}\frac{\partial}{\partial\theta}\left(\sin\theta\frac{\partial}{\partial\theta}\right)+\frac{1}{\sin^2\theta}\frac{\partial^2}{\partial\phi^2}\right]C_{22}e^{\pm2i\phi}\sin^2\theta \\ &= -C_{22}\hbar^2 e^{\pm2i\phi}\left[\frac{1}{\sin\theta}\frac{\partial}{\partial\theta}(2\sin^2\theta\cos\theta)-4\right] \\ &= 6C_{22}\hbar^2 e^{\pm2i\phi}\sin^2\theta = 6\hbar^2 Y_{2\pm2}\end{aligned}$$

$Y_{2\pm1}$, Y_{20} についても同様に計算すればよい.

3

問題 3-4

[1] $0 = (H-E)\psi_{lm_l}(r,\theta,\phi)$

$$\begin{aligned}&= \left[-\frac{\hbar^2}{2m}\frac{1}{r^2}\frac{\partial}{\partial r}\left(r^2\frac{\partial}{\partial r}\right)+\frac{1}{2mr^2}\boldsymbol{L}^2+U-E\right]\frac{1}{r}\chi Y_{lm_l} \\ &= -\frac{\hbar^2}{2m}\frac{1}{r}\frac{d^2\chi}{dr^2}Y_{lm_l}+\frac{\hbar^2}{2mr^3}l(l+1)\chi Y_{lm_l}+(U-E)\frac{1}{r}\chi Y_{lm_l}\end{aligned}$$

最後の式を Y_{lm_l}/r で割れば

$$-\frac{\hbar^2}{2m}\frac{d^2\chi}{dr^2}+V_l\chi = E\chi, \qquad V_l = U+\frac{\hbar^2}{2mr^2}l(l+1)$$

[2] 2つの波動関数 $\psi_{lm_l}=[\chi(r)/r]Y_{lm_l}(\theta,\phi)$, $\psi'_{l'm_l'}=[\xi(r)/r]Y_{l'm_l'}(\theta,\phi)$ のスカラー積は

$$\begin{aligned}\langle\psi'_{l'm_l'}|\psi_{lm_l}\rangle &= \int_0^\infty dr\, r^2\int_0^\pi d\theta\,\sin\theta\int_0^{2\pi}d\phi\,\psi'_{l'm_l'}{}^*\psi_{lm_l} \\ &= \int_0^\infty dr\,\xi^*(r)\chi(r)\int_0^\pi d\theta\,\sin\theta\int_0^{2\pi}d\phi\,Y_{l'm_l'}{}^*Y_{lm_l}\end{aligned}$$

であるが，角度積分の部分は球関数のスカラー積の定義であり，Y_{lm_l} はこのスカラー積で規格直交系となっているから，χ と ξ のスカラー積は

$$\langle\xi|\chi\rangle = \int_0^\infty dr\,\xi^*(r)\chi(r)$$

とすべきであり，χ の規格化条件は

$$\int_0^\infty |\chi(r)|^2 dr = 1$$

で与えられる.

[3] $n=n_r+l$ で，n_r は正の整数である．したがって，$l<n$, $-l\leqq m\leqq l$ である.

[4]

$$V_l(r) = -\frac{e^2}{4\pi\varepsilon_0 r}+\frac{\hbar^2}{2mr^2}l(l+1)$$

第1項は負，第2項は正で，ともに $r\to 0$ で発散し，$r\to\infty$ で0に近づく．$r\to 0$ のときは第2項>|第1項| であり正で発散する．$r\to\infty$ のときは，第2項<|第1項| で，$V_l(r)<0$ である．したがってグラフは右図のようになる．

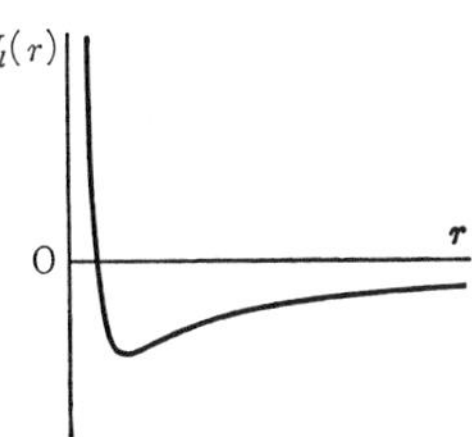

問題 3-5

[1]　$H_l=D_{l+1}{}^{-}D_{l+1}{}^{+}-1/(l+1)^2$ である．固有値 ε_{nl} をもつ状態中最大の $l(=L$ と書く$)$ をもつ状態を χ_{nL} とすると，$D_{L+1}{}^{+}\chi_{nL}=0$ でなければならない．したがって

$$H_L\chi_{nL} = D_{L+1}{}^{-}D_{L+1}{}^{+}\chi_{nL}-\frac{1}{(L+1)^2}\chi_{nL} = -\frac{1}{(L+1)^2}\chi_{nL}$$

ゆえに $\varepsilon_{nL}=-1/(L+1)^2$ であり，この状態には，χ_{nL}, $D_L{}^{-}\chi_{nL}$, $D_{L-1}{}^{-}D_L{}^{-}\chi_{nL}$, $\cdots$ と $l=L$, $L-1, L-2, \cdots, 1, 0$ の，$L+1$ 個の状態が属する．したがってエネルギー準位と l の関係は下図のようになる．n_r は一定の l のもとで，エネルギー準位に下からつけた番号で下図のようにつけられるから，$L=l+n_r-1=n-1$ であることがわかる．したがって，$\varepsilon_{nl}=-1/n^2$.

	$l=0$	$l=1$	$l=2$
$L=2$	$n_r=3$	$n_r=2$	$n_r=1$
$L=1$	$n_r=2$	$n_r=1$	
$L=0$	$n_r=1$		

問[1]　エネルギー準位 $\varepsilon_{nl}=-1/(L+1)^2$ と L, l, n_r の関係

[2]　(i)　$|\chi^2|$ が最大になるのは，$|\chi_{10}|^2$, $|\chi_{20}|^2$, $|\chi_{21}|^2$ それぞれについて，$\rho=1$, $3+\sqrt{5}\fallingdotseq 5.24$, 4 のときである．

(ii)

$$\langle\chi_{10}|\rho|\chi_{10}\rangle = 4\int_0^\infty d\rho\,\rho^3 e^{-2\rho} = \frac{3}{2}$$

$$\langle\chi_{20}|\rho|\chi_{20}\rangle = \frac{1}{2}\int_0^\infty d\rho\,\rho^3\left(1-\frac{1}{2}\rho\right)^2 e^{-\rho} = 6$$

$$\langle\chi_{21}|\rho|\chi_{21}\rangle = \frac{1}{24}\int_0^\infty d\rho\,\rho^5 e^{-\rho} = 5$$

[3] (i) $\rho\to\infty$ で0になる項をのぞくと，(3.31)式は

$$-\frac{d^2}{d\rho^2}\chi_{nl}(\rho) = \varepsilon_{nl}\chi_{nl}(\rho) = -|\varepsilon_{nl}|\chi_{nl}(\rho)$$

この解は $\chi_{nl}(\rho)\propto\exp(\pm\sqrt{|\varepsilon_{nl}|}\,\rho)$. 複号 + の方は $\rho\to\infty$ で発散してしまうので，− の方をとる．

(ii) $$\left[-\frac{d^2}{d\rho^2}-\frac{2}{\rho}+\frac{1}{\rho^2}l(l+1)\right]\xi\exp(-\sqrt{|\varepsilon_{nl}|}\,\rho) = \varepsilon_{nl}\,\xi\exp(-\sqrt{|\varepsilon_{nl}|}\,\rho)$$

より，

$$-\frac{d^2}{d\rho^2}\xi+2\sqrt{|\varepsilon_{nl}|}\,\frac{d\xi}{d\rho}-\frac{2}{\rho}\xi+\frac{1}{\rho^2}l(l+1)\xi = 0$$

(iii) $\rho\to 0$ で $\chi\cong c\rho^n$ とすると

$$\left[-\frac{d^2}{d\rho^2}-\frac{2}{\rho}+\frac{1}{\rho^2}l(l+1)\right]\chi \cong -n(n-1)c\rho^{n-2}-2c\rho^{n-1}+l(l+1)c\rho^{n-2}$$
$$= \varepsilon_{nl}c\rho^n$$

$\rho\to 0$ では ρ^{n-2} に比例する項が一番重要であり，この項は消えなければならないから，$l(l+1)=n(n-1)$，つまり $n=l+1$ または $n=-l$ でなければならない．$n=-l$ とすると，規格化積分が発散してしまうので，$n=l+1$ である．

(iv) $$\frac{d}{d\rho}\xi = \sum_{j=l+1}^{\infty} ja_j\rho^{j-1} = \sum_{j=l}^{\infty}(j+1)a_{j+1}\rho^j$$

$$\frac{d^2}{d\rho^2}\xi = \sum_{j=l+1}^{\infty} j(j-1)a_j\rho^{j-2} = \sum_{j=l-1}^{\infty}(j+2)(j+1)a_{j+2}\rho^j$$

$$\frac{1}{\rho^k}\xi = \sum_{j=l+1}^{\infty} a_j\rho^{j-k} = \sum_{j=l-k+1}^{\infty} a_{j+k}\rho^j \qquad (k=1,\,2)$$

を(ii)で求めた式に代入すると，

$$\sum_{j=l}^{\infty}\left\{[l(l+1)-(j+1)(j+2)]a_{j+2}-2[1-(j+1)\sqrt{|\varepsilon_{nl}|}\,]a_{j+1}\right\}\rho^j = 0$$

この式が成り立つためには{ }の中が0でなければならない．したがって a_j に対する漸化式は

$$[l(l+1)-(j+1)(j+2)]a_{j+2} = 2[1-(j+1)\sqrt{|\varepsilon_{nl}|}]a_{j+1} \qquad (j\geqq l)$$

(v) a_{l+1} を与えると，$a_{l+2}, a_{l+3}, \cdots$ は(iv)の式によって次つぎに決まる．これが途中で切れるためには $[1-(j+1)\sqrt{|\varepsilon_{nl}|}]=0$ が必要である．これよりエネルギー固有値は，$\varepsilon_{nl}=-1/(j+1)^2=-1/(l+1)^2,\ -1/(l+2)^2, -1/(l+3)^2, \cdots$ と決まる．低い方から $n_r=1, 2, 3, \cdots$ の状態であるから，$\varepsilon_{nl}=-1/(l+n_r)^2=-1/n^2$ である．

(vi) $n=2$ であるから，$l=0, 1$ のみ可能である．$l=0$ のときの漸化式は

$$-(j+1)(j+2)a_{j+2} = 2\left[1-\frac{1}{2}(j+1)\right]a_{j+1} \qquad (j=0,1,2,\cdots)$$

これより $a_2=-a_1/2$, $a_3=a_4=\cdots=0$ となるから

$$\chi_{20} \propto \left(\rho-\frac{1}{2}\rho^2\right)e^{-\rho/2}$$

$l=1$ のときの漸化式は

$$[2-(j+1)(j+2)]a_{j+2} = 2\left[1-\frac{1}{2}(j+1)\right]a_{j+1} \qquad (j=1,2,\cdots)$$

これより $a_3=a_4=\cdots=0$, a_2 のみが 0 でない．したがって，

$$\chi_{21} \propto \rho^2 e^{-\rho/2}$$

以上の結果は例題 3.9 の結果と一致している．

3

問題 3–6

[1] (i) $B=0$ のときのエネルギーは

$$E = -\frac{m_e e^4}{32\pi^2\varepsilon_0{}^2\hbar^2}\frac{1}{4} = -13.6\times\frac{1}{4} = -3.4\,\mathrm{eV}$$

(ii) $m_l=-1,0,1$ の 3 つの準位に分裂するが，分裂の大きさは，$B\mu_B=0.1\times9.27\times10^{-24}\,\mathrm{J}=5.79\times10^{-6}\,\mathrm{eV}$.

[2] (i) 例題 3.9 より $\chi_{21}/r=(1/2\sqrt{6})(r/a_0{}^{5/2})\exp(-r/2a_0)$, 一方 3–3 節(3.19), (3.22)式より $Y_{11}(\theta,\varphi)=C_1\sin\theta\, e^{i\phi}$. 規格化を行なうと，$C_1=\sqrt{3/8\pi}$ であることがわかる．したがって

$$\psi_{211}(r,\theta,\varphi) = \frac{1}{8\sqrt{\pi}}\frac{r}{a_0{}^{5/2}}\exp\left(-\frac{r}{2a_0}\right)\sin\theta\, e^{i\phi}$$

$\psi_{210}\propto L_-\psi_{211}$, $\psi_{21-1}\propto L_-\psi_{210}$ より，

$$\psi_{210} = \frac{1}{4\sqrt{2\pi}}\frac{r}{a_0{}^{5/2}}\exp\left(-\frac{r}{2a_0}\right)\cos\theta$$

$$\psi_{21-1} = \frac{1}{8\sqrt{\pi}}\frac{r}{a_0{}^{5/2}}\exp\left(-\frac{r}{2a_0}\right)\sin\theta\, e^{-i\phi}$$

(ii) $x^2+y^2=r^2\sin^2\theta$ であるから

$$\left\langle\psi_{21\pm1}\left|\frac{e^2}{8m_e}B^2(x^2+y^2)\right|\psi_{21\pm1}\right\rangle$$

$$= \frac{1}{64\pi}\frac{1}{a_0{}^5}\frac{e^2}{8m_e}B^2\int_0^\infty dr\int_0^{2\pi}d\phi\int_0^\pi d\theta\, r^2\sin\theta\, r^2\sin^2\theta\, r^2\exp\left(-\frac{r}{a_0}\right)\sin^2\theta$$

$$= 3\frac{e^2}{m_e}B^2a_0{}^2$$

$$\left\langle \psi_{210} \left| \frac{e^2}{8m_\mathrm{e}} B^2(x^2+y^2) \right| \psi_{210} \right\rangle = \frac{3}{2}\frac{e^2}{m_\mathrm{e}} B^2 a_0{}^2$$

(iii)　$m_l=1$ のとき第1項は $(e\hbar/2m_\mathrm{e})B$，これが $3(e^2/m_\mathrm{e})B^2a_0{}^2$ に等しいとすると $B=\hbar/(6ea_0{}^2)=3.92\times10^4$ T．ちなみにわれわれが実現できる最強の磁場は 100 T 程度までである．

[3]　$\psi(r)$ は

$$H\psi = \frac{1}{2m}[\nabla+e\boldsymbol{A}]^2\psi + U\psi = E\psi$$

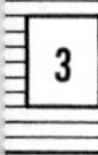

を満たす．さて

$$(\nabla+e\boldsymbol{A})\psi e^{-i(e/\hbar)\chi} = (\nabla\psi)e^{-i(e/\hbar)\chi} - e(\nabla\chi)\psi e^{-i(e/\hbar)\chi} + e\boldsymbol{A}\psi e^{-i(e/\hbar)\chi}$$

より，$(\nabla+e\boldsymbol{A}+e\nabla\chi)\psi e^{-i(e/\hbar)\chi}=e^{-i(e/\hbar)\chi}(\nabla+e\boldsymbol{A})\psi$．同様にして，$(\nabla+e\boldsymbol{A})\psi$ を1つの波動関数と考えれば，$(\nabla+e\boldsymbol{A}+e\nabla\chi)\cdot(\nabla+e\boldsymbol{A}+e\nabla\chi)\psi e^{-i(e/\hbar)\chi}=(\nabla+e\boldsymbol{A}+e\nabla\chi)e^{-i(e/\hbar)\chi}[(\nabla+e\boldsymbol{A})\psi]=e^{-i(e/\hbar)\chi}(\nabla+e\boldsymbol{A})[(\nabla+e\boldsymbol{A})\psi]$．これより，

$$\frac{1}{2m}(\nabla+e\boldsymbol{A}+e\nabla\chi)^2\psi e^{-i(e/\hbar)\chi} + (U-E)\psi e^{-i(e/\hbar)\chi} = 0$$

したがって，ベクトル・ポテンシャルが $\boldsymbol{A}+\nabla\chi$ のときの固有関数は，$\psi e^{-i(e/\hbar)\chi}$ である．

問題 3-7

[1]　$S_x{}^2 = S_y{}^2 = S_z{}^2 = \dfrac{\hbar^2}{4}\begin{pmatrix}1 & 0\\ 0 & 1\end{pmatrix}$

$$\boldsymbol{S}^2 = \frac{3}{4}\hbar^2\begin{pmatrix}1 & 0\\ 0 & 1\end{pmatrix}$$

[2]　2行2列のエルミット行列は，a, b, c, d を実数として，

$$\begin{pmatrix} a & c-id \\ c+id & b \end{pmatrix}$$

と書ける．これは，$\dfrac{1}{2}(a+b)\mathbf{1}+c\sigma_x+d\sigma_y+\dfrac{1}{2}(a-b)\sigma_z$ に等しい．

[3]　$\exp(iaS_x) = \displaystyle\sum_{n=0}^{\infty}\frac{1}{n!}(iaS_x)^n$

$$= \sum_{n=0}^{\infty}\frac{1}{(2n)!}(i\sigma_x)^{2n}\left(\frac{\hbar a}{2}\right)^{2n} + \sum_{n=0}^{\infty}\frac{i\sigma_x}{(2n+1)!}(i\sigma_x)^{2n}\left(\frac{\hbar a}{2}\right)^{2n+1}$$

$(\sigma_x)^2=\mathbf{1}$ であるから，$(i\sigma_x)^{2n}=(-1)^n\mathbf{1}$．上の式と $\cos(\hbar a/2)$ と $\sin(\hbar a/2)$ のテイラー展開式をくらべることにより，

$$\exp(iaS_x) = \cos\left(\frac{\hbar a}{2}\right) + i\frac{2}{\hbar}\sin\left(\frac{\hbar a}{2}\right)S_x$$

第 4 章

問題 4-1

[1] 摂動は，$\Delta x=(\hbar/2m\omega)^{1/2}$ として，$\lambda\Delta x(b^\dagger+b)$ と書ける．一方，摂動がないときの n 番目の固有状態は，$|n\rangle$ であり $b^\dagger b|n\rangle=n|n\rangle$ を満たす．n 番目の固有値に対する1次摂動は

$$W_n{}^{(1)} = \langle n|\lambda\Delta x(b^\dagger+b)|n\rangle$$
$$= \lambda\Delta x(\langle n|\sqrt{n+1}\,|n+1\rangle+\langle n|\sqrt{n}\,|n-1\rangle) = 0$$

2次摂動は

$$W_n{}^{(2)} = \sum_{k\neq n}\frac{\lambda^2\Delta x^2}{E_n-E_k}\langle n|b^\dagger+b|k\rangle\langle k|b^\dagger+b|n\rangle$$
$$= \lambda^2\Delta x^2\left\{\frac{1}{E_n-E_{n+1}}\langle n|b|n+1\rangle\langle n+1|b^\dagger|n\rangle + \frac{1}{E_n-E_{n-1}}\langle n|b^\dagger|n-1\rangle\langle n-1|b|n\rangle\right\}$$
$$= \lambda^2\Delta x^2\left\{\frac{n+1}{-\hbar\omega}+\frac{n}{\hbar\omega}\right\} = -\frac{\lambda^2\Delta x^2}{\hbar\omega}$$

したがってエネルギー固有値は

$$E_n = \hbar\omega\left(n+\frac{1}{2}\right)-\frac{\lambda^2\Delta x^2}{\hbar\omega}$$
$$= \hbar\omega\left(n+\frac{1}{2}\right)-\frac{\lambda^2}{2m\omega^2}$$

となる．

なお，この問題では，もともとのハミルトニアンは

$$H = -\frac{\hbar^2}{2m}\frac{\partial^2}{\partial x^2}+\frac{1}{2}m\omega^2x^2+\lambda x$$
$$= -\frac{\hbar^2}{2m}\frac{\partial^2}{\partial x^2}+\frac{1}{2}m\omega^2\left(x+\frac{\lambda}{m\omega^2}\right)^2-\frac{\lambda^2}{2m\omega^2}$$

と書けるから，変数を $x+\lambda/(m\omega^2)$ にとることにより，エネルギーは厳密に E_n で与えられることがわかる．

[2] 摂動は，$\Delta x=(\hbar/2m\omega)^{1/2}$ として，$\lambda\Delta x^3(b^\dagger+b)^3$ である．

$$(b^\dagger+b)|n\rangle = \sqrt{n+1}\,|n+1\rangle+\sqrt{n}\,|n-1\rangle$$
$$(b^\dagger+b)^2|n\rangle = \sqrt{(n+1)(n+2)}\,|n+2\rangle+(2n+1)|n\rangle+\sqrt{n(n-1)}\,|n-2\rangle$$

$$(b^\dagger+b)^3|n\rangle = \sqrt{(n+1)(n+2)(n+3)}\,|n+3\rangle+3(n+1)^{3/2}|n+1\rangle + 3n^{3/2}|n-1\rangle+\sqrt{n(n-1)(n-2)}\,|n-3\rangle$$

したがって，1次摂動は

$$W_n^{(1)} = \langle n|\lambda\Delta x^3(b^\dagger+b)^3|n\rangle = 0$$

次に2次摂動は

$$\begin{aligned} W_n^{(2)} &= \sum_{k\neq n}\frac{\lambda^2\Delta x^6}{E_n-E_k}\langle n|(b^\dagger+b)^3|k\rangle\langle k|(b^\dagger+b)^3|n\rangle \\ &= \lambda^2\Delta x^6\left\{\frac{1}{E_n-E_{n+3}}\langle n|(b^\dagger+b)^3|n+3\rangle\langle n+3|(b^\dagger+b)^3|n\rangle\right. \\ &\quad +\frac{1}{E_n-E_{n+1}}\langle n|(b^\dagger+b)^3|n+1\rangle\langle n+1|(b^\dagger+b)^3|n\rangle \\ &\quad +\frac{1}{E_n-E_{n-1}}\langle n|(b^\dagger+b)^3|n-1\rangle\langle n-1|(b^\dagger+b)^3|n\rangle \\ &\quad \left.+\frac{1}{E_n-E_{n-3}}\langle n|(b^\dagger+b)^3|n-3\rangle\langle n-3|(b^\dagger+b)^3|n\rangle\right\} \\ &= \frac{\lambda^2\Delta x^6}{\hbar\omega}\left\{-\frac{1}{3}(n+1)(n+2)(n+3)-9(n+1)^3+9n^3+\frac{1}{3}n(n-1)(n-2)\right\} \\ &= -(30n^2+30n+11)\frac{\lambda^2\Delta x^6}{\hbar\omega} \end{aligned}$$

[3]　λ の1次での波動関数の変化は

$$\phi_1^{(1)} = \sum_{n\geqq 2}\frac{1}{E_1-E_n}\langle\psi_n|V|\psi_1\rangle\psi_n$$

$$\begin{aligned} \langle\psi_n|V|\psi_1\rangle &= \lambda\frac{2}{L}\int_0^{L/2}dx\ V_0\sin(k_nx)\sin(k_1x) \\ &= -\frac{\lambda V_0}{L}\int_0^{L/2}dx\left[\cos\frac{(n+1)\pi x}{L}-\cos\frac{(n-1)\pi x}{L}\right] \end{aligned}$$

$n=1$ のときは

$$\langle\psi_1|V|\psi_1\rangle = -\frac{\lambda V_0}{L}\int_0^{L/2}dx\left[\cos\frac{2\pi x}{L}-1\right] = \frac{1}{2}\lambda V_0$$

$n\geqq 2$ のときは

$$\begin{aligned} \langle\psi_n|V|\psi_1\rangle &= -\frac{\lambda V_0}{\pi}\left\{\frac{1}{n+1}\sin\left[\frac{\pi}{2}(n+1)\right]-\frac{1}{n-1}\sin\left[\frac{\pi}{2}(n-1)\right]\right\} \\ &= -\frac{\lambda V_0}{\pi}\frac{2n}{n^2-1}\sin\left[(n+1)\frac{\pi}{2}\right] \end{aligned}$$

この積分は n が偶数のときのみ残る．$n=2p$ と書くと，$\sin[(n+1)\pi/2]=(-1)^p$，$E_1-E_{2p}=(\pi^2\hbar^2/2mL^2)(1-4p^2)$ より

$$\phi_1{}^{(1)} = \sqrt{\frac{2}{L}}\frac{2m\lambda V_0 L^2}{\pi^3\hbar^2}\sum_{p=1}^{\infty}(-1)^p\frac{4p}{(4p^2-1)^2}\sin k_{2p}x$$

次にエネルギー固有値の補正を求める.

$$W_1{}^{(1)} = \langle\psi_1|V|\psi_1\rangle = \frac{1}{2}\lambda V_0$$

$$W_1{}^{(2)} = \sum_{n\geq 2}\frac{\langle\psi_1|V|\psi_n\rangle\langle\psi_n|V|\psi_1\rangle}{E_1-E_n}$$

$$= 32m\left(\frac{\lambda V_0 L}{\pi^2\hbar}\right)^2\sum_{p=1}^{\infty}\frac{p^2}{(1-4p^2)^3}$$

なお，p の和はポケコン等で簡単に計算できる．その際，$0=\sum_p[1/(64p^4)]-(\pi^4/90)/64$ を加えておくと収束が速い．$p=8$ 程度までの和で十分で，$\sum p^2/(1-4p^2)^3=-0.38553$ となる．

4

問題 4-2

[1]

$$x = \left(\frac{\hbar}{2m\omega}\right)^{1/2}(b^\dagger{}_x+b_x), \qquad y = \left(\frac{\hbar}{2m\omega}\right)^{1/2}(b^\dagger{}_y+b_y)$$

であるから，摂動は

$$\lambda V = \frac{\hbar\omega'^2}{2\omega}(b^\dagger{}_x+b_x)(b^\dagger{}_y+b_y)$$

と書ける．$\psi_1=b^\dagger{}_x|0\rangle$，$\psi_2=b^\dagger{}_y|0\rangle$ として，λV の行列要素を計算する．

$$\lambda V_{11} = \frac{\hbar\omega'^2}{2\omega}\langle 0|b_x(b^\dagger{}_x+b_x)(b^\dagger{}_y+b_y)b^\dagger{}_x|0\rangle$$

$$= \frac{\hbar\omega'^2}{2\omega}\langle 0|b^\dagger{}_y b_x(b^\dagger{}_x+b_x)b^\dagger{}_x+b_x(b^\dagger{}_x+b_x)b^\dagger{}_x b_y|0\rangle$$

$$= 0$$

ここで $b_y, b^\dagger{}_y$ が，$b^\dagger{}_x, b_x$ と可換であることと，$b_y|0\rangle=0$ を使った．同様にして $\lambda V_{22}=0$．次に

$$\lambda V_{12} = \frac{\hbar\omega'^2}{2\omega}\langle 0|b_x(b^\dagger{}_x+b_x)(b^\dagger{}_y+b_y)b^\dagger{}_y|0\rangle$$

$$= \frac{\hbar\omega'^2}{2\omega}\langle 0|b_x b^\dagger{}_x b_y b^\dagger{}_y|0\rangle = \frac{\hbar\omega'^2}{2\omega} = \lambda V_{21}$$

したがって，新しい 0 次近似の固有関数 $\phi^{(0)}=c_1\psi_1+c_2\psi_2$ の係数 c_1, c_2 に対する条件は

$$\frac{\hbar\omega'^2}{2\omega}c_2 = \varepsilon c_1, \qquad \frac{\hbar\omega'^2}{2\omega}c_1 = \varepsilon c_2$$

これより $c_1=\pm c_2=1/\sqrt{2}$，$\varepsilon=\pm\hbar\omega'^2/2\omega$ となる．

[2] 摂動がないときの固有状態を $|n_x, n_y\rangle$ と書くことにする．ここで，

$$b^\dagger{}_x b_x|n_x, n_y\rangle = n_x|n_x, n_y\rangle, \qquad b^\dagger{}_y b_y|n_x, n_y\rangle = n_y|n_x, n_y\rangle$$

である．前問より，0 次近似の固有関数は

$$\phi_\pm{}^{(0)} = \frac{1}{\sqrt{2}}(|1, 0\rangle \pm |0, 1\rangle)$$

である．

$$\lambda V|1, 0\rangle = \frac{\hbar\omega'^2}{2\omega}(b^\dagger{}_x+b_x)(b^\dagger{}_y+b_y)|1, 0\rangle$$

$$= \frac{\hbar\omega'^2}{2\omega}(b^\dagger{}_x+b_x)|1, 1\rangle$$

$$= \frac{\hbar\omega'^2}{2\omega}[\sqrt{2}|2, 1\rangle+|0, 1\rangle]$$

$$\lambda V|0, 1\rangle = \frac{\hbar\omega'^2}{2\omega}[\sqrt{2}|1, 2\rangle+|1, 0\rangle]$$

より

$$\lambda V\phi_\pm{}^{(0)} = \frac{\hbar\omega'^2}{2\omega}[\pm\phi_\pm{}^{(0)}+|2, 1\rangle\pm|1, 2\rangle]$$

例題 4.3 の結果より

$$W_\pm{}^{(2)} = \left(\frac{\hbar\omega'^2}{2\omega}\right)^2\frac{2}{-2\hbar\omega} = -\frac{\hbar\omega'^4}{4\omega^3}$$

1 次摂動の結果と合わせて

$$E_\pm = \pm\frac{\hbar\omega'^2}{2\omega}-\frac{\hbar\omega'^4}{4\omega^3}$$

[3] 問[1]と同じように計算すればよい．$\psi_1=(1/\sqrt{2})b_x{}^{\dagger 2}|0\rangle=|2, 0\rangle$，$\psi_2=b^\dagger{}_x b^\dagger{}_y|0\rangle=|1, 1\rangle$，$\psi_3=(1/\sqrt{2})b^\dagger{}_y{}^2|0\rangle=|0, 2\rangle$ とする．

$$\lambda V_{11} = \frac{\hbar\omega'^2}{2\omega}\langle 2, 0|(b^\dagger{}_x+b_x)(b^\dagger{}_y+b_y)|2, 0\rangle$$

$$= \frac{\hbar\omega'^2}{2\omega}\langle 2, 0|(b^\dagger{}_x+b_x)|2, 1\rangle = 0$$

同様に $\lambda V_{22}=\lambda V_{33}=0$

$$\lambda V_{12} = \frac{\hbar\omega'^2}{2\omega}\langle 2, 0|(b^\dagger{}_x+b_x)(b^\dagger{}_y+b_y)|1, 1\rangle$$

$$= \frac{\hbar\omega'^2}{2\omega}\{\langle 2, 0|b^\dagger{}_x+b_x|1, 0\rangle+\sqrt{2}\langle 2, 0|b^\dagger{}_x+b_x|1, 2\rangle\}$$

$$= \sqrt{2}\ \frac{\hbar\omega'^2}{2\omega}$$

同様に，$\lambda V_{21}=\lambda V_{23}=\lambda V_{32}=\sqrt{2}\,\hbar\omega'^2/(2\omega)$.

$$\lambda V_{13} = \frac{\hbar\omega'^2}{2\omega}\langle 2, 0|(b^\dagger{}_x+b_x)(b^\dagger{}_y+b_y)|0, 2\rangle$$

$$= \lambda V_{31} = 0$$

したがって新しい 0 次の関数を決める条件は

$$\frac{\hbar\omega'^2}{\sqrt{2}\,\omega}c_2 = \varepsilon c_1$$

$$\frac{\hbar\omega'^2}{\sqrt{2}\,\omega}c_1+\frac{\hbar\omega'^2}{\sqrt{2}\,\omega}c_3 = \varepsilon c_2$$

$$\frac{\hbar\omega'^2}{\sqrt{2}\,\omega}c_2 = \varepsilon c_3$$

この方程式は連成振動であらわれるものと同じ形であり，

$$\phi_1{}^{(0)} = \frac{1}{2}\psi_1+\frac{1}{\sqrt{2}}\psi_2+\frac{1}{2}\psi_3$$

$$\phi_2{}^{(0)} = \frac{1}{\sqrt{2}}\psi_1-\frac{1}{\sqrt{2}}\psi_3$$

$$\phi_3{}^{(0)} = \frac{1}{2}\psi_1-\frac{1}{\sqrt{2}}\psi_2+\frac{1}{2}\psi_3$$

が，新しい 0 次の固有状態となる．

[4] (4.12)式を(4.11)式のはじめの式に代入すると

$$\lambda V_{12}c_2 = \frac{1}{2}\lambda\{V_{22}-V_{11}\pm\sqrt{(V_{11}-V_{22})^2+4|V_{12}|^2}\}c_1$$

両辺の絶対値の 2 乗をとり，規格化条件 $|c_1|^2+|c_2|^2=1$ を使って c_1 を求めると，

$$c_1 = \frac{1}{\sqrt{2}}\left(1\pm\frac{V_{11}-V_{22}}{\sqrt{(V_{11}-V_{22})^2+4|V_{12}|^2}}\right)^{1/2}$$

ただし，c_1 の位相は任意であるので，c_1 を正の実数とした．c_2 は上式より

$$c_2 = \pm\frac{1}{\sqrt{2}}\ \frac{V_{12}{}^*}{|V_{12}|}\left(1\pm\frac{V_{22}-V_{11}}{\sqrt{(V_{11}-V_{22})^2+4|V_{12}|^2}}\right)^{1/2}$$

問題 4-3

[1] $\Delta x=(\hbar/2m\omega)^{1/2}$ として，$\lambda x=\lambda\Delta x(b^\dagger+b)$ と書ける．ハミルトニアンは，$H=\hbar\omega(b^\dagger b+1/2)+\lambda\Delta x(b^\dagger+b)$ である．$\langle 0|H|0\rangle=(1/2)\hbar\omega$, $\langle 0|H|1\rangle=\langle 1|H|0\rangle=\lambda\Delta x$, $\langle 1|H|1\rangle=(3/2)\hbar\omega$ より，

$$f[\phi] = \langle\phi|H|\phi\rangle = \frac{1}{2}\hbar\omega|\xi_0|^2 + \frac{3}{2}\hbar\omega|\xi_1|^2 + \lambda\Delta x(\xi_0{}^*\xi_1 + \xi_0\xi_1{}^*)$$

となる．$f[\phi]$ を $|\xi_0|^2+|\xi_1|^2=1$ の下で最小化するために，ラグランジュの未定係数法により，

$$\frac{\partial}{\partial\xi_0{}^*}\{f[\phi] - W(|\xi_0|^2+|\xi_1|^2)\} = \frac{1}{2}\hbar\omega\xi_0 + \lambda\Delta x\xi_1 - W\xi_0 = 0$$

$$\frac{\partial}{\partial\xi_1{}^*}\{f[\phi] - W(|\xi_0|^2+|\xi_1|^2)\} = \frac{3}{2}\hbar\omega\xi_1 + \lambda\Delta x\xi_0 - W\xi_1 = 0$$

の解を求める．この式は，(4.11)式と同じ形をしており，解は

$$W = \hbar\omega \pm \frac{1}{2}\sqrt{4\lambda^2\Delta x^2 + \hbar^2\omega^2}$$

4

のとき存在し，問題 4–2 問[4]より，

$$\xi_0 = \frac{1}{\sqrt{2}}\left(1 \mp \frac{\hbar\omega}{\sqrt{(\hbar\omega)^2 + 4\lambda^2\Delta x^2}}\right)^{1/2}$$

$$\xi_1 = \frac{1}{\sqrt{2}}\left(1 \pm \frac{\hbar\omega}{\sqrt{(\hbar\omega)^2 + 4\lambda^2\Delta x^2}}\right)^{1/2}$$

となる．この ξ_0, ξ_1 を $f[\phi]$ に代入すると，

$$f[\phi] = \hbar\omega \pm \frac{1}{2}\sqrt{\hbar^2\omega^2 + 4\lambda^2\Delta x^2}$$

となり，基底エネルギーの近似値は，

$$\hbar\omega - \frac{1}{2}\sqrt{\hbar^2\omega^2 + 2\frac{\lambda^2\hbar}{m\omega}}$$

で与えられる．なおこれは，厳密な値 $(1/2)\hbar\omega - \lambda^2/(2m\omega^2)$ より大きい．

[2]

$$\int_{-\infty}^{\infty} dx\,|\phi(x)|^2 = \left(\frac{a}{\pi}\right)^{1/2}\int_{-\infty}^{\infty} dx\, e^{-ax^2} = 1$$

であるから，$\phi(x)$ は規格化されている．$\phi(x)$ による H の平均値は

$$\begin{aligned}
\langle\phi|H|\phi\rangle &= \left(\frac{a}{\pi}\right)^{1/2}\int_{-\infty}^{\infty} dx\, e^{-ax^2/2}\left[-\frac{\hbar^2}{2m}\frac{\partial^2}{\partial x^2} + \frac{1}{4!}gx^4\right]e^{-ax^2/2} \\
&= \left(\frac{a}{\pi}\right)^{1/2}\left[e^{-ax^2/2}\left(-\frac{\hbar^2}{2m}\right)\frac{d}{dx}e^{-ax^2/2}\right]_{-\infty}^{\infty} \\
&\quad + \left(\frac{a}{\pi}\right)^{1/2}\int_{-\infty}^{\infty} dx\left\{\frac{\hbar^2}{2m}\left(\frac{d}{dx}e^{-ax^2/2}\right)^2 + \frac{1}{4!}gx^4e^{-ax^2}\right\} \\
&= \left(\frac{a}{\pi}\right)^{1/2}\int_{-\infty}^{\infty} dx\left\{\frac{\hbar^2a^2}{2m}x^2e^{-ax^2} + \frac{1}{4!}gx^4e^{-ax^2}\right\}
\end{aligned}$$

$$= \frac{\hbar^2 a}{4m} + \frac{1}{32}\frac{g}{a^2}$$

最小値は，$a=(mg/4\hbar^2)^{1/3}$ のときで，$(3/8)(\hbar^4 g/4m^2)^{1/3}$ である．

[3]

$$\int_0^\infty dx\,|\phi(x)|^2 = 4b^3\int_0^\infty dx\, x^2 e^{-2bx} = 1$$

で，$\phi(x)$ は規格化されている．

$$\frac{d^2}{dx^2}\phi(x) = 2b^{3/2}\frac{d}{dx}[e^{-bx} - bxe^{-bx}] = 2b^{3/2}[-2be^{-bx} + b^2 xe^{-bx}]$$

であるから，

$$\langle\phi|H|\phi\rangle = 4b^3\int_0^\infty dx\left\{\frac{\hbar^2 b}{m}xe^{-2bx} - \frac{\hbar^2 b^2}{2m}x^2 e^{-2bx} + (ax - V_0)x^2 e^{-2bx}\right\}$$

$$= \frac{\hbar^2}{2m}b^2 + \frac{3}{2}\frac{a}{b} - V_0$$

この関数は $b=(3ma/2\hbar^2)^{1/3}$ で最小値

$$\left(\frac{3}{2}\right)^{5/3}\left(\frac{\hbar^2 a^2}{m}\right)^{1/3} - V_0$$

をとる．これが基底エネルギーの近似値である．

[4] この問題でも $\phi(x)$ は規格化されている．

$$\langle\phi|H|\phi\rangle = \int_0^\infty dx\left\{\frac{\hbar^2}{2m}\left(\frac{d}{dx}\phi\right)^2 + (ax - V_0)\phi^2\right\}$$

$$= \frac{3}{4}\frac{\hbar^2}{m}b + \frac{2}{\sqrt{\pi}}\frac{a}{\sqrt{b}} - V_0$$

この関数は，$b=(4/3\sqrt{\pi})^{2/3}(ma/\hbar^2)^{2/3}$ で最小値

$$\left(\frac{9}{2\sqrt{\pi}}\right)^{2/3}\left(\frac{\hbar^2 a^2}{m}\right)^{1/3} - V_0$$

をとる．前問と比べると，$(3/2)^{5/3}\cong 1.97$，$(9/2\sqrt{\pi})^{2/3}\cong 1.86$ であるから，今回の方がよりよい近似になっている．

問題 4-4

[1] $\Psi(x,t) = \sum_{s=1}^{\infty} a_s(t)\exp[-(i/\hbar)E_s t]\psi_s(t)$ と書くと，

$$\frac{d}{dt}a_s(t) = -\frac{i}{\hbar}\sum_m \mathcal{H}_{sm}(t)a_m(t)$$

である．λ の 1 次まで考えるとき，右辺の $a_m(t)$ は $t=0$ での値 c_m を用いればよい．し

たがって

$$\frac{d}{dt}a_s(t) = -\frac{i}{\hbar}\sum_m c_m\lambda(t)V_{sm}\exp\left(\frac{i}{\hbar}(E_s-E_m)t\right)$$

t で両辺積分して,

$$a_s(t) = c_s-\frac{i}{\hbar}\sum_m c_m V_{sm}\int_0^t dt'\lambda(t')\exp\left(\frac{i}{\hbar}(E_s-E_m)t'\right)$$

これを $\Psi(x,t)$ の式に代入すればよい.

[2]　λ の1次では,$a_m(t)$ は(4.24)式で与えられる.この式を(4.21)式右辺に代入すれば,λ の2次までの式が得られる.

$$\begin{aligned}\frac{d}{dt}a_s(t) &= -\frac{i}{\hbar}\sum_m \mathcal{H}_{sm}(t)\left\{\delta_{mn}-\frac{i}{\hbar}\int_0^t\mathcal{H}_{mn}(t')dt'\right\}\\ &= -\frac{i}{\hbar}\mathcal{H}_{sn}(t)+\left(\frac{i}{\hbar}\right)^2\sum_m\mathcal{H}_{sm}(t)\int_0^t\mathcal{H}_{mn}(t')dt'\end{aligned}$$

両辺を t で積分し,$t=0$ で $a_s(t)=\delta_{sn}$ を使うと

$$a_s(t) = \delta_{sn}-\frac{i}{\hbar}\int_0^t\mathcal{H}_{sn}(t')dt'+\left(\frac{i}{\hbar}\right)^2\sum_m\int_0^t dt''\int_0^{t''}dt'\mathcal{H}_{sm}(t'')\mathcal{H}_{mn}(t')$$

[3]　(1)　はじめの状態の波動関数は

$$\psi_p(x) = \frac{1}{\sqrt{L}}e^{ipx/\hbar}$$

散乱後の状態は

$$\psi_{p'}(x) = \frac{1}{\sqrt{L}}e^{-ip'x/\hbar}$$

である.

$$V_{pp'} = \frac{1}{L}\int_{-L/2}^{L/2}dx\, e^{i(p+p')x/\hbar}V(x)$$

$E_p=p^2/2m$,$E_{p'}=p'^2/2m$ を使うと,黄金則は

$$\sum_{p'}w_{pp'} = \sum_{p'}\frac{2\pi}{\hbar}|V_{pp'}|^2\delta\left(\frac{p^2}{2m}-\frac{p'^2}{2m}\right)$$

となる.

(2)　周期的境界条件のため $p'=(2\pi\hbar/L)n$ (n は正数) である.

$$\begin{aligned}\sum_{p'}w_{pp'} &= \frac{L}{2\pi\hbar}\int_0^\infty dp'\frac{2\pi}{\hbar}|V_{pp'}|^2\delta\left(\frac{p^2}{2m}-\frac{p'^2}{2m}\right)\\ &= \frac{L}{\hbar^2}\frac{m}{p}|V_{p-p}|^2\end{aligned}$$

(3) $V_{p-p} = \frac{1}{L}\int_{-L/2}^{L/2} dx\, e^{2ipx/\hbar} V_0\, e^{-ax^2} \cong \frac{1}{L}\sqrt{\frac{\pi}{a}} e^{-p^2/a\hbar^2} V_0$

ただし $aL^2 \gg 1$ を仮定した．これを代入して，

$$\sum_{p'} w_{pp'} = \frac{\pi m V_0{}^2}{\hbar^2 apL} e^{-2p^2/a\hbar^2}$$

[4] (1)
$$\begin{aligned} a_m(t) &= -\frac{i}{\hbar}\int_0^t \mathcal{H}_{mn}(t')dt' \\ &= -\frac{i}{\hbar}\int_0^t \lambda V_{mn} \cos\omega t' \exp\left(\frac{i}{\hbar}(E_m - E_n)t'\right)dt' \\ &= -\frac{i}{2\hbar}\lambda V_{mn}\int_0^t dt' \left\{\exp\left[i\left(\frac{E_m - E_n}{\hbar} + \omega\right)t'\right] + \exp\left[i'\left(\frac{E_m - E_n}{\hbar} - \omega\right)t'\right]\right\} \\ &= -\frac{1}{2\hbar}\lambda V_{mn}\left(\frac{\exp[i(\omega_{mn}+\omega)t]-1}{(\omega_{mn}+\omega)} + \frac{\exp[i(\omega_{mn}-\omega)t]-1}{(\omega_{mn}-\omega)}\right) \end{aligned}$$

ただし，$\omega_{mn} = (E_m - E_n)/\hbar$ とした．

(2) $(E_m - E_n)/\hbar = \omega_{mn} \cong \omega$ であるから，上式の第 2 項に比べて，第 1 項は無視できる．したがって

$$\begin{aligned} |a_m(t)|^2 &\cong \frac{\lambda^2 |V_{mn}|^2}{4\hbar^2} \frac{|\exp[i(\omega_{mn}-\omega)t]-1|^2}{(\omega_{mn}-\omega)^2} \\ &= \frac{\lambda^2}{4\hbar^2} t |V_{mn}|^2 \Delta_t(\omega_{mn}-\omega) \end{aligned}$$

第 5 章

問題 5-1

[1]
$$-\frac{\hbar^2}{2m_1}\frac{\partial^2}{\partial x^2} e^{ik_1x_1} = \frac{\hbar^2 k_1{}^2}{2m_1} e^{ik_1x_1}$$

であるから，固有関数は $e^{ik_1x_1 + ik_2x_2}$，固有値は $\hbar^2 k_1{}^2/2m_1 + \hbar^2 k_2{}^2/2m_2$.

[2] 前問で $x_1 \to x$，$x_2 \to y$ とすれば本問のハミルトニアンが得られるから，固有関数は $e^{ik_x x + ik_y y}$，固有値は $(\hbar^2/2m)(k_x{}^2 + k_y{}^2)$. 3 次元空間の場合は，$\boldsymbol{k} = (k_x, k_y, k_z)$，$\boldsymbol{r} = (x, y, z)$ として，固有関数は $e^{i\boldsymbol{k}\cdot\boldsymbol{r}}$，固有値は，$(\hbar^2/2m)\boldsymbol{k}^2$.

[3] $\boldsymbol{F}(\boldsymbol{r}) = -a\boldsymbol{r}$ であるから，この力のポテンシャル・エネルギーは，$U = (1/2)ar^2 = (1/2)a(x^2 + y^2)$ で与えられる．ハミルトニアンは

$$H = -\frac{\hbar^2}{2m}\left(\frac{\partial^2}{\partial x^2} + \frac{\partial^2}{\partial y^2}\right) + \frac{1}{2}a(x^2 + y^2)$$

これは例題 5.2 のハミルトニアンと同形であるから，固有値は $\hbar\omega(\mu + \nu + 1)$. ただし，

$\omega=\sqrt{a/m}$, $\mu=0, 1, 2, \cdots$, $\nu=0, 1, 2, \cdots$.

問題 5-2

[1] $$P_x=\frac{\hbar}{i}\left(\frac{\partial}{\partial x_1}+\frac{\partial}{\partial x_2}\right)=\frac{\hbar}{i}\left(\frac{\partial X}{\partial x_1}\frac{\partial}{\partial X}+\frac{\partial x}{\partial x_1}\frac{\partial}{\partial x}+\frac{\partial X}{\partial x_2}\frac{\partial}{\partial X}+\frac{\partial x}{\partial x_2}\frac{\partial}{\partial x}\right)$$
$$=\frac{\hbar}{i}\left(\frac{m_1}{M}\frac{\partial}{\partial X}+\frac{\partial}{\partial x}+\frac{m_2}{M}\frac{\partial}{\partial X}-\frac{\partial}{\partial x}\right)=\frac{\hbar}{i}\frac{\partial}{\partial X}$$

同様にして

$$\frac{\hbar}{i}\left(\frac{1}{m_1}\frac{\partial}{\partial x_1}-\frac{1}{m_2}\frac{\partial}{\partial x_2}\right)=\frac{\hbar}{i}\frac{1}{m}\frac{\partial}{\partial x}$$

が得られる．以上の式より

$$-\frac{\hbar^2}{2M}\frac{\partial^2}{\partial X^2}-\frac{\hbar^2}{2m}\frac{\partial^2}{\partial x^2}=-\frac{\hbar^2}{2M}\left(\frac{\partial}{\partial x_1}+\frac{\partial}{\partial x_2}\right)^2-\frac{\hbar^2}{2}m\left(\frac{1}{m_1}\frac{\partial}{\partial x_1}-\frac{1}{m_2}\frac{\partial}{\partial x_2}\right)^2$$
$$=-\frac{\hbar^2}{2m_1}\frac{\partial^2}{\partial {x_1}^2}-\frac{\hbar^2}{2m_2}\frac{\partial^2}{\partial {x_2}^2}$$

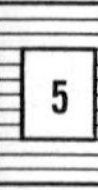

(5.6)式に上式を代入すれば，(5.12)が得られる．

[2] 3次元空間の場合1番目の粒子の位置ベクトルを $\boldsymbol{r}_1=(x_1, y_1, z_1)$，2番目の粒子の位置ベクトルを $\boldsymbol{r}_2=(x_2, y_2, z_2)$ とし，重心座標 $\boldsymbol{R}=(X, Y, Z)$，相対座標 $\boldsymbol{r}=(x, y, z)$ を

$$M\boldsymbol{R}=m_1\boldsymbol{r}_1+m_2\boldsymbol{r}_2, \qquad \boldsymbol{r}=\boldsymbol{r}_1-\boldsymbol{r}_2$$

で導入する．y, z 方向の全運動量演算子は x 方向と同様に

$$P_y=\frac{\hbar}{i}\left(\frac{\partial}{\partial y_1}+\frac{\partial}{\partial y_2}\right)=\frac{\hbar}{i}\frac{\partial}{\partial Y}, \qquad P_z=\frac{\hbar}{i}\left(\frac{\partial}{\partial z_1}+\frac{\partial}{\partial z_2}\right)=\frac{\hbar}{i}\frac{\partial}{\partial Z}$$

となる．ハミルトニアンは，

$$H=-\frac{\hbar^2}{2M}\left(\frac{\partial^2}{\partial X^2}+\frac{\partial^2}{\partial Y^2}+\frac{\partial^2}{\partial Z^2}\right)-\frac{\hbar^2}{2m}\left(\frac{\partial^2}{\partial x^2}+\frac{\partial^2}{\partial y^2}+\frac{\partial^2}{\partial z^2}\right)+U(\boldsymbol{r})$$

である．(5.13)に対応して，$\boldsymbol{K}=(K_x, K_y, K_z)$ とすると，

$$E=\frac{\hbar^2}{2M}\boldsymbol{K}^2+\varepsilon, \qquad \Psi(\boldsymbol{R}, \boldsymbol{r})=e^{i\boldsymbol{k}\cdot\boldsymbol{R}}\psi(\boldsymbol{r})$$

(5.14)に対応して

$$\left[-\frac{\hbar^2}{2m}\left(\frac{\partial^2}{\partial x^2}+\frac{\partial^2}{\partial y^2}+\frac{\partial^2}{\partial z^2}\right)+U(\boldsymbol{r})\psi(\boldsymbol{r})\right]\psi(\boldsymbol{r})=\varepsilon\psi(\boldsymbol{r})$$

となる．

[3] 3-5節では，陽子の質量が無限大として，イオン化エネルギー

$$-\frac{m_{\mathrm{e}}e^4}{32\pi^2{\varepsilon_0}^2\hbar^2}$$

を得た．2粒子系と考えるときは，m_e を換算質量 m で置きかえたハミルトニアンの固有値を求めることになるから，結果は上式で m_e を m と置きかえればよい．$m=m_e m_p/(m_e+m_p)=m_e/(1+m_e/m_p)\cong 0.9995\,m_e$ であるから，イオン化エネルギーには，0.05%，つまり 7×10^{-3} eV 程度の差が生ずる．

[4] 重心座標 X，相対座標 x を使うと，$x_1=X+x/2$，$x_2=X-x/2$ であるから，ハミルトニアンは

$$H = -\frac{\hbar^2}{2M}\frac{\partial^2}{\partial X^2}-\frac{\hbar^2}{m}\frac{\partial^2}{\partial x^2}+\frac{1}{2}M\omega^2X^2+\frac{1}{4}m\omega^2x^2+\frac{1}{2}fx^2$$

と書くことができる．ただし m はもともとの質量で，$M=2m$．重心運動の部分は角振動数 ω の調和振動子と同じだから，エネルギー準位は $\hbar\omega(\mu+1/2)$，$\mu=0, 1, 2, \cdots$．相対運動の部分は，角振動数 $[\omega^2+2f/m]^{1/2}$ の調和振動子とみることができ，エネルギー準位は，$\hbar[\omega^2+2f/m]^{1/2}(\nu+1/2)$，$\nu=0, 1, 2, \cdots$，全体のエネルギー準位は

$$\hbar\omega\left(\mu+\frac{1}{2}\right)+\hbar\left[\omega^2+\frac{2f}{m}\right]^{1/2}\left(\nu+\frac{1}{2}\right)$$

で与えられる．

5

[5] (1) T_a は次のように書ける．

$$T_a = e^{a\partial/\partial x} = 1+a\frac{\partial}{\partial x}+\frac{1}{2!}a^2\frac{\partial^2}{\partial x^2}+\cdots = \sum_{n=0}^{\infty}\frac{1}{n!}a^n\frac{\partial^n}{\partial x^n}$$

一方，$\psi(x+a)$ を a についてテイラー展開すると

$$\psi(x+a) = \psi(x)+a\frac{\partial}{\partial x}\psi(x)+\cdots = \sum_{n=0}^{\infty}\frac{1}{n!}a^n\frac{\partial^n}{\partial x^n}\psi(x)$$

したがって，$T_a\psi(x)=\psi(x+a)$．

(2) $\psi(x)$ が T_a の固有値 τ に属する固有関数とすると，

$$T_a\psi(x) = \tau\psi(x) = \psi(x+a)$$

が成り立つ．$\psi(x)$ の規格化積分と $\psi(x+a)$ の規格化積分は等しいから，τ の絶対値は 1，つまり，$\tau=e^{i\alpha}$ で，α は実数でなければならない．$k=\alpha/a$ として，$\psi(x)=e^{ikx}u(x)$ と書くと，$\psi(x+a)=e^{ika}\psi(x)$ より，$u(x+a)=u(x)$ が得られる．したがって $u(x)$ は周期 a の周期関数でなければならない．

問題 5-3

[1] 1番目の電子が $\boldsymbol{r}_1$ の近傍に存在し，2番目の電子が $\boldsymbol{r}_2$ の近傍に存在する確率は，

$$|\psi_1(\boldsymbol{r}_1)|^2d\boldsymbol{r}_1|\psi_2(\boldsymbol{r}_2)|^2d\boldsymbol{r}_2$$

で与えられる．これは，独立な2つの電子の存在確率の積の形であるから，2個の電子のふるまいは互いに独立である．

[2] H_2 は $\boldsymbol{r}_1$ をふくまないことと，例題 5.4 の (3) 式より

$$\langle H_2\rangle = \int d\boldsymbol{r}_1 \psi_1^*(\boldsymbol{r}_1)\psi_1(\boldsymbol{r}_1)\int d\boldsymbol{r}_2\psi_2^*(\boldsymbol{r}_2)H_2\psi_2(\boldsymbol{r}_2)$$

$$= E-\varepsilon_1$$

一方，(4) 式に $\psi_1^*(\boldsymbol{r}_1)$ を掛けて $\boldsymbol{r}_1$ で積分すると

$$\langle H_1\rangle_1 + \langle H_{12}\rangle = \varepsilon_1$$

H_1 は $\boldsymbol{r}_2$ をふくまないので，$\langle H_1\rangle_2 = \langle H_1\rangle$ であるから，

$$\langle H_1\rangle + \langle H_{12}\rangle + \langle H_2\rangle = \varepsilon_1 + E - \varepsilon_1 = E$$

[3]
$$U_1(\boldsymbol{r}_1) = -\frac{Ze^2}{4\pi\varepsilon_0 r_1} + \int\frac{e^2}{4\pi\varepsilon_0|\boldsymbol{r}_1-\boldsymbol{r}_2|}|\psi_2(\boldsymbol{r}_2)|^2 d\boldsymbol{r}_2$$

$$= -\frac{e}{4\pi\varepsilon_0}\int\frac{1}{|\boldsymbol{r}_1-\boldsymbol{r}_2|}\{Ze\delta(\boldsymbol{r}_2)-e|\psi_2(\boldsymbol{r}_2)|^2\}d\boldsymbol{r}_2$$

したがって

$$\rho(\boldsymbol{r}) = Ze\delta(\boldsymbol{r}) - e|\psi_2(\boldsymbol{r})|^2$$

U_1 の第 2 項は電荷分布 $e|\psi_2(\boldsymbol{r}_2)|^2$ によるクーロン・ポテンシャルである．$|\psi_2(\boldsymbol{r}_2)|^2$ が球対称だとすると，ガウスの法則により $\boldsymbol{r}_1$ が小さいときにはこの電荷分布からの力ははたらかない．したがって r_1 が小さいとき電子 1 には主に原子核の電荷 Ze からのクーロン力がはたらく．一方，r_1 が大きいときには，r_1 より内側の電荷がすべて寄与するので，原子核の電荷が $(Z-1)e$ であるかのような力がはたらく．

[4] この場合もハミルトニアンは，軌道角運動量 $\boldsymbol{L}$ の z 成分 L_z を $\boldsymbol{L}^2$ の形でのみふくむので，エネルギー固有値は m_l には依存しない．しかし，(5.19) 式の $U_1(r_1)$ が $1/r$ の形ではないので，例題 3.8 で行なった議論は成り立たず，エネルギー固有値が l に依存しないということは示すことができない．実際，水素原子の動径部分の波動関数 $r_1^{-1}\chi_{nl}(r_1)$ は l によって異なるから，(5.20) 式第 2 項を摂動として考えれば明らかなように，エネルギー固有値は l によることになる．

[5] x^4 を $\langle x^2\rangle x^2$ で置きかえると，ハミルトニアンは

$$H = -\frac{\hbar^2}{2m}\frac{\partial^2}{\partial x^2} + \frac{1}{2}\left(f + \frac{1}{12}g\langle x^2\rangle\right)x^2$$

となる．これは $\omega = [(f+(1/12)g\langle x^2\rangle)/m]^{1/2}$ の調和振動子のハミルトニアンであるから，このハミルトニアンの基底状態での $\langle x^2\rangle$ を求めると

$$\langle x^2\rangle = \frac{\hbar}{2m\omega} = \frac{\hbar}{2[m(f+(1/12)g\langle x^2\rangle)]^{1/2}}$$

この式が $\langle x^2\rangle$ をセルフコンシステントに決める式である．$f \gg g\langle x^2\rangle$ のときには右辺の $\langle x^2\rangle$ を $\hbar/2\sqrt{mf}$ で置きかえて

$$\langle x^2\rangle \cong \frac{\hbar}{2[mf+(1/24)(m/f)^{1/2}\hbar g]^{1/2}}$$

問題 5-4

[1] α 粒子の全スピンは 4 個の核子のスピンの和で与えられ，これは $\hbar$ の整数倍である．（z 成分は 4 個の $\pm\hbar/2$ の和であるから，$\hbar$ の整数倍であり，これから全スピンも $\hbar$ の整数倍であることがわかる．） したがって α 粒子はボーズ粒子である．^{4}He 原子は α 粒子に 2 個の電子が加わったものだから，やはりボーズ粒子．一方 ^{3}He 原子は，2 個の陽子，1 個の中性子，2 個の電子からできているから，全スピンは $\hbar/2$ の奇数倍であり，フェルミ粒子になる．

[2]

$$\begin{aligned}\Psi_{ab} &= \frac{1}{\sqrt{2}}\begin{vmatrix} u(\boldsymbol{r}_1)\alpha(\sigma_1) & u(\boldsymbol{r}_1)\beta(\sigma_1) \\ u(\boldsymbol{r}_2)\alpha(\sigma_2) & u(\boldsymbol{r}_2)\beta(\sigma_2)\end{vmatrix} \\ &= \frac{1}{\sqrt{2}}u(\boldsymbol{r}_1)u(\boldsymbol{r}_2)\begin{vmatrix}\alpha(\sigma_1) & \beta(\sigma_1) \\ \alpha(\sigma_2) & \beta(\sigma_2)\end{vmatrix}\end{aligned}$$

であるから

$$\chi_0(\sigma_1, \sigma_2) = \frac{1}{\sqrt{2}}\begin{vmatrix}\alpha(\sigma_1) & \beta(\sigma_1) \\ \alpha(\sigma_2) & \beta(\sigma_2)\end{vmatrix}$$

とすれば，$\Psi_{ab}=u(\boldsymbol{r}_1)u(\boldsymbol{r}_2)\chi_0(\sigma_1, \sigma_2)$.

[3] $\Psi_{ab}(\xi_1, \xi_2)=(1/\sqrt{2})[\psi_a(\xi_1)\psi_b(\xi_2)+\psi_b(\xi_1)\psi_a(\xi_2)]$ とすればよい．

[4]

$$\Psi_{abc}(\xi_1, \xi_2, \xi_3) = \frac{1}{\sqrt{3!}}\begin{vmatrix}\psi_a(\xi_1) & \psi_b(\xi_1) & \psi_c(\xi_1) \\ \psi_a(\xi_2) & \psi_b(\xi_2) & \psi_c(\xi_2) \\ \psi_a(\xi_3) & \psi_b(\xi_3) & \psi_c(\xi_3)\end{vmatrix}$$

ψ_a, ψ_b, ψ_c が共通の軌道部分 $u(\boldsymbol{r})$ をもてば，ψ_a, ψ_b, ψ_c は，$u(\boldsymbol{r})\alpha(\sigma), u(\boldsymbol{r})\beta(\sigma)$ のいずれかであり，ψ_a, ψ_b, ψ_c のうち，少なくとも 2 つは等しくなる．このため行列式の 3 つの列のうち少なくとも 2 つは等しくなるので，Ψ_{abc} は恒等的に 0 になってしまう．

問題 5-5

[1] He^+ イオンは水素類似原子であり，イオン化エネルギーは $-mZ^2e^4/(32\pi^2\varepsilon_0{}^2\hbar^2)$ で与えられる．$Z=2$ であるから，イオン化エネルギーは，水素のイオン化エネルギー 13.6 eV の 4 倍で 54.4 eV となる．

[2] He の場合は 1s 電子が 2 つあるので，1s 電子の感じるポテンシャルは核の近くでは本来の $Z=2$ のクーロン力，核から遠くはなれた所では他の電子の平均場のために $Z=1$ の核からのクーロン力に近づく．このためイオン化エネルギーは，13.6 eV と 54.4

eVの中間の値24.6 eVとなる．Liの場合は1s電子が2個，2s電子が1個ある．イオン化エネルギーは2s電子のエネルギー準位で与えられると考えられるが，2s電子の波動関数は1s電子のそれより広がっているので，2s電子の感じるポテンシャルは，$Z=3$の核からのポテンシャルが2個の1s電子の平均場で$Z=1$近くまで弱められたものになる．このためイオン化エネルギーは，$Z=1$の水素類似原子の2sのエネルギー準位の絶対値$13.6/4=3.4$ eVに近い値になる．

[3] $Z=3$から$Z=10$までは，1s殻が閉殻となり，2s, 2pの8個の電子状態が次つぎに占拠される状況にある．同様に，$Z=11$から$Z=18$までは，1s, 2s, 2pが閉殻となり，3s, 3pが次つぎに占拠されている．そこで$Z=3$から$Z=10$までの化学的性質がくりかえされる．ところが，$Z=19$以上では，4s, 4pのほかに3d殻にも電子を収容することができ，この3つの殻が閉殻になるまでに18個の電子を収容することができる．遷移元素は，3d殻に部分的に電子が入っている元素で，この3d電子のために短周期元素に見られなかった特性を示す．

5

[4] 希土類元素は4f殻が部分的に占拠されている元素群である．希土類元素はこのほかに5s, 5p, 6sを閉殻としてもっている．これらの殻にくらべて，4f軌道の波動関数は原子の内部にあるので，4f電子数のちがいは，化学的性質のちがいとしてあらわれにくい．

問題 5-6

[1] (1) 核の電荷Zeは$2\pi r/v$で電子のまわりを1周するから，電子のまわりに平均的に$I=Zev/2\pi r$の円電流が流れている．これによる磁束密度の大きさは$B=\mu_0 I/2r=\mu_0 Zev/4\pi r^2$，方向は$\boldsymbol{L}$に反平行な方向なので，$\boldsymbol{L}$を使って$\boldsymbol{B}=-\mu_0 Ze\boldsymbol{L}/4\pi m_e r^3$と書ける．

(2) 電子の磁気モーメントが$-(e/2m_e)\boldsymbol{S}$であるとすると，(1)の磁場中でのエネルギーは$2A\boldsymbol{L}\cdot\boldsymbol{S}$と書け，

$$A=\frac{\mu_0 Ze^2}{16\pi m_e{}^2 r^3}$$

rとしてボーア半径$r=4\pi\varepsilon_0\hbar^2/Zm_e e^2$を用い，$\mu_0=1/\varepsilon_0 c^2$を代入すると

$$A=\frac{1}{2}(Z\alpha)^2\frac{Z^2 m_e e^4}{32\pi^2\varepsilon_0{}^2\hbar^2}\frac{1}{\hbar^2}$$

と書ける．ただし$\alpha=e^2/4\pi\varepsilon_0\hbar c\cong 1/137$は微細構造定数であり，$Z^2 m_e e^4/32\pi^2\varepsilon_0{}^2\hbar^2$は水素類似原子のイオン化エネルギーである．したがって$A\hbar^2$は，このイオン化エネルギーの$(Z\alpha)^2$倍と考えることができる．

[2] 水素原子で考えると$Z=1$であるから，

$$A\hbar^2 = \frac{1}{2}\left(\frac{1}{137}\right)^2 \times 13.6\ \mathrm{eV} \cong 0.36\ \mathrm{meV}$$

$Z \neq 1$ の場合は，これの Z^4 倍になる．

[3] 例題 5.9 より $E(\mathrm{p}_{3/2}) - E(\mathrm{p}_{1/2}) = 3A\hbar^2$.

[4] 波長 λ の光のエネルギーは hc/λ であるから，2 本の輝線のエネルギー差は $\Delta E \cong hc\Delta\lambda/\lambda^2$，ここで $\Delta\lambda = 6$ Å, $\lambda = 5.9\times 10^3$ Å である．数値を代入すると，$\Delta E \cong 2.1$ meV, したがって $A\hbar^2 \cong 0.7$ meV と仮定すればよい．Na の原子番号 Z は 11 であるが，いま遷移する電子は一番外側にあり，核の電荷 Ze によるポテンシャルが内側の 1s, 2s, 2p 殻の 10 個の電子の平均ポテンシャルで相殺されていると考えれば，問[2]の推定値とよく合っているといえる．

問題 5-7

[1] $P_{12}{}^{\sigma} = \dfrac{1}{2} + \dfrac{1}{\hbar^2}(S_1{}^{(+)}S_2{}^{(-)} + S_1{}^{(-)}S_2{}^{(+)} + 2S_{1z}S_{2z})$, $S^{(+)}\alpha = 0$, $S^{(-)}\alpha = \hbar\beta$, $S^{(+)}\beta = \hbar\alpha$, $S^{(-)}\beta = 0$, $S_z\alpha = \dfrac{1}{2}\hbar\alpha$, $S_z\beta = -\dfrac{1}{2}\hbar\beta$ を使うと，

$$P_{12}{}^{\sigma}\alpha_1\alpha_2 = \frac{1}{2}\alpha_1\alpha_2 + \frac{1}{\hbar^2}2\frac{\hbar}{2}\frac{\hbar}{2}\alpha_1\alpha_2 = \alpha_1\alpha_2$$

$$P_{12}{}^{\sigma}\alpha_1\beta_2 = \frac{1}{2}\alpha_1\beta_2 + \frac{1}{\hbar^2}\left(\hbar^2\beta_1\alpha_2 - 2\frac{\hbar^2}{4}\alpha_1\beta_2\right) = \beta_1\alpha_2$$

$$P_{12}{}^{\sigma}\alpha_2\beta_1 = \frac{1}{2}\alpha_2\beta_1 + \frac{1}{\hbar^2}\left(\hbar^2\alpha_1\beta_2 - 2\frac{\hbar^2}{4}\alpha_2\beta_1\right) = \alpha_1\beta_2$$

$$P_{12}{}^{\sigma}\beta_1\beta_2 = \frac{1}{2}\beta_1\beta_2 + \frac{1}{\hbar^2}2\frac{\hbar^2}{4}\beta_1\beta_2 = \beta_1\beta_2$$

したがって $P_{12}{}^{\sigma}$ は σ_1 と σ_2 の交換を表わす．

[2] $2\boldsymbol{S}_1\cdot\boldsymbol{S}_2 = (\boldsymbol{S}_1+\boldsymbol{S}_2)^2 - (3/4)\hbar^2$ を使うと，$P_{12}{}^{\sigma} = (\boldsymbol{S}_1+\boldsymbol{S}_2)^2/\hbar^2 - 1$. 3 重項状態では $\boldsymbol{S}_1+\boldsymbol{S}_2$ の大きさは $\hbar$ であるから，$P_{12}{}^{\sigma}\chi(1, M_s) = \chi(1, M_s)$. 1 重項状態では $\boldsymbol{S}_1+\boldsymbol{S}_2$ は 0 であるから，$P_{12}{}^{\sigma}\chi(0, 0) = -\chi(0, 0)$.

[3]
$$\begin{aligned}
\langle\Psi_{21}|H_{21}|\Psi_{21}\rangle &= \frac{1}{4}\langle L^{(-)}\Psi_{22}|H_{21}|L^{(-)}\Psi_{22}\rangle \\
&= \frac{1}{4}\langle\Psi_{22}|L^{(+)}H_{21}L^{(-)}|\Psi_{22}\rangle = \frac{1}{4}\langle\Psi_{22}|H_{21}L^{(+)}L^{(-)}|\Psi_{22}\rangle \\
&= \frac{1}{4}\langle\Psi_{22}|H_{21}(\boldsymbol{L}^2 + L_z - L_z{}^2)|\Psi_{22}\rangle \\
&= \langle\Psi_{22}|H_{21}|\Psi_{22}\rangle
\end{aligned}$$

[4]
$$\langle \Psi_{21}|H_{12}|\Psi_{21}\rangle = \frac{1}{2}\langle u_1v_2+v_1u_2|H_{12}|u_1v_2+v_1u_2\rangle$$
$$= \frac{1}{2}\langle u_1v_2|H_{12}|u_1v_2\rangle+\frac{1}{2}\langle v_1u_2|H_{12}|v_1u_2\rangle$$
$$+\frac{1}{2}\langle u_1v_2|H_{12}|v_1u_2\rangle+\frac{1}{2}\langle v_1u_2|H_{12}|u_1v_2\rangle$$
$$\langle \Psi_{11}|H_{12}|\Psi_{11}\rangle = \frac{1}{2}\langle u_1v_2-v_1u_2|H_{12}|u_1v_2-v_1u_2\rangle$$
$$= \frac{1}{2}\langle u_1v_2|H_{12}|u_1v_2\rangle+\frac{1}{2}\langle v_1u_2|H_{12}|v_1u_2\rangle$$
$$-\frac{1}{2}\langle u_1v_2|H_{12}|v_1u_2\rangle-\frac{1}{2}\langle v_1u_2|H_{12}|u_1v_2\rangle$$

したがって
$$Q = \frac{1}{2}\langle u_1v_2|H_{12}|u_1v_2\rangle+\frac{1}{2}\langle v_1u_2|H_{12}|v_1u_2\rangle$$
$$= \int d\boldsymbol{r}_1\int d\boldsymbol{r}_2\, u^*(\boldsymbol{r}_1)v^*(\boldsymbol{r}_2)H_{12}(\boldsymbol{r}_1-\boldsymbol{r}_2)v(\boldsymbol{r}_2)u(\boldsymbol{r}_1)$$

6

ここで $H_{12}(\boldsymbol{r}_1-\boldsymbol{r}_2)=H_{12}(\boldsymbol{r}_2-\boldsymbol{r}_1)$ を使った．同様に，
$$J = \frac{1}{2}\langle u_1v_2|H_{12}|v_1u_2\rangle+\frac{1}{2}\langle v_1u_2|H_{12}|u_1v_2\rangle$$
$$= \int d\boldsymbol{r}_1\int d\boldsymbol{r}_2\, u^*(\boldsymbol{r}_1)u^*(\boldsymbol{r}_2)H_{12}(\boldsymbol{r}_1-\boldsymbol{r}_2)u(\boldsymbol{r}_2)v(\boldsymbol{r}_1)$$

第 6 章

問題 6-1

[1] $\Omega=\hbar/2I$, $I=\mu R_0{}^2$ である．$\mu=\dfrac{1}{2}m_{\rm p}=0.836\times10^{-27}$ kg, $R_0=0.74\times10^{-10}$ m を代入すると，$\Omega=1.15\times10^{13}$ s^{-1}.

[2] バネ定数は $f=\mu\omega^2$ で与えられる．水素分子の場合，$\mu=0.836\times10^{-27}$ kg, $\omega=8.29\times10^{14}$ s^{-1} を代入すると，$f=5.75\times10^2$ kg･s^{-2}．酸素分子の場合，$\mu=\dfrac{1}{2}\times16\times m_{\rm p}=1.34\times10^{-26}$ kg として，$\omega=2.98\times10^{14}$ s^{-1} を代入すると，$f=1.19\times10^3$ kg･s^{-2}.

[3] 円運動の半径 a，角振動数 ω とすると，力のつり合い $e^2/4\pi\varepsilon_0 a=ma\omega^2$，角運動量の量子化 $l=ma^2\omega=\hbar$ より
$$\omega = \frac{me^4}{16\pi^2\varepsilon_0{}^2\hbar^3} = 4\pi cR$$

ただし，$R=1.097\times10^{7}\,\mathrm{m}^{-1}$ はリュードベリ定数であり，$\omega=4.13\times10^{16}\,\mathrm{s}^{-1}$ となる．一方，分子の振動の角振動数は，$8.29\times10^{14}\,\mathrm{s}^{-1}$ であるから，電子の運動は，50倍速い．

[4] 式の比較から，$B=\Omega/2\pi c,\ \omega_{\mathrm{e}}=\omega/2\pi c$ であることがわかる．数値を代入すると，酸素分子では，$B=1.44\,\mathrm{cm}^{-1},\ \omega_{\mathrm{e}}=1.58\times10^{3}\,\mathrm{cm}^{-1}$，水素分子では，$B=59.5\,\mathrm{cm}^{-1},\ \omega_{\mathrm{e}}=4.40\times10^{3}\,\mathrm{cm}^{-1}$ となる．

問題 6-2

[1] 原点以外では $-(\hbar^2/2m)(\partial^2/\partial x^2)\psi(x)=-(\hbar^2\kappa^2/2m)\psi(x)$ であるから，シュレーディンガー方程式を満たしている $(\varepsilon_0=-\hbar^2\kappa^2/2m)$．一方，原点をふくむ微小区間 $[-a,a]$ でシュレーディンガー方程式を両辺積分すると

$$
\begin{aligned}
-\frac{\hbar^2}{2m}[\psi'(a)-\psi'(-a)]-U_0\psi(0) &= \varepsilon_0\int_{-a}^{a}\psi(x)dx \\
&\cong 2\varepsilon_0 a\psi(0) \\
&\to 0 \qquad (a\to 0)
\end{aligned}
$$

となる．ただし $\psi'(x)=(\partial/\partial x)\psi(x)$ である．$a\to0$ のとき，$\psi'(a)=-\kappa\psi(0)$，$\psi'(-a)=\kappa\psi(0)$，$\kappa=mU_0/\hbar^2$ であるから，$\psi(x)=\sqrt{\kappa}\,e^{-\kappa|x|}$ は上式を満たしている．$\psi(x)$ が規格化されていることは容易に確かめられる．

6

[2] S を考えるときは，$\psi_{\pm}$ は次のように規格化される．

$$
\psi_{\pm}(\boldsymbol{r}) = \frac{1}{\sqrt{2(1\pm S)}}[\psi_{\mathrm{R}}(\boldsymbol{r})\pm\psi_{\mathrm{L}}(\boldsymbol{r})]
$$

$E_{\pm}$ を計算すると

$$
\begin{aligned}
E_{\pm} = \langle\psi_{\pm}|H|\psi_{\pm}\rangle &= \varepsilon_0+\frac{1}{1\pm S}\langle\psi_{\mathrm{R}}|U\left(\boldsymbol{r}+\frac{1}{2}\boldsymbol{R}\right)|\psi_{\mathrm{R}}\rangle \\
&\quad \pm\frac{1}{1\pm S}\langle\psi_{\mathrm{L}}|U\left(\boldsymbol{r}+\frac{1}{2}\boldsymbol{R}\right)|\psi_{\mathrm{R}}\rangle
\end{aligned}
$$

分母を展開して，S の1次まで考えると，$E_{\pm}=E_0\mp\frac{1}{2}\varDelta E$ と書くとき，

$$
\begin{aligned}
E_0 &= \varepsilon_0+\langle\psi_{\mathrm{R}}|U\left(\boldsymbol{r}+\frac{1}{2}\boldsymbol{R}\right)|\psi_{\mathrm{R}}\rangle-S\langle\psi_{\mathrm{L}}|U\left(\boldsymbol{r}+\frac{1}{2}\boldsymbol{R}\right)|\psi_{\mathrm{R}}\rangle \\
-\frac{1}{2}\varDelta E &= \langle\psi_{\mathrm{L}}|U\left(\boldsymbol{r}+\frac{1}{2}\boldsymbol{R}\right)|\psi_{\mathrm{R}}\rangle-S\langle\psi_{\mathrm{R}}|U\left(\boldsymbol{r}+\frac{1}{2}\boldsymbol{R}\right)|\psi_{\mathrm{R}}\rangle
\end{aligned}
$$

となる．

[3] 非直交積分 S は，$S=\langle\psi_{\mathrm{R}}|\psi_{\mathrm{L}}\rangle=(1+\kappa X)e^{-\kappa X}$ で与えられる．例題6.2および問[2]の式を使うと

$$E_\pm = -\frac{mU_0{}^2}{2\hbar^2}\left[1+\frac{2e^{-2\kappa X}}{1\pm(1+\kappa X)e^{-\kappa X}} \pm \frac{2e^{-\kappa X}}{1\pm(1+\kappa X)e^{-\kappa X}}\right]$$

分母を展開すると

$$E_\pm \cong -\frac{mU_0{}^2}{2\hbar^2}[1-2\kappa X e^{-2\kappa X}] \mp \frac{mU_0{}^2}{\hbar^2}[1-(1+\kappa X)e^{-2\kappa X}]e^{-\kappa X}$$

となる．Sを無視したときに比べると，基底状態のエネルギーE_+は高くなっている．

[4]　クーロン積分K((6.20)式)，交換積分J((6.21)式)を計算すればよい．

$$\begin{aligned}K &= U_0\int dx_1\int dx_2\,\psi_R{}^2(x_1)\psi_L{}^2(x_2)\left[\delta(x_1-x_2)-\delta\left(x_1+\frac{X}{2}\right)-\delta\left(x_2-\frac{X}{2}\right)\right]\\ &= U_0\left\{\int_{-\infty}^{\infty}dx\,\psi_R{}^2(x)\psi_L{}^2(x)-\psi_R{}^2\left(-\frac{X}{2}\right)\int_{-\infty}^{\infty}dx\,\psi_L{}^2(x)-\psi_L{}^2\left(\frac{X}{2}\right)\int_{-\infty}^{\infty}dx\,\psi_R{}^2(x)\right\}\\ &= \frac{mU_0{}^2}{\hbar^2}\left(\kappa X-\frac{3}{2}\right)e^{-2\kappa X}\end{aligned}$$

$$\begin{aligned}J &= U_0\int dx_1\int dx_2\,\psi_R(x_1)\psi_L(x_1)\psi_R(x_2)\psi_L(x_2)\\ &\qquad\times\left[\delta(x_1-x_2)-\delta\left(x_1+\frac{X}{2}\right)-\delta\left(x_2-\frac{X}{2}\right)\right]\\ &= U_0\left\{\int_{-\infty}^{\infty}dx\,\psi_R{}^2(x)\psi_L{}^2(x)-2\psi_R\left(-\frac{X}{2}\right)\psi_L\left(-\frac{X}{2}\right)\int_{-\infty}^{\infty}dx\,\psi_R(x)\psi_L(x)\right\}\\ &= -\frac{mU_0{}^2}{\hbar^2}\left(\kappa X+\frac{3}{2}\right)e^{-2\kappa X}\end{aligned}$$

したがって

$$W = -\frac{mU_0{}^2}{\hbar^2}-\frac{mU_0{}^2}{\hbar^2}\frac{3e^{-2\kappa X}}{1+(1+\kappa X)^2e^{-2\kappa X}}$$

問題 6-3

[1]

$$\begin{aligned}E_0 &= \langle\phi_n|H|\phi_n\rangle\\ &= \langle\phi_n|-\frac{\hbar^2}{2m}\frac{\partial^2}{\partial x^2}+V(x-x_n)+\sum_{m\neq n}V(x-x_m)|\phi_n\rangle\\ &= \varepsilon_0+\sum_{m=2}^{N}\langle\phi_1|V(x-x_m)|\phi_1\rangle\end{aligned}$$

$$\begin{aligned}\varDelta E &= -2\langle\phi_{n\pm1}|H|\phi_n\rangle\\ &= -2\langle\phi_{n\pm1}|\varepsilon_0|\phi_n\rangle-2\sum_{m\neq n}\langle\phi_{n\pm1}|V(x-x_m)|\phi_n\rangle\end{aligned}$$

$$= -2\sum_{m=2}^{N}\langle\phi_2|V(x-x_m)|\phi_1\rangle$$

と書ける．ただし非直交積分は無視した．

[2] まず ψ_k の規格化を行なう．$\psi_k(x)=c\sum_{n=1}^{N}e^{ikna}\phi_n(x)$ とすると，

$$\langle\psi_k|\psi_k\rangle = c^2\sum_{m=1}^{N}\sum_{n=1}^{N}e^{ik(n-m)a}\langle\phi_m|\phi_n\rangle$$

$$= c^2\left[N+\sum_{n=1}^{N}(e^{ika}\langle\phi_{n-1}|\phi_n\rangle+e^{-ika}\langle\phi_{n+1}|\phi_n\rangle)\right]$$

$$= c^2[N+2NS\cos ka]$$

ゆえに $c=1/\sqrt{(1+2S\cos ka)N}$．次に

$$E_k = \langle\psi_k|H|\psi_k\rangle$$

$$= \frac{1}{(1+2S\cos ka)N}\sum_{m=1}^{N}\sum_{n=1}^{N}e^{ik(n-m)a}\langle\phi_m|H|\phi_n\rangle$$

$$= \frac{1}{1+2S\cos ka}\{\langle\phi_n|H|\phi_n\rangle+2\cos ka\langle\phi_{n+1}|H|\phi_n\rangle\}$$

$$= \varepsilon_0+\frac{1}{1+2S\cos ka}\sum_{m=2}^{N}\langle\phi_1|V(x-x_m)|\phi_1\rangle$$

$$+\frac{2\cos ka}{1+2S\cos ka}\sum_{m=2}^{N}\langle\phi_2|V(x-x_m)|\phi_1\rangle$$

[3] 例題 6.4 の式より

$$E(k) = \frac{1}{N^2}\sum_{m=1}^{N}\sum_{n=1}^{N}\sum_{m'=1}^{N}\sum_{n'=1}^{N}e^{ik_x(m'-m)a+ik_y(n'-n)a}\langle\phi_{mn}|H|\phi_{m'n'}\rangle$$

$$= E_0-\frac{1}{2}\varDelta E(e^{ik_xa}+e^{-ik_xa}+e^{ik_ya}+e^{-ik_ya})$$

$$-\frac{1}{2}\varDelta E'(e^{i(k_x+k_y)a}+e^{i(k_x-k_y)a}+e^{-i(k_x+k_y)a}+e^{-i(k_x-k_y)a}$$

$$= E_0-\varDelta E[\cos k_xa+\cos k_ya]-2\varDelta E'\cos k_xa\cos k_ya$$

[4] 状態は $k=(2\pi/Na)l\,(l=0,\pm1,\pm2,\cdots)$ で指定され，電子はエネルギーの低いほうから，この状態に 2 つずつ入っていく．$\varDelta E>0$ とすると $E(k)$ の最小値は $k=0$ で実現し，電子はここから入りはじめ $-k_{\rm F}\leqq k\leqq k_{\rm F}$ の範囲の状態が占有される．$\varDelta k=2\pi/Na$ 毎に 1 つの状態があるから，$N/2=2k_{\rm F}/(2\pi/Na)$ より，$k_{\rm F}=\pi/2a$ である．系全体のエネルギーは，個々の電子のエネルギーの和であり，

$$E = 2\sum_{|k|<k_{\rm F}}E(k) = \frac{Na}{\pi}\int_{-k_{\rm F}}^{k_{\rm F}}dk\,E(k) = N\left(E_0-\frac{2}{\pi}\varDelta E\right)$$

である．$\Delta E<0$ のときは，$-\pi/a \leqq k \leqq -\pi/a+k_{\mathrm{F}}$，$\pi/a-k_{\mathrm{F}} \leqq k \leqq \pi/a$ の状態が占有され，同様の計算により

$$E = N\left(E_0 - \frac{2}{\pi}|\Delta E|\right)$$

となる．

第 7 章

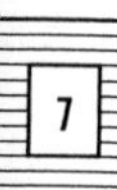

問題 7-1

[1] $$\omega_k{}^2 Q_{\boldsymbol{k}\sigma}{}^2 = \frac{1}{2}\omega_k(A_{\boldsymbol{k}\sigma}e^{-i\omega_k t} + A_{\boldsymbol{k}\sigma}{}^* e^{i\omega_k t})^2$$

$$= \frac{1}{2}\omega_k(2A_{\boldsymbol{k}\sigma}{}^* A_{\boldsymbol{k}\sigma} + A_{\boldsymbol{k}\sigma}{}^2 e^{-2i\omega_k t} + A_{\boldsymbol{k}\sigma}{}^{*2} e^{2i\omega_k t})$$

$$P_{\boldsymbol{k}\sigma}{}^2 = -\frac{1}{2}\omega_k(A_{\boldsymbol{k}\sigma}{}^* e^{i\omega_k t} - A_{\boldsymbol{k}\sigma}e^{-i\omega_k t})^2$$

$$= \frac{1}{2}\omega_k(2A_{\boldsymbol{k}\sigma}{}^* A_{\boldsymbol{k}\sigma} - A_{\boldsymbol{k}\sigma}{}^2 e^{-2i\omega_k t} - A_{\boldsymbol{k}\sigma}{}^{*2} e^{2i\omega_k t})$$

$$\frac{1}{2}(P_{\boldsymbol{k}\sigma}{}^2 + \omega_k{}^2 Q_{\boldsymbol{k}\sigma}{}^2) = \omega_k A_{\boldsymbol{k}\sigma}{}^* A_{\boldsymbol{k}\sigma}$$

[2] 古典統計力学によれば，絶対温度 T で熱平衡にある調和振動子の平均エネルギーは

$$\left\langle \frac{1}{2}P_{\boldsymbol{k}\sigma} + \frac{1}{2}\omega_k{}^2 Q_{\boldsymbol{k}\sigma}{}^2 \right\rangle = k_{\mathrm{B}}T$$

で与えられ，これを T で微分して，各固有振動から比熱への寄与はボルツマン定数 k_{B} に等しい．これに振動の自由度の数を掛けて全比熱が得られるが，空洞内の固有振動モード(可能な波動ベクトル $\boldsymbol{k}$)は無数にあり，全比熱は無限大ということになる．実際に観測されている空洞の比熱はもちろん有限で，T^3 に比例することが知られている．

[3] $$\frac{\partial}{\partial t}\left(\frac{1}{2}\varepsilon_0 \boldsymbol{E}^2 + \frac{1}{2\mu_0}\boldsymbol{B}^2\right) = \varepsilon_0 \boldsymbol{E}\cdot\frac{\partial \boldsymbol{E}}{\partial t} + \frac{1}{\mu_0}\boldsymbol{B}\cdot\frac{\partial \boldsymbol{B}}{\partial t}$$

$$= \frac{1}{\mu_0}(\boldsymbol{E}\cdot\nabla\times\boldsymbol{B} - \boldsymbol{B}\cdot\nabla\times\boldsymbol{E})$$

ベクトル解析の公式 $\nabla\cdot(\boldsymbol{E}\times\boldsymbol{B}) \equiv \boldsymbol{B}\cdot\nabla\times\boldsymbol{E} - \boldsymbol{E}\cdot\nabla\times\boldsymbol{B}$ により，問題の式が導かれる．この式は局所的なエネルギー保存則を表わすものである．

[4] 閉曲面 $\boldsymbol{F}$ で囲まれた領域 V について，ベクトル解析のガウスの定理を適用すると

$$\frac{d}{dt}\int_V d\boldsymbol{r}\left(\frac{1}{2}\varepsilon_0\boldsymbol{E}^2+\frac{1}{2\mu_0}\boldsymbol{B}^2\right) = -\int_V d\boldsymbol{r}\,\nabla\cdot\boldsymbol{S}$$

$$= \int_F \boldsymbol{S}\cdot d\boldsymbol{F}$$

ただし，大きさが F の面素片 dF に等しく，その内向き法線方向にむいたベクトルを $d\boldsymbol{F}$ と書いた．$\boldsymbol{S}\cdot d\boldsymbol{F}$ だけの電磁エネルギーがこの面素片を通して単位時間に流れ込み，その分だけ V 内の電磁エネルギーが増加する．

[5] 相対論のエネルギーと質量の等価性から，電磁エネルギーの流れ $\boldsymbol{S}$ は質量流 $\boldsymbol{S}/c^2$ と等価である．他方，質量流は質量密度と流速ベクトルの積，したがって運動量密度である．したがって，電磁場の運動量は $\boldsymbol{S}/c^2$ の空間積分で与えられる．

$$\boldsymbol{G} = \varepsilon_0\int d\boldsymbol{r}\,\boldsymbol{E}\times\boldsymbol{B} = -\varepsilon_0\int d\boldsymbol{r}\,\frac{\partial\boldsymbol{A}}{\partial t}\times(\nabla\times\boldsymbol{A})$$

$$= \frac{1}{2V}\sum(\omega_k\omega_{k'})^{-1/2}\int d\boldsymbol{r}\,\omega_k(A_{\boldsymbol{k}\sigma}\exp[i(\boldsymbol{k}\cdot\boldsymbol{r}-\omega_k t)]-\text{c. c.})$$

$$\times(A_{\boldsymbol{k}'\sigma'}\exp[i(\boldsymbol{k}'\cdot\boldsymbol{r}-\omega_{k'}t)]-\text{c. c.})\boldsymbol{e}_{\boldsymbol{k}\sigma}\times(\boldsymbol{k}'\times\boldsymbol{e}_{\boldsymbol{k}'\sigma'})$$

和は $\boldsymbol{k}, \boldsymbol{k}', \sigma, \sigma'$ についてとり，c. c. は共役複素式を意味する．空間積分を実行すると，$\boldsymbol{k}=\boldsymbol{k}'$ の項または $\boldsymbol{k}=-\boldsymbol{k}'$ の項が残る．ω_k は $\boldsymbol{k}$ の大きさにのみ依存することに注意して

$$\boldsymbol{G} = \frac{1}{2}\sum[(A_{\boldsymbol{k}\sigma}{}^*A_{\boldsymbol{k}\sigma'}+A_{\boldsymbol{k}\sigma'}{}^*A_{\boldsymbol{k}\sigma})\boldsymbol{e}_{\boldsymbol{k}\sigma}\times(\boldsymbol{k}\times\boldsymbol{e}_{\boldsymbol{k}\sigma'})$$

$$+(A_{\boldsymbol{k}\sigma}{}^*A_{-\boldsymbol{k}\sigma'}{}^*e^{2i\omega_k t}+\text{c. c.})\boldsymbol{e}_{\boldsymbol{k}\sigma}\times(\boldsymbol{k}\times\boldsymbol{e}_{-\boldsymbol{k}\sigma'})]$$

$\boldsymbol{e}_{\boldsymbol{k}\sigma}$ は $\boldsymbol{k}$ に直交し，$\boldsymbol{e}_{\boldsymbol{k}\sigma}\cdot\boldsymbol{e}_{\boldsymbol{k}\sigma'}=\delta_{\sigma\sigma'}$ であることに注意すると $\boldsymbol{e}_{\boldsymbol{k}\sigma}\times(\boldsymbol{k}\times\boldsymbol{e}_{\boldsymbol{k}\sigma'})=(\boldsymbol{e}_{\boldsymbol{k}\sigma}\cdot\boldsymbol{e}_{\boldsymbol{k}\sigma'})\boldsymbol{k}-(\boldsymbol{e}_{\boldsymbol{k}\sigma}\cdot\boldsymbol{k})\boldsymbol{e}_{\boldsymbol{k}\sigma'}$ は $\sigma=\sigma'$ なら $\boldsymbol{k}$ に等しく，$\sigma\neq\sigma'$ なら 0 である．$\boldsymbol{e}_{\boldsymbol{k}\sigma}\times(\boldsymbol{k}\times\boldsymbol{e}_{-\boldsymbol{k}\sigma'})=(\boldsymbol{e}_{\boldsymbol{k}\sigma}\cdot\boldsymbol{e}_{-\boldsymbol{k}\sigma'})\boldsymbol{k}$ は，σ と σ' を交換し，$\boldsymbol{k}$ を $-\boldsymbol{k}$ に変えると符号が変わる．よって，上の $\boldsymbol{G}$ の表式で時間に依存する項は，$\boldsymbol{k}, \sigma, \sigma'$ について総和したとき 0 になる．ゆえに

$$\boldsymbol{G} = \sum_{\boldsymbol{k}}\sum_{\sigma}\boldsymbol{k}\,A_{\boldsymbol{k}\sigma}{}^*A_{\boldsymbol{k}\sigma}$$

問題 7-2

[1] $|N_\lambda\rangle$ はエルミット演算子 $b_\lambda{}^\dagger b_\lambda$ の固有値 N_λ に属する固有ケット・ベクトルなのだから

$$\langle N_\lambda'|N_\lambda\rangle = 0 \qquad (N_\lambda'\neq N_\lambda)$$

は明らか．他方

$$\langle N_\lambda|N_\lambda\rangle = N_\lambda{}^{-1}\langle N_\lambda-1|b_\lambda b_\lambda{}^\dagger|N_\lambda-1\rangle$$

$$= N_\lambda{}^{-1}\langle N_\lambda-1|1+b_\lambda{}^\dagger b_\lambda|N_\lambda-1\rangle$$

$$= \langle N_\lambda-1|N_\lambda-1\rangle$$

7

これをくり返して

$$\langle N_\lambda | N_\lambda \rangle = \langle 0_\lambda | 0_\lambda \rangle$$

$|0_\lambda\rangle$ が規格化されていれば，$|N_\lambda\rangle$ も規格化されていることになる．

[2] $b_\lambda \prod_\mu |N_\mu\rangle = b_\lambda |N_\lambda\rangle \prod_{\mu \neq \lambda} |N_\mu\rangle$

$$= \sqrt{N_\lambda}\, |N_\lambda - 1\rangle \prod_{\mu \neq \lambda} |N_\mu\rangle$$

λ モードの光子が 1 個減少し，他のモードの光子数は不変である．

[3] 例題 7.4 の (4) 式で表わされる真空状態を使って

$$|\lambda\mu\rangle = b_\lambda{}^\dagger b_\mu{}^\dagger |0\rangle$$

とおくと，これは $\lambda \neq \mu$ なら λ モードおよび μ モードの光子がそれぞれ 1 個存在し，他の光子数は 0 である 2 光子状態を表わし，$\lambda = \mu$ なら同じモードの 2 個の光子が存在して他の光子数は 0 の 2 光子状態を表わす．いずれにしても $b_\lambda{}^\dagger$ と $b_\mu{}^\dagger$ とは可換であるから

$$|\lambda\mu\rangle = b_\mu{}^\dagger b_\lambda{}^\dagger |0\rangle = |\mu\lambda\rangle$$

よって光子はボーズ粒子である．

光子のエネルギーと運動量の関係は $\varepsilon = cp$ であるから，$mc^2 = (\varepsilon^2 - c^2 p^2)^{1/2}$ で与えられる静止質量は 0 である．

[4] 絶対温度 T の光子気体のエネルギーは

$$E_T = \sum_\lambda \hbar\omega_\lambda \langle N_\lambda \rangle = \sum_\lambda \frac{\hbar\omega_\lambda}{\exp(\hbar\omega_\lambda / k_B T) - 1}$$

比熱はこれを T で微分したものであるから，E_T が T^4 に比例することを示せばよい．空洞の体積 V が大きいとき，大きさが k と $k + \Delta k$ の間にある波動ベクトルの数は $(V/2\pi^2)k^2 \Delta k$ で与えられるので，角周波数が ω と $\omega + \Delta\omega$ の間にある固有振動モードの数は (偏りの独立な方向が 2 つあることに注意して)

$$\rho(\omega)\Delta\omega = \frac{V}{\pi^2 c^3}\omega^2 \Delta\omega$$

よって

$$\begin{aligned} E_T &= \frac{V}{\pi^2 c^3}\int_0^\infty \frac{\hbar\omega}{\exp(\hbar\omega/k_B T) - 1}\omega^2 d\omega \\ &= \frac{V}{\pi^2(\hbar c)^3}(k_B T)^4 \int_0^\infty \frac{x^3}{e^x - 1}dx \\ &= \frac{\pi^2 V}{15(\hbar c)^3}(k_B T)^4 \end{aligned}$$

$\hbar \to 0$ とすればこれは無限大である．

問題 7-3

[1] 運動量演算子 $(\hbar/i)(\partial/\partial x_{\mathrm{e}})$ を p_x と書くと,

$$\frac{i}{\hbar}[H_{\mathrm{e}}, x_{\mathrm{e}}] = \frac{i}{\hbar}\left[\frac{1}{2m_{\mathrm{e}}}p_x{}^2, x_{\mathrm{e}}\right]$$
$$= \frac{i}{2m_{\mathrm{e}}\hbar}\{p_x[p_x, x_{\mathrm{e}}]+[p_x, x_{\mathrm{e}}]p_x\}$$
$$= \frac{1}{m_{\mathrm{e}}}p_x$$

H_{e} の固有関数 u_m, u_n に関する行列要素について

$$\frac{1}{m_{\mathrm{e}}}\langle m|p_x|n\rangle = \frac{i}{\hbar}\langle m|H_{\mathrm{e}}x_{\mathrm{e}}-x_{\mathrm{e}}H_{\mathrm{e}}|n\rangle$$

$H_{\mathrm{e}}|n\rangle=\varepsilon_n|n\rangle$, $\langle m|H_{\mathrm{e}}=\langle m|\varepsilon_m$ に注意して

$$\frac{\hbar}{im_{\mathrm{e}}}\left\langle m\left|\frac{\partial}{\partial x}\right|n\right\rangle = \frac{i}{\hbar}(\varepsilon_m-\varepsilon_n)\langle m|x_{\mathrm{e}}|n\rangle$$

他の座標成分についても同様で, ベクトルにまとめると

$$\frac{\hbar}{im_{\mathrm{e}}}\left\langle m\left|\frac{\partial}{\partial \boldsymbol{r}_{\mathrm{e}}}\right|n\right\rangle = \frac{i}{\hbar}(\varepsilon_m-\varepsilon_n)\langle m|\boldsymbol{r}_{\mathrm{e}}|n\rangle$$

[2] 質量 m, 固有角周波数 ω_0 の1次元調和振動子の位置 x は, エルミット共役な振幅演算子 $b, b^\dagger$ を使って

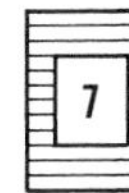

$$x = \left[\frac{\hbar}{2m\omega_0}\right]^{1/2}(b+b^\dagger)$$

の形に表わされる. ハミルトニアンは

$$H_{\mathrm{e}} = \hbar\omega_0\left(b^\dagger b+\frac{1}{2}\right)$$

であり, エルミット演算子 $b^\dagger b$ の固有値 n は $0, 1, 2, 3, \cdots$ である. これに属する固有関数をケット・ベクトル $|n\rangle$ で表わすと

$$b|n\rangle = \sqrt{n}\,|n-1\rangle, \qquad b^\dagger|n\rangle = \sqrt{n+1}\,|n+1\rangle$$

したがって $\langle m|x|n\rangle$ は $m=n\pm1$ のときにのみ0でない値をもつ. 調和振動子が電荷をもてば電磁波の吸収・放出によって量子数 n が変化するが, 電気双極子遷移による変化は $\Delta n=\pm1$ に限られ, 調和振動子のエネルギー変化は $\hbar\omega_0$ に等しい. ボーアの条件により, 吸収・放出される光子の周波数は ω_0 に等しい.

[3] 調和振動子の振動方向を極軸にえらび, 光子の進行方向を空間極座標 θ, ϕ で表わすことにする. これに垂直な偏りの方向を表わす単位ベクトルとしては $(\cos\theta\cos\phi, \cos\theta\sin\phi, -\sin\theta)$, $(-\sin\varphi, \cos\varphi, 0)$ の2つをえらぶ. 調和振動子の位置を前問[2]と同様に x とすると, 例題7.6の(3)式の x_λ は $-x\sin\theta$ となる. この式に放出光子の

エネルギー $\hbar\omega$ を掛けて，立体角について積分したものが求めるパワー S である．いまは $\omega=\omega_{mn}$ が調和振動子の固有角周波数 ω_0 に等しいので

$$S = \frac{{\omega_0}^4 e^2}{8\pi^2\varepsilon_0 c^3}|\langle n-1|x|n\rangle|^2\int_0^{2\pi}d\phi\int_0^{\pi}\sin^3\theta d\theta$$

$$= \frac{e^2{\omega_0}^4}{3\pi\varepsilon_0 c^3}\frac{\hbar n}{2m\omega_0}$$

[4] 前問[3]の解答で $n=1$ の場合を考えるわけで，自然放出のパワーは

$$S = \frac{e^2{\omega_0}^4}{3\pi\varepsilon_0 c^3}\frac{\hbar}{2m\omega_0}$$

調和振動子が遷移 $n=1\rightarrow n=0$ によって失うエネルギーは $\hbar\omega_0$ であるから，求める時間の目安は

$$\Delta t = \hbar\omega_0 S^{-1} = \frac{6\pi\varepsilon_0 mc^3}{e^2{\omega_0}^2}$$

問題 7-4

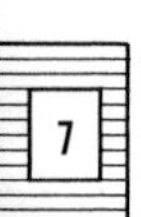

[1] 問題 7-3 問[1]で見たように，電気双極子遷移の遷移確率を決める行列要素 $\omega_{mn}\langle m|x_\lambda|n\rangle$ は運動量演算子の行列要素と電子質量の比であり，電子速度の行列要素である．したがって，例題 7.6 の(3)式の大きさのオーダーは

$$\alpha\left(\frac{v}{c}\right)^2\omega$$

と考えてよい．原子内電子の運動エネルギーが 1 eV とすると，電子の静止エネルギーは 5×10^5 eV であることに注意して，$v^2/c^2\sim10^{-5}$ である．微細構造定数は 10^{-2} のオーダーであるから，$\gamma/\omega\sim10^{-7}$ と推定される．

[2] $$\int_0^{\infty}e^{(ix-\delta)p}dp = \frac{1}{\delta-ix} = \frac{\delta+ix}{x^2+\delta^2} \tag{1}$$

これに x の連続関数 $f(x)$ を掛けて積分する．ε は小さいが δ よりは大きい正の数とし，積分区間を $|x|<\varepsilon$ と $|x|>\varepsilon$ にわける．$|x|<\varepsilon$ では $f(x)$ を $f(0)$ で近似すると

$$\lim_{\delta\rightarrow0+}\int_{-\infty}^{\infty}dx\frac{\delta+ix}{x^2+\delta^2}f(x)\cong\pi f(0)+i\left[\int_{-\infty}^{-\varepsilon}\frac{f(x)}{x}dx+\int_{\varepsilon}^{\infty}\frac{f(x)}{x}dx\right]$$

右辺の i の係数は，$\varepsilon\rightarrow0+$ の極限で，主値積分とよばれる．積分の主値をとれという命令を記号 P で示すと

$$\lim_{\delta\rightarrow0+}\frac{1}{\delta-ix} = \pi\delta(x)+i\frac{\mathrm{P}}{x}$$

[3] $$\frac{1}{2}\gamma = \frac{1}{\hbar}\sum_{\lambda}|H_{\lambda0}|^2\pi\delta(E_0-E_\lambda)$$

$$\varDelta E_0 = \sum_\lambda |H_{\lambda 0}|^2 \frac{\mathrm{P}}{E_0 - E_\lambda}$$

$\varDelta E_0$ の表式は，$H_{\lambda 0}$ を摂動と見なし，定常状態の摂動論を適用して得られる無摂動エネルギー E_0 の 2 次のシフトと一致している．

問題 7-5

[1] $|\lambda\lambda'\rangle$ が λ 状態，λ' 状態をそれぞれ電子が占拠している 2 電子状態を表わすことは明らかであろう．$a^\dagger$ 演算子の反可換性により

$$|\lambda\lambda'\rangle = -a_{\lambda'}{}^\dagger a_\lambda{}^\dagger |0\rangle = -|\lambda'\lambda\rangle$$

これは電子がフェルミ粒子であることの別の表現である．

[2] 1 電子状態 λ を占拠している電子数を n_λ とすると，電子系の全電荷は $-en_\lambda$ を λ について総和したものであり，演算子

$$Q = -\sum_\lambda e a_\lambda{}^\dagger a_\lambda$$

の固有値として与えられる．空孔での記述へ移行するのには，反交換関係 $a_\lambda{}^\dagger a_\lambda = 1 - a_\lambda a_\lambda{}^\dagger$ を利用する．

$$Q = -\sum_\lambda e + \sum_\lambda e a_\lambda a_\lambda{}^\dagger$$

右辺第 1 項は，文字通りすべての λ について総和すれば無限大になるが，実際上は有限個の λ を問題にする場合が多い．右辺第 2 項の $a_\lambda a_\lambda{}^\dagger$ は λ 状態を占拠している空孔の数を表わす演算子であり，空孔は電荷に $+e$ の寄与をすることになる．

[3]
$$\begin{aligned}[a_\lambda, H_\mathrm{e}] &= a_\lambda H_\mathrm{e} - H_\mathrm{e} a_\lambda \\ &= \sum_\mu \varepsilon_\mu (a_\lambda a_\mu{}^\dagger a_\mu - a_\mu{}^\dagger a_\mu a_\lambda)\end{aligned}$$

$\mu \neq \lambda$ のとき $a_\lambda a_\mu{}^\dagger a_\mu = -a_\mu{}^\dagger a_\lambda a_\mu = a_\mu{}^\dagger a_\mu a_\lambda$ だから，

$$\begin{aligned}[a_\lambda, H_\mathrm{e}] &= \varepsilon_\lambda (a_\lambda a_\lambda{}^\dagger a_\lambda - a_\lambda{}^\dagger a_\lambda a_\lambda) \\ &= \varepsilon_\lambda ((1 - a_\lambda{}^\dagger a_\lambda) a_\lambda - a_\lambda{}^\dagger a_\lambda a_\lambda)\end{aligned}$$

$a_\lambda a_\lambda = 0$ だから

$$[a_\lambda, H_\mathrm{e}] = \varepsilon_\lambda a_\lambda$$

$[a_\lambda{}^\dagger, H_\mathrm{e}]$ についても同様である．

$$|\lambda\rangle = a_\lambda{}^\dagger |0\rangle$$

に左から H_e を作用させると

$$H_\mathrm{e} |\lambda\rangle = H_\mathrm{e} a_\lambda{}^\dagger |0\rangle = ([H_\mathrm{e}, a_\lambda{}^\dagger] + a_\lambda{}^\dagger H_\mathrm{e}) |0\rangle$$

$[H_\mathrm{e}, a_\lambda{}^\dagger] = -[a_\lambda{}^\dagger, H_\mathrm{e}] = \varepsilon_\lambda a_\lambda{}^\dagger$，$H_\mathrm{e} |0\rangle = 0$ に注意して

$$H_\mathrm{e} |\lambda\rangle = \varepsilon_\lambda a_\lambda{}^\dagger |0\rangle = \varepsilon_\lambda |\lambda\rangle$$

[4] $$[a_\lambda, a_\mu{}^\dagger a_{\mu'}] = a_\lambda a_\mu{}^\dagger a_{\mu'} - a_\mu{}^\dagger a_{\mu'} a_\lambda$$
$$= (\delta_{\lambda\mu} - a_\mu{}^\dagger a_\lambda) a_{\mu'} - a_\mu{}^\dagger a_{\mu'} a_\lambda$$
$$= \delta_{\lambda\mu} a_{\mu'} - a_\mu{}^\dagger (a_\lambda a_{\mu'} + a_{\mu'} a_\lambda)$$
$$= \delta_{\lambda\mu} a_{\mu'}$$

よって

$$[a_\lambda, \sum_\mu \sum_{\mu'} U_{\mu\mu'} a_\mu{}^\dagger a_{\mu'}] = \sum_\mu \sum_{\mu'} U_{\mu\mu'} \delta_{\lambda\mu} a_{\mu'}$$
$$= \sum_{\mu'} U_{\lambda\mu'} a_{\mu'}$$

$$[a_\lambda, \sum \varepsilon_\mu a_\mu{}^\dagger a_\mu + \sum_\mu \sum_{\mu'} U_{\mu\mu'} a_\mu{}^\dagger a_{\mu'}]$$
$$= \varepsilon_\lambda a_\lambda + \sum U_{\lambda\mu'} a_{\mu'}$$

問題 7-6

[1] $$i\hbar \frac{d}{dt} a_\lambda(t) = i\hbar \frac{d}{dt} \exp\left(\frac{i}{\hbar} H_{\mathrm{e}} t\right) \cdot a_\lambda \exp\left(-\frac{i}{\hbar} H_{\mathrm{e}} t\right)$$
$$+ i\hbar \exp\left(\frac{i}{\hbar} H_{\mathrm{e}} t\right) a_\lambda \frac{d}{dt} \exp\left(-\frac{i}{\hbar} H_{\mathrm{e}} t\right)$$

$$= \exp\left(\frac{i}{\hbar} H_{\mathrm{e}} t\right) (a_\lambda H_{\mathrm{e}} - H_{\mathrm{e}} a_\lambda) \exp\left(-\frac{i}{\hbar} H_{\mathrm{e}} t\right)$$
$$= \exp\left(\frac{i}{\hbar} H_{\mathrm{e}} t\right) \varepsilon_\lambda a_\lambda \exp\left(-\frac{i}{\hbar} H_{\mathrm{e}} t\right)$$
$$= \varepsilon_\lambda a_\lambda(t)$$

$t=0$ では $a_\lambda(t)=a_\lambda$ であるから

$$a_\lambda(t) = \exp\left(-\frac{i}{\hbar} \varepsilon_\lambda t\right) a_\lambda$$

[2] ハイゼンベルク表示の定義により

$$\psi_\sigma(\boldsymbol{r}, t) = \exp\left(\frac{i}{\hbar} H_{\mathrm{e}} t\right) \psi_\sigma(\boldsymbol{r}) \exp\left(-\frac{i}{\hbar} H_{\mathrm{e}} t\right)$$

これに例題 7. 11 の(4)式を代入すると

$$\psi_\sigma(\boldsymbol{r}, t) = V^{-1/2} \sum_{\boldsymbol{k}} e^{i\boldsymbol{k}\cdot\boldsymbol{r}} \exp\left(\frac{i}{\hbar} H_{\mathrm{e}} t\right) a_{\boldsymbol{k}\sigma} \exp\left(-\frac{i}{\hbar} H_{\mathrm{e}} t\right)$$
$$= V^{-1/2} \sum_{\boldsymbol{k}} e^{i\boldsymbol{k}\cdot\boldsymbol{r}} a_{\boldsymbol{k}\sigma}(t)$$

これに前問[1]の解を代入して

$$\psi_\sigma(\boldsymbol{r}, t) = V^{-1/2} \sum_{\boldsymbol{k}} e^{i\boldsymbol{k}\cdot\boldsymbol{r}} \exp\left(-\frac{i}{\hbar}\varepsilon_k t\right) a_{\boldsymbol{k}\sigma}$$

$\varepsilon_{\boldsymbol{k}} = \hbar^2 k^2/2m$ を代入して(7.26)が得られる.

[3] $\psi_\sigma(\boldsymbol{r})\psi_{\sigma'}{}^\dagger(\boldsymbol{r}') + \psi_\sigma{}^\dagger(\boldsymbol{r}')\psi_\sigma(\boldsymbol{r})$

$$= V^{-1} \sum_{\boldsymbol{k}} \sum_{\boldsymbol{k}'} e^{i\boldsymbol{k}\cdot\boldsymbol{r}}\, e^{-i\boldsymbol{k}'\cdot\boldsymbol{r}'} (a_{\boldsymbol{k}\sigma} a_{\boldsymbol{k}'\sigma'}{}^\dagger + a_{\boldsymbol{k}'\sigma'}{}^\dagger a_{\boldsymbol{k}\sigma})$$

$$= V^{-1}\delta_{\sigma\sigma'} \sum_{\boldsymbol{k}} e^{i\boldsymbol{k}\cdot(\boldsymbol{r}-\boldsymbol{r}')} = \delta_{\sigma\sigma'}\delta(\boldsymbol{r}-\boldsymbol{r}')$$

ここでデルタ関数の平面波展開(フーリエ展開)を使った.

$$\delta(\boldsymbol{r}) = V^{-1} \sum_{\boldsymbol{k}} e^{i\boldsymbol{k}\cdot\boldsymbol{r}}$$

他の反交換関係も同様にして導かれる.

[4] 問[1]と同様に

$$i\hbar\frac{\partial}{\partial t}\psi_\sigma(\boldsymbol{r}, t) = \exp\left(\frac{i}{\hbar}H_{\mathrm{e}}t\right)[\psi_\sigma(\boldsymbol{r}), H_{\mathrm{e}}]\exp\left(-\frac{i}{\hbar}H_{\mathrm{e}}t\right)$$

$$[\psi_\sigma(\boldsymbol{r}), H_{\mathrm{e}}] = \sum_{\sigma'}\int d\boldsymbol{r}' [\psi_\sigma(\boldsymbol{r}), \psi_{\sigma'}{}^\dagger(\boldsymbol{r}') \times\left(-\frac{\hbar^2}{2m_{\mathrm{e}}}\nabla'^2 + U(\boldsymbol{r}')\right)\psi_{\sigma'}(\boldsymbol{r}')]$$

$$\begin{aligned}[\psi_\sigma(\boldsymbol{r}), \psi_{\sigma'}{}^\dagger(\boldsymbol{r}')\psi_{\sigma'}(\boldsymbol{r}'')] &= \delta_{\sigma\sigma'}\delta(\boldsymbol{r}-\boldsymbol{r}')\psi_{\sigma'}(\boldsymbol{r}'') \\ &\quad -\psi_{\sigma'}{}^\dagger(\boldsymbol{r}')(\psi_\sigma(\boldsymbol{r})\psi_{\sigma'}(\boldsymbol{r}'') + \psi_{\sigma'}(\boldsymbol{r}'')\psi_\sigma(\boldsymbol{r})) \\ &= \delta_{\sigma\sigma'}\delta(\boldsymbol{r}-\boldsymbol{r}')\psi_\sigma(\boldsymbol{r}'')\end{aligned}$$

$$[\psi_\sigma(\boldsymbol{r}), H_{\mathrm{e}}] = \int d\boldsymbol{r}'\, \delta(\boldsymbol{r}-\boldsymbol{r}')\left(-\frac{\hbar^2}{2m_{\mathrm{e}}}\nabla'^2 + U(\boldsymbol{r}')\right)\psi_\sigma(\boldsymbol{r}')$$

$$[\psi_\sigma(\boldsymbol{r}), H_{\mathrm{e}}] = \left(-\frac{\hbar^2}{2m_{\mathrm{e}}}\nabla^2 + U(\boldsymbol{r})\right)\psi_\sigma(\boldsymbol{r})$$

$$i\hbar\frac{\partial}{\partial t}\psi_\sigma(\boldsymbol{r}, t) = \left(-\frac{\hbar^2}{2m_{\mathrm{e}}}\nabla^2 + U(\boldsymbol{r})\right)\psi_\sigma(\boldsymbol{r}, t)$$

[5] $V(\boldsymbol{r}_1 - \boldsymbol{r}_2) = \dfrac{e^2}{4\pi\varepsilon_0}\cdot\dfrac{1}{|\boldsymbol{r}_1 - \boldsymbol{r}_2|}$

とおく. N 個の電子の間のクーロン反発力のポテンシャル・エネルギーは, 古典論では次の表式で与えられる.

$$\begin{aligned}H_{\mathrm{C}} &= \frac{1}{2}\sum_{\substack{i=1 \\ (i\neq j)}}^{N}\sum_{j=1}^{N} V(\boldsymbol{r}_i - \boldsymbol{r}_j) \\ &= \frac{1}{2}\iint V(\boldsymbol{r}-\boldsymbol{r}')g(\boldsymbol{r}, \boldsymbol{r}')d\boldsymbol{r}d\boldsymbol{r}'\end{aligned}$$

7

$$g(\boldsymbol{r}, \boldsymbol{r}') = \sum_{\substack{i=1 \\ (i \neq j)}}^{N} \sum_{j=1}^{N} \delta(\boldsymbol{r}-\boldsymbol{r}_i)\delta(\boldsymbol{r}'-\boldsymbol{r}_j)$$

$$= \sum_{i=1}^{N} \sum_{j=1}^{N} \delta(\boldsymbol{r}-\boldsymbol{r}_i)\delta(\boldsymbol{r}'-\boldsymbol{r}_j) - \sum_{i} \delta(\boldsymbol{r}-\boldsymbol{r}_i)\delta(\boldsymbol{r}'-\boldsymbol{r}_i)$$

2 行目の第 1 項は密度(例題 7. 11 の(5)式)の積である．第 2 項は，デルタ関数の性質により，

$$\delta(\boldsymbol{r}-\boldsymbol{r}') \sum_{i} \delta(\boldsymbol{r}-\boldsymbol{r}_i) = \delta(\boldsymbol{r}-\boldsymbol{r}')\rho(\boldsymbol{r})$$

と書いてよい．よって

$$g(\boldsymbol{r}, \boldsymbol{r}') = \rho(\boldsymbol{r})\rho(\boldsymbol{r}') - \delta(\boldsymbol{r}-\boldsymbol{r}')\rho(\boldsymbol{r})$$

古典的な密度を例題 7. 11 の(4)式の量子力学的演算子に置きかえると

$$g(\boldsymbol{r}, \boldsymbol{r}') = \sum_{\sigma}\sum_{\sigma'} \psi_\sigma^\dagger(\boldsymbol{r})\psi_\sigma(\boldsymbol{r})\psi_{\sigma'}^\dagger(\boldsymbol{r}')\psi_{\sigma'}(\boldsymbol{r}') - \delta(\boldsymbol{r}-\boldsymbol{r}') \sum_{\sigma} \psi_\sigma^\dagger(\boldsymbol{r})\psi_\sigma(\boldsymbol{r})$$

反交換関係

$$\psi_\sigma(\boldsymbol{r})\psi_{\sigma'}^\dagger(\boldsymbol{r}') = \delta_{\sigma\sigma'}\delta(\boldsymbol{r}-\boldsymbol{r}') - \psi_{\sigma'}^\dagger(\boldsymbol{r}')\psi_\sigma(\boldsymbol{r})$$

を代入して

$$g(\boldsymbol{r}, \boldsymbol{r}') = -\sum_{\sigma}\sum_{\sigma'} \psi_\sigma^\dagger(\boldsymbol{r})\psi_{\sigma'}^\dagger(\boldsymbol{r}')\psi_\sigma(\boldsymbol{r})\psi_{\sigma'}(\boldsymbol{r}') + \delta(\boldsymbol{r}-\boldsymbol{r}') \sum_{\sigma} (\psi_\sigma^\dagger(\boldsymbol{r})\psi_\sigma(\boldsymbol{r}') - \psi_\sigma^\dagger(\boldsymbol{r})\psi_\sigma(\boldsymbol{r}))$$

右辺第 2 項の $\psi_\sigma^\dagger(\boldsymbol{r})\psi_\sigma(\boldsymbol{r}')$ は，デルタ関数が掛かっているので，$\boldsymbol{r}=\boldsymbol{r}'$ とおいてよく，結局第 2 項は 0 となる．第 1 項で $\psi_\sigma(\boldsymbol{r})\psi_{\sigma'}(\boldsymbol{r}') = -\psi_{\sigma'}(\boldsymbol{r}')\psi_\sigma(\boldsymbol{r})$ であるから

$$g(\boldsymbol{r}, \boldsymbol{r}') = \sum_{\sigma}\sum_{\sigma'} \psi_\sigma^\dagger(\boldsymbol{r})\psi_{\sigma'}^\dagger(\boldsymbol{r}')\psi_{\sigma'}(\boldsymbol{r}')\psi_\sigma(\boldsymbol{r})$$

よって

$$H_{\mathrm{C}} = \frac{1}{2}\sum_{\sigma}\sum_{\sigma'} \iint d\boldsymbol{r}\, d\boldsymbol{r}' V(\boldsymbol{r}-\boldsymbol{r}') \times \psi_\sigma^\dagger(\boldsymbol{r})\psi_{\sigma'}^\dagger(\boldsymbol{r}')\psi_{\sigma'}(\boldsymbol{r}')\psi_\sigma(\boldsymbol{r})$$

これに例題 7. 11 の(4)を代入すると，$v(\boldsymbol{r})=1/|\boldsymbol{r}|$ と書くことにして，

$$H_{\mathrm{c}} = \frac{1}{2V^2}\iint d\boldsymbol{r}_1 d\boldsymbol{r}_2 \sum \cdots \sum a_{\boldsymbol{k}_1\sigma}^\dagger a_{\boldsymbol{k}_2\sigma'}^\dagger a_{\boldsymbol{k}_3\sigma'} a_{\boldsymbol{k}_4\sigma} \times v(\boldsymbol{r}_1-\boldsymbol{r}_2)\exp[i(\boldsymbol{k}_4-\boldsymbol{k}_1)\cdot\boldsymbol{r}_1 + i(\boldsymbol{k}_2-\boldsymbol{k}_3)]$$

$\boldsymbol{r}_1-\boldsymbol{r}_2=\boldsymbol{r}$ とおき，まず $\boldsymbol{r}_2$ で積分すると，

$$\boldsymbol{k}_3+\boldsymbol{k}_4-(\boldsymbol{k}_1+\boldsymbol{k}_2)=0$$

次いで $\boldsymbol{r}$ で積分して

$$H_\mathrm{c}=\frac{1}{2V}\sum\cdots\sum v_{\boldsymbol{q}}a_{\boldsymbol{k}_4+\boldsymbol{q}\sigma}{}^{\dagger}a_{\boldsymbol{k}_3-\boldsymbol{q}\sigma'}{}^{\dagger}a_{\boldsymbol{k}_3\sigma}a_{\boldsymbol{k}_4\sigma}$$

$$v_{\boldsymbol{q}}=\int v(\boldsymbol{r})e^{-i\boldsymbol{q}\cdot\boldsymbol{r}}d\boldsymbol{r}$$

が得られる．H_c の右辺各項は，運動量 $\hbar\boldsymbol{k}_3$，スピン σ' の電子と運動量 $\hbar\boldsymbol{k}_4$，スピン σ の電子が衝突して，運動量 $\hbar(\boldsymbol{k}_4+\boldsymbol{q})$，スピン σ および運動量 $\hbar(\boldsymbol{k}_3-\boldsymbol{q})$，スピン σ' の電子に変わる衝突過程を与える．$v_{\boldsymbol{q}}$ は相互作用ポテンシャルのフーリエ変換で，クーロン相互作用の場合 $(\varepsilon_0 q^2)^{-1}$ であることが知られている．

7

付表 1　原子の電子配置

エネルギー準位 ＼ 原子	K	L		M			N				O		
	1s	2s	2p	3s	3p	3d	4s	4p	4d	4f	5s	5p	5d
1 H	1												
2 He	2												
3 Li	2	1											
4 Be	2	2											
5 B	2	2	1										
6 C	2	2	2										
7 N	2	2	3										
8 O	2	2	4										
9 F	2	2	5										
10 Ne	2	2	6										
11 Na	2	2	6	1									
12 Mg	2	2	6	2									
13 Al	2	2	6	2	1								
14 Si	2	2	6	2	2								
15 P	2	2	6	2	3								
16 S	2	2	6	2	4								
17 Cl	2	2	6	2	5								
18 Ar	2	2	6	2	6								
19 K	2	2	6	2	6		1						
20 Ca	2	2	6	2	6		2						
21 Sc	2	2	6	2	6	1	2						
22 Ti	2	2	6	2	6	2	2						
23 V	2	2	6	2	6	3	2						
24 Cr	2	2	6	2	6	5	1						
25 Mn	2	2	6	2	6	5	2						
26 Fe	2	2	6	2	6	6	2						
27 Co	2	2	6	2	6	7	2						
28 Ni	2	2	6	2	6	8	2						
29 Cu	2	2	6	2	6	10	1						
30 Zn	2	2	6	2	6	10	2						
31 Ga	2	2	6	2	6	10	2	1					
32 Ge	2	2	6	2	6	10	2	2					
33 As	2	2	6	2	6	10	2	3					
34 Se	2	2	6	2	6	10	2	4					
35 Br	2	2	6	2	6	10	2	5					
36 Kr	2	2	6	2	6	10	2	6					
37 Rb	2	2	6	2	6	10	2	6			1		
38 Sr	2	2	6	2	6	10	2	6			2		
39 Y	2	2	6	2	6	10	2	6	1		2		
40 Zr	2	2	6	2	6	10	2	6	2		2		
41 Nb	2	2	6	2	6	10	2	6	4		1		
42 Mo	2	2	6	2	6	10	2	6	5		1		
43 Tc	2	2	6	2	6	10	2	6	5		2		
44 Ru	2	2	6	2	6	10	2	6	7		1		
45 Rh	2	2	6	2	6	10	2	6	8		1		
46 Pd	2	2	6	2	6	10	2	6	10		0		
47 Ag	2	2	6	2	6	10	2	6	10		1		
48 Cd	2	2	6	2	6	10	2	6	10		2		
49 In	2	2	6	2	6	10	2	6	10		2	1	
50 Sn	2	2	6	2	6	10	2	6	10		2	2	
51 Sb	2	2	6	2	6	10	2	6	10		2	3	
52 Te	2	2	6	2	6	10	2	6	10		2	4	
53 I	2	2	6	2	6	10	2	6	10		2	5	
54 Xe	2	2	6	2	6	10	2	6	10		2	6	

エネルギー準位 / 原子	K	L	M	N				O					P						Q
				4s	4p	4d	4f	5s	5p	5d	5f	5g	6s	6p	6d	6f	6g	6h	7s…
55 Cs	2	8	18	2	6	10		2	6				1						
56 Ba	2	8	18	2	6	10		2	6				2						
57 La	2	8	18	2	6	10		2	6	1			2						
58 Ce	2	8	18	2	6	10	1	2	6	1			2						
59 Pr	2	8	18	2	6	10	3	2	6	0			2						
60 Nd	2	8	18	2	6	10	4	2	6	0			2						
61 Pm	2	8	18	2	6	10	5	2	6	0			2						
62 Sm	2	8	18	2	6	10	6	2	6	0			2						
63 Eu	2	8	18	2	6	10	7	2	6	0			2						
64 Gd	2	8	18	2	6	10	7	2	6	1			2						
65 Tb	2	8	18	2	6	10	9	2	6	0			2						
66 Dy	2	8	18	2	6	10	(10)	2	6	(0)			2						
67 Ho	2	8	18	2	6	10	(11)	2	6	(0)			2						
68 Er	2	8	18	2	6	10	(12)	2	6	(0)			2						
69 Tm	2	8	18	2	6	10	13	2	6	0			2						
70 Yb	2	8	18	2	6	10	14	2	6	0			2						
71 Lu	2	8	18	2	6	10	14	2	6	1			2						
72 Hf	2	8	18	2	6	10	14	2	6	2			2						
73 Ta	2	8	18	2	6	10	14	2	6	3			2						
74 W	2	8	18	2	6	10	14	2	6	4			2						
75 Re	2	8	18	2	6	10	14	2	6	5			2						
76 Os	2	8	18	2	6	10	14	2	6	6			2						
77 Ir	2	8	18	2	6	10	14	2	6	7			2						
78 Pt	2	8	18	2	6	10	14	2	6	9			1						
79 Au	2	8	18	2	6	10	14	2	6	10			1						
80 Hg	2	8	18	2	6	10	14	2	6	10			2						
81 Tl	2	8	18	2	6	10	14	2	6	10			2	1					
82 Pb	2	8	18	2	6	10	14	2	6	10			2	2					
83 Bi	2	8	18	2	6	10	14	2	6	10			2	3					
84 Po	2	8	18	2	6	10	14	2	6	10			2	4					
85 At	2	8	18	2	6	10	14	2	6	10			2	5					
86 Rn	2	8	18	2	6	10	14	2	6	10			2	6					
87 Fr	2	8	18	2	6	10	14	2	6	10			2	6					1
88 Ra	2	8	18	2	6	10	14	2	6	10			2	6					2
89 Ac	2	8	18	2	6	10	14	2	6	10			2	6	1				2
90 Th	2	8	18	2	6	10	14	2	6	10			2	6	2				2
91 Pa	2	8	18	2	6	10	14	2	6	10	(3)		2	6	(0)				2
92 U	2	8	18	2	6	10	14	2	6	10	3		2	6	1				2
93 Np	2	8	18	2	6	10	14	2	6	10	(4)		2	6	(1)				2
94 Pu	2	8	18	2	6	10	14	2	6	10	(5)		2	6	(1)				2
95 Am	2	8	18	2	6	10	14	2	6	10	7		2	6	0				2
96 Cm	2	8	18	2	6	10	14	2	6	10	(7)		2	6	(1)				2
97 Bk	2	8	18	2	6	10	14	2	6	10	(8)		2	6	(1)				2
98 Cf	2	8	18	2	6	10	14	2	6	10	(9)		2	6	(1)				2
99 Es	2	8	18	2	6	10	14	2	6	10	(10)		2	6	(1)				2
100 Fm	2	8	18	2	6	10	14	2	6	10	(11)		2	6	(1)				2
101 Md	2	8	18	2	6	10	14	2	6	10	(12)		2	6	(1)				2
102 No	2	8	18	2	6	10	14	2	6	10	(13)		2	6	(1)				2
103 Lr	2	8	18	2	6	10	14	2	6	10	(14)		2	6	(1)				2

希土類ならびにアクチノイドに属する元素には，正確な電子配置が知られていないものが多い．
(　)内の数字は不確実なものまたは推測によるものである．

付表 2 (a)　元素の周期表（長周期型）

数字は原子番号

族＼周期	1A	2A	3A	4A	5A	6A	7A	8			1B	2B	3B	4B	5B	6B	7B	0
1	1 H																	2 He
2	3 Li	4 Be											5 B	6 C	7 N	8 O	9 F	10 Ne
3	11 Na	12 Mg											13 Al	14 Si	15 P	16 S	17 Cl	18 Ar
4	19 K	20 Ca	21 Sc	22 Ti	23 V	24 Cr	25 Mn	26 Fe	27 Co	28 Ni	29 Cu	30 Zn	31 Ga	32 Ge	33 As	34 Se	35 Br	36 Kr
5	37 Rb	38 Sr	39 Y	40 Zr	41 Nb	42 Mo	43 Tc	44 Ru	45 Rh	46 Pd	47 Ag	48 Cd	49 In	50 Sn	51 Sb	52 Te	53 I	54 Xe
6	55 Cs	56 Ba	57~71*	72 Hf	73 Ta	74 W	75 Re	76 Os	77 Ir	78 Pt	79 Au	80 Hg	81 Tl	82 Pb	83 Bi	84 Po	85 At	86 Rn
7	87 Fr	88 Ra	89~103**															
	*ランタノイド			57 La	58 Ce	59 Pr	60 Nd	61 Pm	62 Sm	63 Eu	64 Gd	65 Tb	66 Dy	67 Ho	68 Er	69 Tm	70 Yb	71 Lu
	**アクチノイド			89 Ac	90 Th	91 Pa	92 U	93 Np	94 Pu	95 Am	96 Cm	97 Bk	98 Cf	99 Es	100 Fm	101 Md	102 No	103 Lr

付表 2 (b)　元素の周期表（短周期型）

族＼周期	A 1 B	A 2 B	A 3 B	A 4 B	A 5 B	A 6 B	A 7 B	8	0
1	1H								2He
2	3Li	4Be	5B	6C	7N	8O	9F		10Ne
3	11Na	12Mg	13Al	14Si	15P	16S	17Cl		18Ar
4	19K 29Cu	20Ca 30Zn	21Sc 31Ga	22Ti 32Ge	23V 33As	24Cr 34Se	25Mn 35Br	26Fe27Co28Ni	36Kr
5	37Rb 47Ag	38Sr 48Cd	39Y 49In	40Zr 50Sn	41Nb 51Sb	42Mo 52Te	43Tc 53I	44Ru45Rh46Pd	54Xe
6	55Cs 79Au	56Ba 80Hg	57~71 ランタノイド 81Tl	72Hf 82Pb	73Ta 83Bi	74W 84Po	75Re 85At	76Os77Ir78Pt	86Rn
7	87Fr	88Ra	88~103 アクチノイド						

索引

サ　行

タ　行

ハ　行

マ，ヤ行

ラ　行

中嶋貞雄
1923-2008 年．1945 年東京大学理学部物理学科卒業．名古屋大学理学部教授，東京大学物性研究所教授（同所長），東海大学理学部教授を歴任．東京大学名誉教授．理学博士．専攻は物性理論．
主な著書：『現代物理学の基礎　物性 II』『量子力学 I, II』（以上，岩波書店），『量子の世界』（東京大学出版会），『超電導入門』（培風館）ほか．

吉岡大二郎
1949 年東京都に生まれる．1972 年東京大学理学部物理学科卒業．1977 年同大学院博士課程修了．東京大学物性研究所助手，九州大学教養部助教授，東京大学教授を経て，東京大学名誉教授．理学博士．専攻は物性理論．
主な著書：『量子ホール効果』『マクロな体系の論理』（以上，岩波書店），『振動と波動』（東京大学出版会），『力学』（朝倉書店）ほか．

物理入門コース／演習 新装版
例解　量子力学演習

1991 年 2 月 5 日　第 1 刷発行
2009 年 4 月 6 日　第 14 刷発行
2020 年 11 月 10 日　新装版第 1 刷発行
2021 年 2 月 5 日　新装版第 2 刷発行

著　者　中嶋貞雄　吉岡大二郎

発行者　岡 本　厚

発行所　株式会社 岩波書店
〒101-8002 東京都千代田区一ツ橋 2-5-5
電話案内 03-5210-4000
https://www.iwanami.co.jp/

印刷製本・法令印刷

ISBN 978-4-00-029893-3　　Printed in Japan